普通高等学校"十二五"规划教材

DESCRIPTIVE GEOMETRY
画法几何

主　编　罗　臻
副主编　郑小纯　赵　军　周　敏
参　编　（按姓氏笔画排列）
　　　　　韦　莹　李红远　傅文庆
　　　　　廖　羚　黎军用

华中科技大学出版社
中国·武汉

内 容 简 介

本书是根据教育部工程图学教学指导委员会制定的《普通高等院校工程图学课程教学基本要求》,并结合近年来我国高等院校工程图学教育教学改革研究的方向和发展趋势以及编者的教学实践经验编写而成的。主要内容有投影基本知识,点、直线、平面的投影,直线与平面及两平面间的相对位置关系,投影变换,平面立体,曲线、曲面及曲面立体,组合形体,轴测投影等。

本书可作为大学本科、专科、高等职业学校各工科专业的"画法几何"课程的教材,也可供函授大学、电视大学、网络学院、成人高校等各工科专业选用,亦可作为工程技术人员的参考资料。

图书在版编目(CIP)数据

画法几何/罗　臻　主编.—武汉:华中科技大学出版社,2010.9(2022.8 重印)
ISBN 978-7-5609-6505-5

Ⅰ.画…　Ⅱ.罗…　Ⅲ.画法几何-高等学校-教材　Ⅳ.O185.2

中国版本图书馆 CIP 数据核字(2010)第 160616 号

画法几何　　　　　　　　　　　　　　　　　　　　　　　　　　罗　臻　主编

策划编辑:袁　冲
责任编辑:吴　晗
封面设计:潘　群
责任校对:张　琳
责任监印:张正林
出版发行:华中科技大学出版社(中国·武汉)
　　　　　武昌喻家山　　邮编:430074　　电话:(027)81321915
录　　排:武汉市兴明图文信息有限公司
印　　刷:武汉中科兴业印务有限公司
开　　本:787mm×1092mm　1/16
印　　张:15.25
字　　数:376 千字
版　　次:2022 年 8 月第 1 版第 9 次印刷
定　　价:28.00 元

本书若有印装质量问题,请向出版社营销中心调换
全国免费服务热线:400-6679-118　　竭诚为您服务
版权所有　侵权必究

前言

本书是根据教育部工程图学教学指导委员会制定的《普通高等院校工程图学课程教学基本要求》，并结合近年来我国高等院校工程图学教育教学改革研究的方向和发展趋势以及编者的教学实践经验编写而成的。

随着本科各专业的整合，学生知识面的拓宽，课程数的增多，原有课程的学时、学分被缩减，众多高校将学时、学分的缩减指向部分专业基础课及专业课，而"画法几何"在很多高校被列入了缩减学时的课程，部分高校将其与"工程制图"、"计算机绘图"等课程结合，将其学时大大缩减。由于学时的限制，任课教师不得不大量缩减"画法几何"课程的授课内容，将其学时转移到"工程图学"课程中去，但事与愿违，带来的后果是学生空间思维能力、逻辑推理能力、创新能力、独立分析问题能力的降低，专业制图部分读图及绘图能力的下降。因此编者认为，无论是大学本科、专科还是职业技术教育，要使工程图学的教学质量上一个台阶，完全有必要开设独立的"画法几何"课程。以便从大学第一学期开始就重视学生空间思维能力、逻辑推理能力、创新能力、独立分析问题能力的培养，让学生养成认真细致的工作作风。

在编写本书的过程中，编者从如下几个方面进行了努力。

（1）在文字叙述上注重通俗易懂、图文并茂。为培养读者空间思维能力，对一些比较难理解的知识点，辅以相应的轴测图，以突出重点、化解难点，便于读者理解。

（2）本书的例题将其已知条件同作图过程分离开来，以避免读者一看例题图，必同时看到解答过程；在例题的讲解过程时，先对其进行空间分析，再讲述详细的解题步骤，便于读者自学。

（3）在保留经典的画法几何内容的基础上，注重删繁就简，在内容的编排上遵循由浅入深、由易到难、突出重点的认知规律。

（4）本书每章前面有学习目标，后面有小结、复习思考题及习题，便于读者在课前进行预习，课后进行复习。

本书可作为大学本科、专科、高等职业学校各工科专业的"画法几何"课程的教材，亦可作为工程技术人员的参考资料。

本书由罗臻任主编，郑小纯、赵军、周敏任副主编，全书由罗臻负责统稿。具体编写工作如下：广西工学院的罗臻编写了第8、9、10、11章，郑小纯编写了第1、2章，赵军编写了第5、6、7章，周敏编写了第3、4章。另广西工学院的廖羚、李红远，广西交通职业技术学院的韦莹，柳州城市职业技术学院的傅文庆，百色职业技术学院的黎军用参加了本书的部分绘图、部分例题编写及文字录入工作。广西工学院的邓敏负责本书参考资料的信息检索及收集工作,在此表示深深的谢意。

与本书配套的《画法几何习题集》(罗臻主编,赵军、郑小纯副主编)同时由华中科技大学出版社出版,可供选用。

本书的出版得到了广西工学院土木建筑工程系、广西工学院教务处领导的关心和支持,在此表示衷心的感谢。

在本书的编写过程中,吸收和采纳了近年来国内外部分优秀《画法几何》教材中的众多优点,编者在此表示衷心的感谢,参考教材的书目见本书参考文献。

由于编者的业务水平和教学经验所限,书中的缺点和错误在所难免,热忱欢迎广大读者批评指正。

编 者

2010年5月

目录

第1章 绪论 ······ (1)

第2章 投影基本知识 ······ (3)
2.1 投影及其分类 ······ (3)
2.2 投影的基本性质 ······ (5)
2.3 工程上常用的投影图 ······ (7)
小结 ······ (9)
思考题 ······ (9)
习题 ······ (10)

第3章 点的投影 ······ (14)
3.1 点的单面投影 ······ (14)
3.2 点的两面投影 ······ (15)
3.3 点的三面投影 ······ (16)
3.4 两点的相对位置和无轴投影图 ······ (20)
小结 ······ (22)
思考题 ······ (23)
习题 ······ (24)

第4章 直线的投影 ······ (26)
4.1 直线的投影及其投影特性 ······ (26)
4.2 一般位置直线的实长及其对投影面的倾角 ······ (30)
4.3 直线上的点及其投影特性 ······ (33)
4.4 两直线的相对位置 ······ (35)
4.5 一边平行于投影面的直角的投影 ······ (39)
小结 ······ (40)
思考题 ······ (41)
习题 ······ (42)

第 5 章 平面的投影 .... (45)
    5.1 平面的表示法及其分类 .... (45)
    5.2 各种位置平面的投影及其投影特性 .... (47)
    5.3 平面上的点和直线 .... (50)
    小结 .... (57)
    思考题 .... (57)
    习题 .... (58)

第 6 章 直线与平面及两平面间的相对位置关系 .... (63)
    6.1 直线与平面及两平面平行 .... (63)
    6.2 直线与平面及两平面相交 .... (70)
    6.3 直线与平面及两平面垂直 .... (76)
    小结 .... (83)
    思考题 .... (83)
    习题 .... (84)

第 7 章 投影变换 .... (87)
    7.1 投影变换概述 .... (87)
    7.2 换面法 .... (89)
    7.3 旋转法 .... (101)
    小结 .... (107)
    思考题 .... (108)
    习题 .... (109)

第 8 章 平面立体 .... (111)
    8.1 平面立体的投影 .... (111)
    8.2 平面立体表面上点及线的投影 .... (116)
    8.3 平面与平面立体相交 .... (119)
    8.4 两平面立体相交 .... (125)
    小结 .... (130)
    思考题 .... (131)
    习题 .... (131)

第 9 章 曲线、曲面及曲面立体 .... (135)
    9.1 曲线的投影 .... (136)
    9.2 曲面的投影 .... (140)
    9.3 曲面立体的投影 .... (142)

  9.4 平面与曲面立体相交 …………………………………………………… (152)
  9.5 平面立体与曲面立体相交 ………………………………………………… (164)
  小结 …………………………………………………………………………………… (168)
  思考题 ………………………………………………………………………………… (169)
  习题 …………………………………………………………………………………… (169)

第 10 章 组合形体 ………………………………………………………………… (177)
  10.1 组合形体的形体分析 …………………………………………………… (177)
  10.2 组合形体投影图的画法 ………………………………………………… (180)
  10.3 组合形体投影图的读法 ………………………………………………… (183)
  小结 …………………………………………………………………………………… (197)
  思考题 ………………………………………………………………………………… (197)
  习题 …………………………………………………………………………………… (198)

第 11 章 轴测投影 ………………………………………………………………… (203)
  11.1 轴测投影概述 …………………………………………………………… (204)
  11.2 正轴测投影 ……………………………………………………………… (206)
  11.3 斜轴测投影 ……………………………………………………………… (219)
  11.4 轴测投影的选择 ………………………………………………………… (226)
  小结 …………………………………………………………………………………… (228)
  思考题 ………………………………………………………………………………… (229)
  习题 …………………………………………………………………………………… (230)

参考文献 ………………………………………………………………………………… (233)

第 1 章 绪论

画法几何是在 200 多年前由法国的军事工程师、数学家加斯帕·蒙日（G. Monge，1746—1818）于 1795 年创立的，他在吸取前人有关经验的基础上，提出了以投影原理为依据的、在二维平面上表示空间几何元素的方法，创立了一门独立的学科——画法几何学。画法几何学是每一个设计人员和技术工人必须具备的一种通用语言。利用这种语言，设计人员可以把自己头脑中设想的机器部件用一张图纸上的几幅平面图形表示出来；图样到了工厂，熟练的技术工人根据这几幅平面图形立即想象出该部件的实际形状，并把它制造出来。因而，以画法几何为理论基础的工程图样被称为"工程界的共同语言"。工程图样是进行设计、施工和管理的技术文件和依据。因此，画法几何是工程类各专业必修的一门基础课，是从事工程设计、施工、管理等部门的工程技术人员必须掌握的一门工具。

通过本课程对投影法的系统学习，能有意识地培养自学能力、空间构思能力，培养如何把空间的三维形体用二维图形来表达清楚的能力，为后续的专业课程、课程设计、毕业设计和计算机辅助设计打下必要的基础。

1. 画法几何课程研究的对象

画法几何是几何学的一个分支，是专门研究三维空间形体在二维平面介质上的投影理论和方法，并用以解决实际工程问题的科学。它常采用图示法和图解法来进行研究。

1) 图示法

图示法研究用投影理论将三维空间几何元素（如点、线、面、体）的相对位置及其几何形状在二维平面上的表示。

2) 图解法

图解法研究在二维平面上用作图的方法解决空间几何问题。

画法几何与其他几何学既有相同之处：把空间的点、线、面、体等几何元素作为研究对象，解决它们自身的和相互之间的定形、定位及度量等问题；又有不同之处：画法几何在解决定形、定位及度量等问题时，主要采用以图作为问题答案的图解及图示的方式，而不是采用以数字、符号或方程式作为答案的解析方法。因此，画法几何的图不是示意性的，而是可以度量和具有一定精度的。

2. "画法几何"课程学习的目的和任务

"画法几何"课程学习的目的是培养学生绘图和读图的能力，图样能把工程形体的形状、构造及作法用一系列的图样和文字说明详尽地表达出来。学会绘图，就能用图样表达自己的技术设计构想；学会读图，就能知道别人的设计意图。这是从事工程技术行业的技术人员必须具备的基本能力。

本课程的主要任务如下：

①学习投影法（主要是正投影法）的基本理论及其应用；

②培养空间思维能力、空间分析问题和空间解决问题的图解能力；

③研究在二维平面图上如何表示空间三维形体的图示能力；

④培养认真负责的工作态度和严谨细致的工作作风。

3. 画法几何课程学习的要求和方法

画法几何是绘图和读图的理论基础，比较抽象且实践性较强，因此在学习中应注意下面几点。

(1)要重视和熟练掌握正投影原理，因为正投影原理是解决空间几何形体和它们的平面图像对应关系的基础，利用点、线、面较为简单的理论解决复杂的实际问题，只有把这些简单的理论理解透彻，才能找出解决问题的方法。

(2)要培养空间思维能力和空间想象能力，要弄清楚三维空间形体和二维平面之间的对应关系，要多想、多画、多看，要从空间形体到平面图形，再从平面图形想象出空间形状，并使之互相转化。无论学习或作业，都要画图和读图相结合，从而提高空间分析问题和解决问题的图解能力。

(3)本课程实践性强，必须完成一定数量的习题加深理解所学内容。运用所学理论知识解决实际问题，要善于思考，在作业的实践中逐步培养画图和读图的能力。

(4)要培养解题能力。解决有关空间问题时，要首先对问题进行空间分析，找出解题方法，再利用所学的各种基本理论和作图原理和方法，逐步作图、求解。

(5)在学习中应逐步提高自学能力。认真听课，及时复习和小结，做习题巩固所学的概念和方法，培养耐心细致，严谨务实的工作作风。

第 2 章 投影基本知识

本章学习目标
1. 了解投影的形成及其分类；
2. 熟练掌握投影的基本性质；
3. 熟练掌握工程上各种投影图的适用范围及优缺点。

2.1 投影及其分类

2.1.1 影子和投影

三维空间里的物体都有长度、宽度和高度，怎样才能在一张只有长度和宽度的纸上，准确而全面地表达物体的形状和大小呢？

在日常生活中，经常看到影子这种自然现象。空间物体在光的照射下，在地面、墙面或其他物体表面上会出现相应的影子，这种影子常能在一定程度上显示出物体的形状和大小，并随光线照射方向等的不同而发生变化。如图2-1(a)所示的是物体在正午的阳光照射下，在

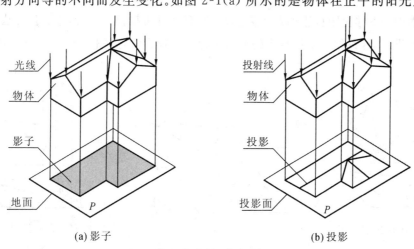

(a) 影子　　　　　　(b) 投影

图 2-1　影子与投影

地面上留下的影子,这个影子只能反映出物体的轮廓,但表达不出模型各部分的形状,且不反映物体的实际大小。

从图 2-1(a) 可知,通过影子虽然可以将空间三维形体在二维平面上表达出来,但还不能完全反映物体的形状和大小。为此,人们将上述自然现象加以科学的抽象:假设光源发出的光线能够透过形体而将形体上的点和线都在平面 P 上投落它们的影,这些点和线的影将组成一个能够反映出形体各部分形状的图形,如图 2-1(b) 所示,这个图形称为形体的投影。光源或光线称为投射中心;投影所在的平面称为投影面;连接投射中心与形体上各点的直线称为投射线;通过形体上一点(或空间某点)的投射线与投影面相交,所得交点就是该点在投影面上的投影。这种投射线通过空间几何元素(点、线、面或形体),向选定的投影面投射而在该面上得到空间几何元素投影的方法称为投影法。如图 2-2 所示,连接投射中心 S 与空间 A 或 B 的投射线 SA 或 SB 与投影面 P 的交点,称为空间点 A 或 B 在投影面 P 上的投影。

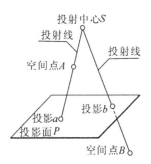

图 2-2 投影的基本概念

2.1.2 投影的分类

根据投射中心与投影面之间距离的不同,投影可分为中心投影和平行投影两大类。

1. 中心投影

当投射中心 S 距投影面 P 有限远时,所有投射线都交汇于一点 S,用这种方法形成的投影称为中心投影,这种作出中心投影的方法称为中心投影法,如图 2-3(a) 所示。中心投影的大小与空间几何元素的位置有关,当图 2-3(a) 中的三角形靠近或远离投影面时,它的投影就会相应地变小或变大。

2. 平行投影

当投射中心 S 移至距投影面 P 无限远时,所有投射线都相互平行,用这种方法形成的投影称为平行投影,这种作出平行投影的方法称为平行投影法,如图 2-3(b)、(c) 所示。平行投

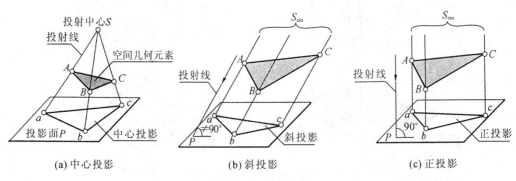

(a) 中心投影　　　　　(b) 斜投影　　　　　(c) 正投影

图 2-3 投影的分类

影的大小与形体的位置无关,当图 2-3(b)、(c)中的三角形靠近或远离投影面时,它的投影大小不变。

根据投射线与投影面 P 所成夹角的不同,平行投影又可分为斜投影和正投影。

(1) 斜投影:当投射线倾斜于投影面 P 时,所作出的平行投影称为斜投影,如图 2-3(b)所示,上述作出斜投影的方法称为斜投影法。

(2) 正投影:当投射线垂直于投影面 P 时,所作出的平行投影称为正投影,如图 2-3(c)所示,上述作出正投影的方法称为正投影法。

2.2 投影的基本性质

研究投影的基本性质,主要是要弄清楚空间几何元素本身与其投影之间的规律:哪些空间几何元素的几何特征在投影图上保持不变,哪些发生了变化以及是如何变化的。

2.2.1 中心投影与平行投影的共性

无论是中心投影法还是平行投影法,都具有如下的特性。

(1) 具备产生投影必需的三个要素:投射中心 S 或投射线、投影面 P、空间几何元素。

(2) 由于通过空间点的投射线与投影面的交点只有一个,因此当投射中心(或投影方向)和投影面确定了以后,空间几何元素在该投影面上的投影是唯一的。例如图 2-3 中的点 A、B、C 分别有唯一的投影 a、b、c。

(3) 若只知道空间几何元素的一个投影,不能确定该空间几何元素在空间的位置或形状。如图 2-4(a)中位于同一条投射线 Sa 上的点 A_1、A_2、A_n,它们的投影都在同一点 a 上,因为空间一点在某一投射线上移动,不论该点到投影面的距离怎样,该点在该投影面上的投影位置不变,其投影均在该投射线与投影面的交点上。又如图 2-4(b)中的两空间形状不同形体在投影面 P 上的投影却相同,可见只知道在投影面 P 上的一个投影,不能确定其空间形状。

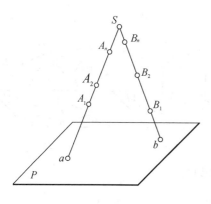

(a) 不能确定位置

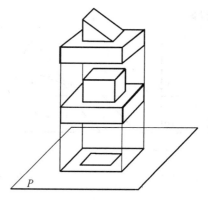

(b) 不能确定形状

图 2-4　一个投影不能确定空间几何元素的位置或形状

2.2.2 平行投影的特性

在工程制图中,最常使用的是平行投影法,平行投影具有如下特性。

1. 实形性(或度量性)

当线段或平面图形平行于投影面时,线段在该投影面上的投影反映其实长,平面图形在该投影面上的投影反映其实形,这种性质称为实形性;且线段的长短和平面图形的形状和大小,都可以从平行投影中直接确定和度量,故又称度量性,如图 2-5(a)、(b) 所示。这种反映线段或平面图形实长或实形的平行投影,称为实形投影。

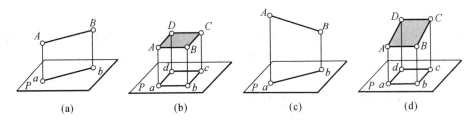

图 2-5 平行投影的特性(一)

2. 类似性(或相仿性)

当线段或平面图形倾斜于投影面时,其正投影小于其实长或实形,其斜投影则可能小于、等于或大于其实长、实形;但无论是何种平行投影,线段或平面图形的投影仍保留其空间几何形状,即直线段仍为直线段,三角形仍为三角形,五边形仍为五边形,但长度和大小发生变化,这种性质称为类似性或相仿性,如图 2-5(c)、(d) 所示。这种反映线段或平面图形类似形状的平行投影,称为相仿投影。

3. 积聚性

当线段或平面图形平行于投射线(对于正投影则垂直于投影面)时,其平行投影积聚为一点或一线段,这种性质称为积聚性,如图 2-6(a)、(b) 所示。这种具有积聚性质的投影称为积聚投影。

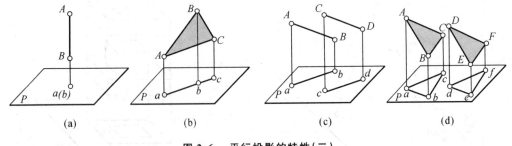

图 2-6 平行投影的特性(二)

4. 平行性

(1) 空间相互平行的两线段,在同一投影面上的投影也保持平行,这种性质称为平行性,如图2-6(c)所示,由于 $AB \mathbin{/\mkern-6mu/} CD$,则过 AB 和 CD 的投射平面 $ABba$ 和 $CDdc$ 平行,这两平行平面与第三平面(投影面 P)相交的交线必然平行,即 $ab \mathbin{/\mkern-6mu/} cd$。

(2) 空间一线段或一平面图形,经过平行移动之后,它们在同一投影面上的投影,虽然位置发生了变化,但其形状和大小仍然保持不变,这种性质也称为平行性,如图2-6(c)、(d)所示。

5. 从属性

属于线段的点或属于平面的线段,其投影仍属于该线段或该平面的同面投影,这种性质称为从属性。如图2-7(a)所示,点 C 属于线段 AB,则其投影 c 仍属于线段的投影 ab;如图2-7(b)所示,线段 MK、MN 属于平面 ABC,则其投影 mk、mn 仍属于平面的投影 abc。

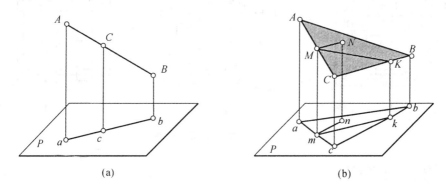

图 2-7 平行投影的特性(三)

6. 定比性

(1) 线段上的点将其划分为两段,两线段的空间长度之比等于其同面投影长度之比,这种性质称为定比性,如图2-7(a)中的点 C 将线段 AB 分为两线段,则有 $AC:CB = ac:cb$。

(2) 两平行线段的空间长度之比,等于其同面投影长度之比,这种性质也称为定比性,如图2-6(c)中的 $AB \mathbin{/\mkern-6mu/} CD$,则有 $AB:CD = ab:cd$。

2.3　工程上常用的投影图

用投影图表达形体空间形状时,由于表达目的和被表达对象特征的不同,往往需要采用不同的投影图。常用的投影图有多面正投影图、轴测投影图、透视投影图、标高投影图。下面作概要介绍,详细的作图原理和方法,将在后续有关章节中分别讨论。

2.3.1　多面正投影图

多面正投影图是采用正投影法将空间几何元素分别投射到两个或两个以上相互垂直的投影面上,然后按一定规律将投影面展开在同一个平面上,并将所获得的投影排列在一起,利用多面投影相互补充,来确切地、唯一地反映其空间位置及形状的一种投影图。如图2-8所示为作形体多面正投影图的步骤:图2-8(a)是将形体向三个两两互相垂直的投影面 H、

V、W 分别作正投影的示意图,图 2-8(b) 是移走空间形体将投影面连同形体的投影一起展开成一个平面时的示意图,图 2-8(c) 是去掉投影面范围边框后得到的三面正投影图。

作空间形体的多面正投影图时,应注意使形体沿长、宽、高三个方向上的主要表面尽可能地平行或垂直于相应的投影面,这样将能使各面投影最大限度地反映形体表面的实形或将其他相应表面积聚为线段,使作图即快捷准确,又便于度量。

多面正投影图的优点是能如实地反映形体各个主要侧面的形状和大小,作图简便,便于度量,工程应用最广泛(本教材中投影图除特别说明外,均指多面正投影图),但它立体感不强,需要经过专业培训才能看懂图。

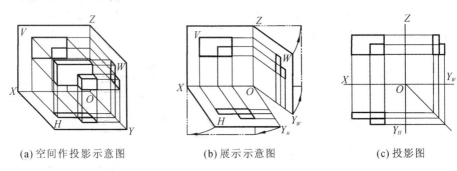

图 2-8　形体的三面正投影图

2.3.2　轴测投影图

轴测投影图是采用平行投影法(正投影法或斜投影法)将空间形体连同确定其空间位置的直角坐标系一起沿不平行任一坐标平面的方向,将其投射到单一投影面上,以获得能同时反映出形体长、宽、高三个向度的一种投影图。如图 2-9(a) 所示为采用正投影法绘制的形体的正轴测投影图,图 2-9(b) 所示为采用斜投影法绘制的形体的斜轴测投影图。

轴测投影图的优点是在一个投影面上能同时反映形体的长、宽、高三个向度,较直观,容易看出形体的空间形状。但作图比较复杂,度量性较差,因属于单面投影,不能确切地反映出形体的空间形状,所以在工程上常用作辅助图样。

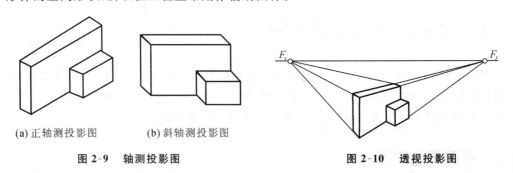

图 2-9　轴测投影图　　　　　　　　　　图 2-10　透视投影图

2.3.3　透视投影图

透视投影图是采用中心投影法将空间形体投射到单一的投影面上,以获得能反映出空间形体的三维形象,并且具有近大远小等视觉效果的一种投影图,如图 2-10 所示。透视投影图最明显的特点是空间形体上原来相互平行的轮廓线,其投影常常相交于一点。而在轴测投影图中,原来相互平行的形体的轮廓线,其投影仍然是相互平行的。

透视投影与照相的原理相似,透视投影图与将照相机放置在投射中心时所拍的照片一样,十分逼真,直观性强,常用作设计方案的比较或展览。但透视投影图绘制繁杂,且形体各部分的确切形状和大小不能直接从图中量取。

2.3.4 标高投影图

标高投影图是采用正投影法将空间形体投射到单一投影面(常常为水平投影面)上,并按比例标出空间形体的某些面、线、点相对于该投影面的距离(对于水平投影面是高程),以获得表达三维空间形象效果的一种投影图。

在工程上,标高投影图常用来表达地面高程变化的情况,作图时,用间隔相等的多个不同高度的水平面切割地形面,其交线称为等高线,将不同高程的等高线投影到水平投影面上,并标出各等高线的高度数值,即为等高线图,它表达出该处地形高度起伏的情况,如图 2-11 所示。

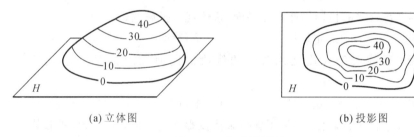

图 2-11　标高投影图

小　结

1. 本章的基本内容是投影法的基本概念。通过形体上一点(或空间某点)的投射线与投影面相交,所得交点就是该点在投影面上的投影。投射线通过空间几何元素(点、线、面或形体),向选定的投影面投射而在该面上得到空间几何元素投影的方法,称为投影法。根据投射中心与投影面之间距离的不同,投影可分为中心投影和平行投影。根据投射线与投影面所成夹角的不同,平行投影又可分为斜投影和正投影。

2. 本章的重点是平行投影的基本特性:实形性、类似性、积聚性、平行性、从属性、定比性。要熟练掌握这些特性。

3. 工程中常用的投影图有多面正投影图、轴测投影图、透视投影图和标高投影图。多面正投影图在工程中应用广泛,本教材中所说的投影图,除特别说明外,均指多面正投影图。

思　考　题

1. 影子和投影有什么区别?

2. 投影是如何形成的,其基本要素是什么?

3. 何谓投影法?试简述其类别。

4. 何谓形体分析法,利用形体分析法画图与读图的步骤是怎样的?

5. 何谓中心投影,何谓平行投影,它们有哪些共性,又有哪些区别?

6. 试简述平行投影的基本性质。

7. 工程上有哪些常用的投影图,各有什么优缺点,适用范围怎样?

习 题

1. 当投影面、投射方向及空间几何元素确定了之后,空间几何元素在投影面上有其唯一的投影,但仅根据空间几何元素的一个投影却不能唯一确定空间几何元素的空间位置,这体现了投影的(　　)。

　　A. 积聚性　　　　B. 定比性　　　　C. 平行性　　　　D. 不可逆性

2. 直线在某投影面上的投影为一点,平面图形在某投影面上的投影为一直线段,这体现了投影的(　　)。

　　A. 积聚性　　　　B. 定比性　　　　C. 平行性　　　　D. 不可逆性

3. 直线段上的点的投影必位于直线的同面投影上,这体现了投影的(　　)。

　　A. 积聚性　　　　B. 定比性　　　　C. 平行性　　　　D. 从属性

4. 空间两平行直线的投影仍然相互平面,这体现了投影的(　　)。

　　A. 积聚性　　　　B. 定比性　　　　C. 平行性　　　　D. 不可逆性

5. 空间两平行线段的长度之比等于两线段的同面投影长度之比,这体现了投影的(　　)。

　　A. 积聚性　　　　B. 定比性　　　　C. 平行性　　　　D. 不可逆性

6. 一直线段平行于投影面,若采用斜投影法投影该直线段,则直线段的投影(　　)。

　　A. 倾斜于投影轴　　B. 反映实长　　　C. 积聚为点　　　D. 平行于投影轴

7. 工程上应用最广泛的投影图为(　　)。

　　A. 轴测图　　　　B. 透视图　　　　C. 示意图　　　　D. 多面正投影图

8. 工程上应用的投影图采用的投影方法为(　　)。

　　A. 平行投影　　　B. 斜投影　　　　C. 正投影　　　　D. 中心投影

9. 绘制轴测投影图采用的投影方法为(　　)。

　　A. 正投影法　　　B. 斜投影法　　　C. 中心投影法　　D. 平行投影法

10. 绘制透视图采用的投影方法为(　　)。

　　A. 正投影法　　　B. 斜投影法　　　C. 中心投影法　　D. 平行投影法

11. 绘制标高投影图采用的投影方法为(　　)。

　　A. 正投影法　　　B. 斜投影法　　　C. 中心投影法　　D. 平行投影法

12. 绘制轴测投影图采用的投影面数量为(　　)。

　　A. 一个　　　　　B. 两个　　　　　C. 三个　　　　　D. 三个或三个以上

13. 绘制房屋建筑施工图采用的投影面数量为(　　)。

　　A. 一个　　　　　B. 两个　　　　　C. 三个　　　　　D. 三个或三个以上

14. 绘制透视投影图采用的投影面数量为(　　)。

　　A. 一个　　　　　B. 两个　　　　　C. 三个　　　　　D. 三个或三个以上

15. 绘制标高投影图采用的投影面数量为（　　）。
A. 一个　　　　　　　　　　　　B. 两个
C. 三个　　　　　　　　　　　　D. 三个或三个以上

16. 下面所列的投影图中，采用单个投影面的是（　　）。
① 建筑施工图　　② 正轴测投影图　　③ 斜轴测投影图　　④ 透视投影图
⑤ 标高投影图
A. ①②③④　　　　　　　　　　B. ①②③⑤
C. ②③④⑤　　　　　　　　　　D. ①②③④⑤

17. 透视图是绘制（　　）的基础。
A. 施工图　　B. 效果图　　C. 结构图　　D. 技术图

18. 已知形体的轴测投影图如图 2-12 所示，其三面正投影图是（　　）。

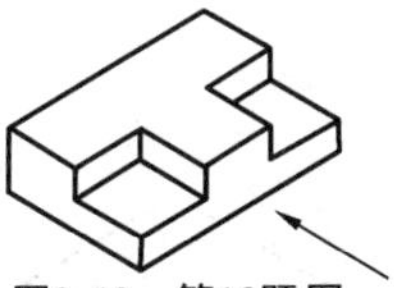

图2-12　第18题图

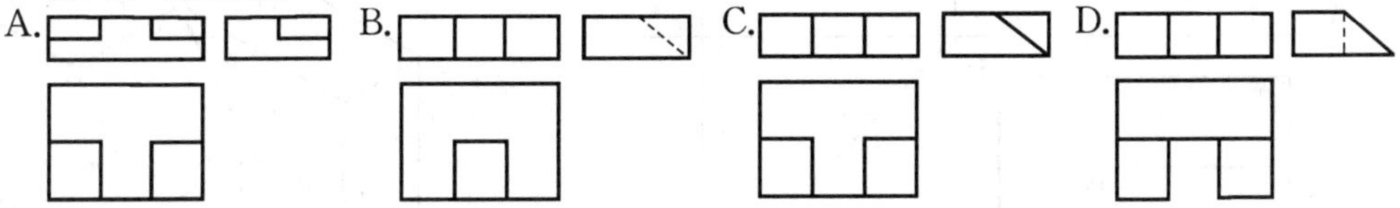

19. 已知形体的轴测投影图如图 2-13 所示，其三面正投影图是（　　）。

图2-13　第19题图

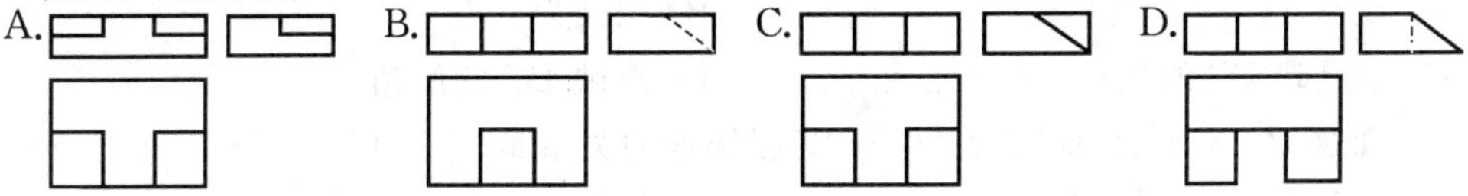

20. 已知形体的轴测投影图如图 2-14 所示，其三面正投影图是（　　）。

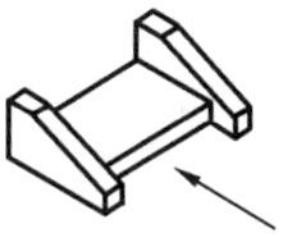

图2-14　第20题图

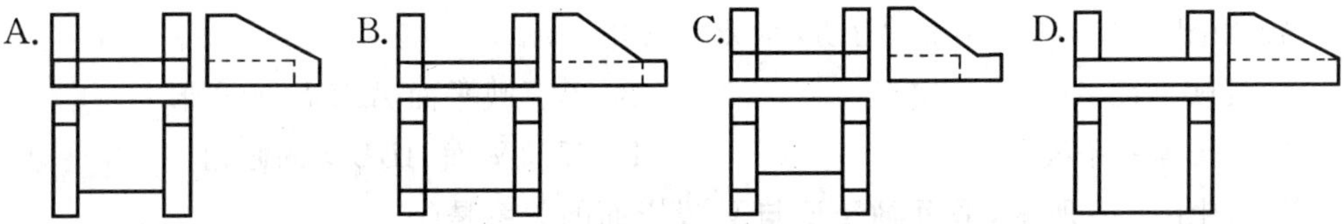

21. 已知形体的轴测投影图如图 2-15 所示，其三面正投影图是（　　）。

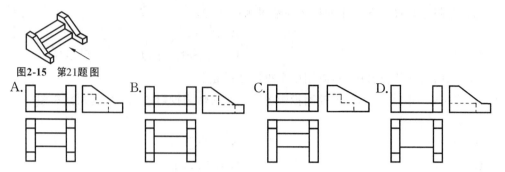

图2-15 第21题图

A.　　　　　　B.　　　　　　C.　　　　　　D.

22. 如图 2-16 所示,已知形体的轴测图以及线段 AB、CD 在三面投影图中的位置,直线段 BC 与 V 面的关系是(　　)。

A. 平行　　　　B. 垂直　　　　C. 倾斜　　　　D. 不能确定

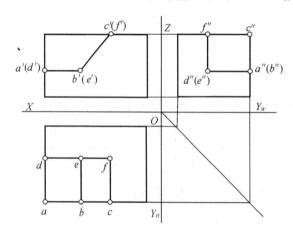
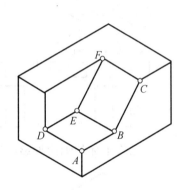

图 2-16　第 22—29 题图

23. 如图 2-16 所示,直线段 BC 的正面投影 $b'c'$ (　　)。

A. 反映 BC 的实长　　　　　　B. 积聚为一点
C. 不反映 BC 的实长　　　　　D. 反映 BC 的倾角

24. 如图 2-16 所示,直线段 AB 与 W 投影面的关系是(　　)。

A. 平行　　　　B. 垂直　　　　C. 倾斜　　　　D. 不能确定

25. 如图 2-16 所示,直线段 AB 的侧面投影 $a''b''$(　　)。

A. 反映直线 AB 的实长　　　　B. 不反映直线 AB 的实长
C. 积聚为一点　　　　　　　　D. 反映 AB 的倾角

26. 如图 2-16 所示,平面 ABED 与 H 投影面的关系是(　　)。

A. 平行　　　　B. 垂直　　　　C. 倾斜　　　　D. 不能确定

27. 如图 2-16 所示,平面 ABED 的水平投影 abed(　　)。

A. 反映平面 ABED 的实形　　　B. 不反映平面 ABED 的实形
C. 积聚为一条线段　　　　　　D. 反映平面 ABED 的倾角

28. 如图 2-16 所示,平面 BCFE 与 V 投影面的关系是(　　)。

A. 平行　　　　B. 垂直　　　　C. 倾斜　　　　D. 不能确定

29. 如图 2-16 所示,平面 BCFE 的正面投影 $b'c'f'e'$（ ）。

A. 反映平面 Q 的实形 B. 不反映平面 Q 的实形

C. 积聚为一条线段 D. 反映平面 Q 的倾角

30. 已知形体的三面正投影图如图 2-17 所示,则其正确的轴测投影图为(　　)。

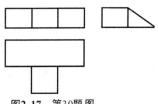

图2-17　第30题图

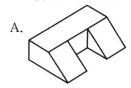
A.

B.

C.
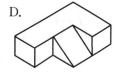
D.

31. 已知形体的三面正投影图如图 2-18 所示,则其正确的轴测投影图为(　　)。

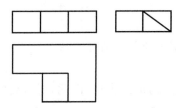

图2-18　第31题图

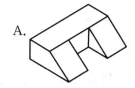
A.
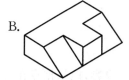
B.

C.

D.

第 3 章 点的投影

本章学习目标

1. 熟练掌握点的两面投影图及其投影规律；
2. 熟练掌握三面投影体系的建立；
3. 熟练掌握点在三面投影体系第一分角中的投影及其投影规律；
4. 熟练应用点的投影规律快速作点的投影；
5. 掌握点的投影与直角坐标的关系；
6. 熟练掌握利用投影图及点的坐标判定两点相对位置及重影点的可见性。

点是组成形体最基本的几何元素，在立体上常常以交点的形式出现。因此，要研究空间形体的图示法，首先就要研究空间点的图示法以及它的投影规律。

3.1 点的单面投影

空间点在一个投影面上有唯一的一个正投影；但根据点在一个投影面上的一个正投影，却不能确定该点在空间的位置。

当空间点与投影面的相对位置确定后，通过该点只能作一条垂直于该投影面的投射线，该投射线与投影面只能交于一点，即有且只有一个正投影。如图 3-1(a) 所示，设空间有一点 A 和一个投影面 H，通过点 A 只能作一条垂直于 H 面的投射线 Aa，因而与 H 面只能交得一个正投影 a。

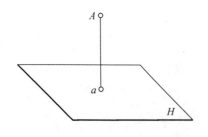
(a) 空间一点有唯一的正投影

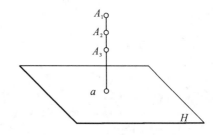
(b) 点的单面正投影不能确定点的空间位置

图 3-1 点的单面投影

相反的,如图 3-1(b) 所示,位于同一条投射线上各点如 A_1、A_2、A_3 等在 H 面上正投影重叠于 a 点,因而仅由点的一个正投影 a,不能确定 A 点在空间与投影面 H 的相对位置。

3.2 点的两面投影

1. 两投影面体系

由前所述,单凭一点在一个投影面上的投影,不能确定该点在空间的位置。因此,如图 3-2(a) 所示,取两个相互垂直的投影面,组成两投影面体系,其中:一个是水平的投影面,用字母 H 表示,称为水平投影面,简称 H 面;另一个是正对观察者的直立投影面,用字母 V 表示,称为正立投影面,简称 V 面。它们相交于一条水平直线,用 OX 表示,称为投影轴 OX,简称 X 轴。

2. 点的两面投影

将空间点 A 置于两投影面体系中,过 A 分别作投射线垂直于 H 面和 V 面,即得点 A 的水平投影 a 和正面投影 a',如图 3-2(a) 所示。

为了表达和说明需要,图中点及其投影常用小圆圈表示;空间点用大写字母(或罗马数字)表示;H 面投影用对应的小写字母(或阿拉伯数字)表示,V 面投影用对应的小写字母(或阿拉伯数字)加一撇表示,如 a'(读作:a 一撇)。

3. 两面投影图

为了将空间两投影面上的投影画在同一面(即图纸上),还需将投影面展开,投影面展开时,规定 V 面保持不动,而将 H 面绕投影轴 OX 向下旋转 90°(如图 3-2(b) 中箭头所示),使其与 V 面重合,就得到 A 点的两面投影图,如图 3-2(c) 所示。由于平面(投影面)是可以无限延伸的,因此在投影图上一般不画出投影面的边框,如图 3-2(d) 所示。

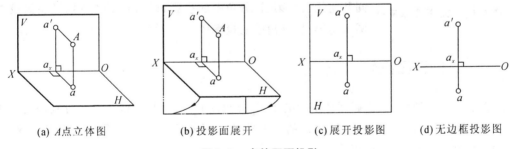

(a) A 点立体图　　(b) 投影面展开　　(c) 展开投影图　　(d) 无边框投影图

图 3-2　点的两面投影

4. 点的两面投影特性

分析点在两投影面体系中得到投影图的过程,可得出点的两面投影特性如下。

(1) 点的两面投影的连线垂直于投影轴(即 $aa' \perp OX$)。在图 3-2(a) 中,投射线 Aa 和 Aa' 所构成的平面 Aaa_xa' 垂直于 H 面和 V 面,亦即垂直于 H 面和 V 面的交线 OX 轴,因而

平面 Aaa_xa' 上的直线 aa_x 和 $a'a_x$ 必垂直于 OX 轴。当水平投影 a 随 H 面旋转至与 V 面重合时，aa_x 与 OX 轴的垂直关系不变，因此，在两面投影图上 a、a_x、a' 三点共线，且其连线垂直于 OX 轴。

(2) 点的水平投影到 OX 轴的距离等于空间点到 V 面的距离；点的正面投影到 OX 轴的距离等于空间点到 H 面的距离（即 $aa_x = Aa'$，$a'a_x = Aa$）。由图 3-2(a) 可知，Aaa_xa' 是一矩形，其对边相等，所以 $aa_x = Aa'$，$a'a_x = Aa$。

根据一点在投影图中的两个投影，能确定该点在空间的位置，以及该点到两投影面的距离。如图 3-2(c) 或图 3-2(d) 加上投影面边框后，若这时位于 OX 轴下方的 H 面，绕 OX 轴向上方旋转回至水平位置，就如图 3-2(b) 一样，于是也能确定 A 点在空间的位置，因而也确定了其到投影面的距离。

3.3 点的三面投影

3.3.1 三投影面体系

三投影面体系是在两投影面体系中增加一个与 H 面和 V 面都相互垂直的侧立投影面 W 面，如图 3-3 所示。每两个投影面的交线分别称为投影轴 OX、OY 和 OZ。三条投影轴垂直相交的 O 点称为原点。

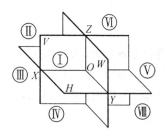

图 3-3 三面投影体系

因为投影面是无限大的，故两两相互垂直的 V、H、W 面把空间划分成八个部分，每一个部分称为一个分角。规定：H 面之上、V 面之前、W 面之左的部分为第 I 分角，其他各分角如图 3-3 所示（第 Ⅶ 分角在第 Ⅵ 分角的下面）。

我国的制图国家标准规定工程形体图样采用第 I 分角画法，即将形体放在第 I 分角中进行投影。因此，本书主要研究空间几何元素在第 I 分角中的投影，以后凡不作特别说明的投影图都是第 I 分角中的投影图。

3.3.2 点的三面投影

如图 3-4(a) 所示，三投影面体系中的第 I 分角内有一空间点 A，过点 A 分别作投射线垂直于 H 面、V 面和 W 面，分别得点 A 的水平投影 a、正面投影 a' 和侧面投影 a''（规定 W 面投影用对应的小写字母加两撇表示）。

将三个投影面展开成为一个平面时，规定 V 面保持不动，H 面绕 OX 轴向下旋转 $90°$，W 面绕 OZ 轴向右旋转 $90°$，使得 H 面、W 面与 V 面处于同一平面上，便可得点 A 的三面投影图，如图 3-4(b) 所示。由于投影图上投影轴 OY 在两处出现，为便于区分，随 H 面旋转后的 OY 轴标记为 OY_H，随 W 面旋转后的 OY 轴标记为 OY_W。再将表示投影面范围的边框去掉，便可得点 A 的三面无边框投影图，如图 3-4(c) 所示。

3.3.3 点的三面投影规律

从图 3-4(c) 所示三面投影图可知,点的三面投影规律如下。

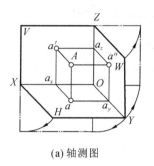
(a) 轴测图

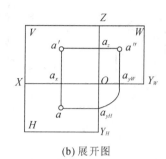
(b) 展开图

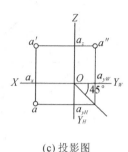
(c) 投影图

图 3-4 点的三面投影

(1) 一点的正面投影和水平投影的连线垂直于 OX 轴(即 $aa' \perp OX$)。

(2) 一点的正面投影和侧面投影的连线垂直于 OZ 轴(即 $a'a'' \perp OZ$)。

(3) 一点的水平投影到 OX 轴的距离等于该点的侧面投影到 OZ 轴的距离(即 $aa_x = Aa' = a''a_z = a_yO$)。

以上三条规律就是"长对正,高平齐,宽相等"三等关系的理论依据。如图 3-5 所示,因为形体最左一点 A 和最右一点 B 的 H 面投影与 V 面投影,分别在同一竖直投影连线上,因而必然会出现"长对正"的关系;同样,形体最高一点 A 和最低一点 C 的 V 面投影与 W 面投影,分别在同一水平连线上,因而必然会出现"高平齐"的关系;形体最前一点 A 和最后一点 D 距离 V 面的距离差,在其 H 和 W 面投影中均能反映,因而必然会出现"宽相等"的关系。

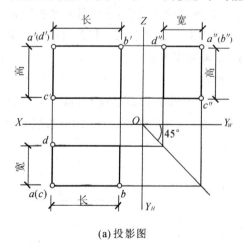
(a) 投影图

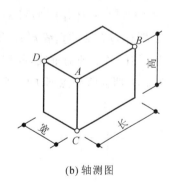
(b) 轴测图

图 3-5 三面投影的关系

3.3.4 点的三面投影和直角坐标的关系

若把三面投影体系中的三投影轴 OX、OY、OZ(简称 X、Y、Z 轴)当作空间直角坐标体系 $OXYZ$ 的三个坐标轴,把三面投影体系中的原点 O 当作坐标系的原点 O,把三投影面 H、V、

W 分别当作空间直角坐标面 OXY、OXZ、OYZ，则点的空间位置可用其直角坐标值来确定，即点到三个投影面间的距离分别为该点的三个直角坐标值，如图 3-6 所示。

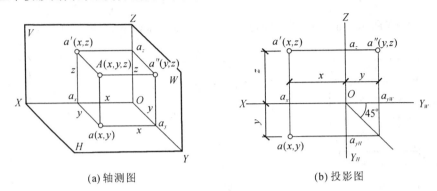

(a) 轴测图　　　　　　　　　　(b) 投影图

图 3-6　点的投影与坐标的关系

从图 3-6 中可见，点的投影与其坐标的关系如下。

(1) $Aa'' = a_xO = aa_{yH} = a'a_z = x$，反映点 A 到 W 面的距离。

(2) $Aa' = a_{yH}O = a_{yW}O = aa_x = a''a_z = y$，反映点 A 到 V 面的距离。

(3) $Aa = a_zO = a'a_x = a''a_{yW} = z$，反映点 A 到 H 面的距离。

由图还可以看出，空间点 A 的位置由它的直角坐标 $A(x,y,z)$ 确定，它的三个投影的坐标分别为 $a(x,y)$、$a'(x,z)$、$a''(y,z)$，即其水平投影 a 反映了 x、y 坐标值，正面投影 a' 反映了 x、z 坐标值，侧面投影 a'' 反映了 y、z 坐标值。因此，只知道空间点的一个投影无法确定其在空间的位置，因为点的一个投影只能确定该点的两个坐标值；要确定空间点的位置，必须知道点的两个投影。

【例 3-1】 如图 3-7(a) 所示，已知点 K 的正面和侧面投影，求作其水平投影 k。

解 (1) 分析：根据点的三面投影规律，所求点 K 的水平投影 k 与正面投影 k' 的连线垂直于 OX 轴，且 k 到 OX 轴的距离等于 k'' 到 OZ 轴的距离。

(2) 作图步骤：具体作图如图 3-7(b)、(c) 所示。

① 由 k' 作 OX 轴的垂线 $k'k_x$，所求的 k 必在这根铅垂投影连线上，如图 3-7(b) 所示。

② 由 k'' 作 OY_W 轴的垂线，并利用过原点 O 的 $45°$ 辅助线，在 $k'k_x$ 的延长线上向下截取 $k_xk = Ok_{yW}$，k 即为所求点 K 的水平投影，如图 3-7(c) 所示。

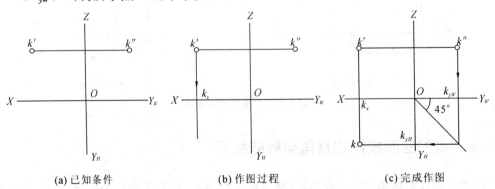

(a) 已知条件　　　　　(b) 作图过程　　　　　(c) 完成作图

图 3-7　已知点的两投影求作第三投影

【例3-2】 已知点 $A(15,12,20)$,点 $B(10,5,0)$,求作两点的三面投影。

解 (1)分析:由已知条件可知,点 A 的坐标为 $x_A=15$,$y_A=12$,$z_A=20$;点 B 的坐标为 $x_B=10$,$y_B=5$,$z_B=0$。由于点的每个投影均由两个坐标值确定,因此可作出点的投影。

(2)作图步骤:具体作图如图3-8(a)、(b)、(c)所示。

① 首先画出投影轴。

② 在 OX 轴上依据 $x_A=15$ 定出点 a_x,在 OZ 轴上依据 $z_A=20$ 定出点 a_z,在 OY_H、OY_W 轴上依据 $y_A=12$ 分别定出 a_{yH}、a_{yW},如图3-8(a)所示。

③ 过 a_x 作 OX 轴的垂线,再过 a_z、a_{yH} 分别作 OZ、OY_H 轴的垂线,其与 OX 轴垂线的交点即为 a'、a。

④ 利用 $45°$ 的辅助线使 $Oa_{yW}=Oa_{yH}$,过 a_{yW} 作 OY_W 轴的垂线,此线与过 a_z 的 OZ 轴垂线的交点即为 a'',如图3-8(b)所示。

⑤ 用同样的方法作出点 B 的各投影,因 $z_B=0$,因而点 B 位于 H 面上,b' 在 OX 轴上、b'' 在 OY_W 轴上,如图3-8(c)所示。

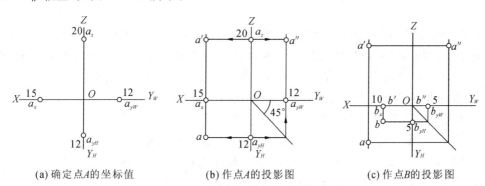

图 3-8 已知点的坐标求作其投影图

【例3-3】 已知点 $A(15,10,20)$,点 $B(5,15,0)$,求作两点的立体图。

解 (1)分析:由已知条件可知,确定 A、B 两点空间位置的三个坐标值均为已知,因而两点的空间位置唯一确定,即可作出两点的立体图。

(2)作图步骤:具体作图如图3-9(a)、(b)、(c)所示。

① 首先作出表示正立投影面 V 面的矩形,得 OX、OZ 轴及原点 O。

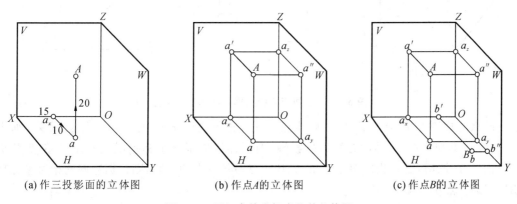

图 3-9 已知点的坐标求作其立体图

② 过原点 O 作 45°斜线即为 OY 轴,分别过斜线的端点作 OX 轴、OZ 轴的平行线,并围成两个平行四边形即为 H、W 投影面。注意三个轴的长度要比已知点的各方向最大坐标值稍长,如图 3-9(a) 所示。

③ 在 OX 轴上取 $x_A = 15$ 得点 a_x,过 a_x 作 OY 轴的平行线并截取 $y_A = 10$ 得点 a,过点 a 作 OZ 轴的平行线并在其上截取 $z_A = 20$ 得点 A,并分别作出 a'、a'' 及 a_y、a_z 并连成投影长方体,即得点 A 的立体图,如图 3-9(a) 及(b) 所示。

④ 同样的方法可作出点 B 的立体图。因 $z_B = 0$,点 B 在 H 面上,"投影长方体"变成投影矩形,如图 3-9(c) 所示。

3.4 两点的相对位置和无轴投影图

3.4.1 两点的相对位置

两点的相对位置,是指两点垂直于投影面方向也即平行于投影轴 OX、OY、OZ 的左右、前后和上下的相对关系。在投影图上,可由两点在三个坐标方向上的坐标差来表示。设在 OX、OY、OZ 三个方向上,坐标值大的一方分别为左方、前方、上方,则研究空间两点的相对位置,即是判别出它们之间的左右、前后、上下的相对位置关系。

对于图 3-10(a)、(b) 中的两点,对相对位置判断如下:

① 由 H、V 面投影可看出,$x_A > x_B$,所以点 A 在点 B 的左方;
② 由 H、W 面投影可看出,$y_A > y_B$,所以点 A 在点 B 的前方;
③ 由 V、W 面投影可看出,$z_A > z_B$,所以点 A 在点 B 的上方;
则由三投影中的任两投影即可综合得出点 A 在点 B 的左、前、上方。

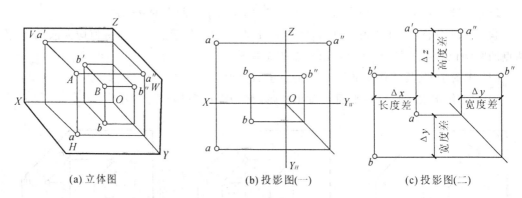

图 3-10 已知两点的投影判断其相对位置

两点的相对位置只与其中的基准点有关,而与投影面或投影轴的位置无关,如图 3-10(c) 中的投影图,虽然没有绘出投影轴,但同样可以根据坐标差值判断点 A 在点 B 的右、后、上方。同时,若在投影图上给出 A、B 两点中任一点的投影,则根据它们的相对坐标就能作出另一点的投影。

3.4.2 重影点的可见性

当空间两点位于垂直于某投影面的同一条投射线上时,这两点在该投影面上的投影重叠在一起,称这两点为对该投影面的一对重影点。这种情况下该空间两点的直角坐标值中有两个相等而第三个不相等。

如图 3-11 所示,A、B 两点是对 H 面的一对重影点,则 z 坐标值大的 A 点在上方。

C、D 两点是对 V 面的一对重影点,则 y 坐标值大的点 C 在前方。

E、F 两点是对 W 面的一对重影点,则 x 坐标值大的点 E 在左方。

如图 3-11 所示的投影图中,若把投射方向作为观察方向,则投影重叠的两点(即重影点)就存在了谁挡住谁、谁可见谁不可见的问题。显而易见,把投射方向作为观察方向,坐标值大的点的投影可见,坐标值小的点的投影不可见。在投影图中规定用括号把不可见的投影括起来,以示区别,如图 3-11 中的 $a(b)$、$c'(d')$、$e''(f'')$。

由此可见,对某投影面的一对重影点的三对坐标值中,必定有两对相等;从投射方向观看,重影点必定有一个点的投影被另一点的投影遮挡住而不可见;判断重影点的可见性时,需要看重影点在另一个投影面上的投影,坐标值大的点投影可见,反之不可见,不可见的点的投影加括号表示。

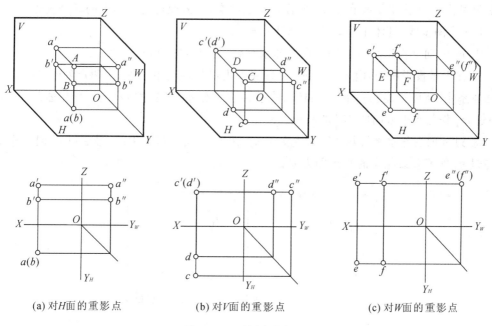

(a) 对H面的重影点 (b) 对V面的重影点 (c) 对W面的重影点

图 3-11 重影点的投影

3.4.3 无轴投影图

前述的投影是建立在一个有形的三面投影体系或两面投影体系的基础之上,所画的投影图均包含了投影轴,这种图称为有轴投影图。

如果只研究空间两点之间的相对位置或距离,而不涉及各点到投影面的距离时,则可以不将投影轴表示出来,这种图称为无轴投影图。

在无轴投影图中,投影轴虽省略不画,但各投影面依然存在;投影轴的位置虽不确定,但水平或铅垂方向保持不变,且投影连线必垂直于相应的投影轴。也就是说,三面投影的相互排列位置与方向,仍旧像有投影轴时一样,即它们之间的投影连线方向没有改变。因此,无轴投影图仍应符合点的投影规律。

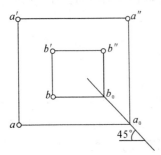

图 3-12　无轴投影图

如图 3-12 所示,aa' 仍为铅垂方向,$a'a''$ 仍为水平方向;此外,过点 a 的水平线与过 a'' 的铅垂线,应交于 45°斜线上的点 a_0(a_0 一般不必注出)。在无轴投影图中,当点 A 的 H 面投影 a、W 面投影 a'' 已知时,则 45°斜线的位置必随之确定,它必定通过由 a 所作水平线和由 a'' 所作铅垂线的交点 a_0。而且,在一个三投影面体系中,有且只有一条 45°斜线。

如果无轴投影图中,已知一点的 V 面投影,并知 H 面或 W 面投影中的一个时,则 45°斜线的位置不能唯一确定。

【例 3-4】　在如图 3-13(a)所示的无轴投影体系中,已知点 M 的两个投影 m、m'',点 N 的两个投影 n、n',求作两点的第三投影 m' 和 n''。

解　(1)分析:点 M 的 H 面投影 m、W 面投影 m'' 已知,则 45°斜线的位置必随之确定,它必定过由 m 所作水平线和由 m'' 所作铅垂线的交点。由此可确定两点的其余投影。

(2)作图步骤:具体作图如图 3-13(b)所示。

① 过 m 向上作铅垂线,过 m'' 向左作水平线,其交点即为 m'。

② 在无轴投影图中,由 n、n' 求 n'',必须先画出 45°斜线。由于 M、N 两点处于同一个三投影面体系中,所以只能有一条 45°斜线。故过 m 向右作水平线,过 m'' 向下作铅垂线,得交点 m_0;过 m_0 作与水平方向成 45°的斜线。

③ 过 n 向右作水平线与 45°斜线交于 n_0,在过 n_0 向上作铅垂线;最后过 n' 向右作水平线与过 n_0 的铅垂线相交的交点即为 n''。

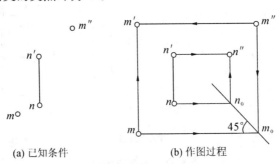

(a) 已知条件　　　　(b) 作图过程

图 3-13　已知点的两面投影求作第三面投影

小　　结

1. 点的三面投影规律如下:

① 一点的正面投影和水平投影的连线垂直于 OX 轴(即 $a'a \perp OX$);

② 一点的正面投影和侧面投影的连线垂直于 OZ 轴(即 $a'a'' \perp OZ$);

③ 一点的水平投影到 OX 轴的距离等于该点的侧面投影到 OZ 轴的距离(即 $aa_x = Aa' = a''a_z = a_yO$)。

以上三条规律就是"长对正,高平齐,宽相等"三等关系的理论依据。

2. 把三面投影体系中的三投影轴 OX、OY、OZ(简称 X、Y、Z 轴)当作空间直角坐标体系 $OXYZ$ 的三个坐标轴,把三面投影体系中的原点 O 当作坐标系的原点 O,把三投影面 H、V、W 分别当作空间直角坐标面 OXY、OXZ、OYZ,则点的空间位置可用其直角坐标值来确定,即点到三个投影面间的距离分别为该点的三个直角坐标值。

点的投影与坐标的关系如下。

① $Aa'' = a_xO = aa_{yH} = a'a_z = x_A$,反映点 A 到 W 面的距离。

② $Aa' = a_{yH}O = a_{yW}O = aa_x = a''a_z = y_A$,反映点 A 到 V 面的距离。

③ $Aa = a_zO = a'a_x = a''a_{yW} = z_A$,反映点 A 到 H 面的距离。

空间点 A 的位置由它的直角坐标 $A(x、y、z)$ 确定,它的三个投影的坐标分别为 $a(x、y)$、$a'(x、z)$、$a''(y、z)$。

3. 两点的相对位置,是指两点平行于投影轴 OX、OY、OZ 的左右、前后和上下的相对关系。在投影图上,可由两点在三个坐标方向上的坐标差来表示。在投影轴 OX、OY、OZ 三个方向上,坐标值大的一方分别为左方、前方、上方。

4. 当空间两点位于垂直于某投影面的同一条投射线上时,这两点在该投影面上的投影重叠在一起,称这两点为对该投影面的重影点。

在某投影面的一对重影点的三对坐标值中,必定有两对相等;从投射方向观看,重影点必定有一个点的投影被另一点的投影遮挡而不可见;判断重影点的可见性时,需要看重影点在另一个投影面上的投影,坐标值大的点投影可见,反之不可见。不可见的点的投影加括号表示。

5. 如果只研究空间两点之间的相对位置或距离,而不涉及各点到投影面的距离时,可以不将投影轴表示出来,这种图称为无轴投影图。在无轴投影图中,投影轴虽省略不画,但各投影面依然存在,仍应符合点的投影规律。

在无轴投影图中,当同一点的 H 面、W 面投影已知时,则 $45°$ 斜线的位置必随之确定,它必定通过由 H 投影所作水平线和由 W 投影所作铅垂线的交点。而且,在一个三投影面体系中,有且只有一条 $45°$ 斜线。如果无轴投影图中,已知一点的 V 面投影,并知 H 面或 W 面投影中的一个时,则 $45°$ 斜线的位置不能唯一确定。

思 考 题

1. 表达点的空间位置需要几个投影?为什么?
2. 在两投影面体系中,点的投影规律是什么?
3. 试证明一点的两面投影连线必垂直于两投影面间的投影轴。
4. 点的三面投影图是怎样得到的?如何从投影图中量得点到各投影面的距离?
5. 为什么根据点的两个投影便能作出其第三个投影?具体作图方法是怎样的?
6. 在投影图上怎样辨认两点的相对位置?

7. 如何判断重影点在投影图中的可见性?怎样标记?

8. 什么情况下可以不要投影轴?为什么可以不要?怎样画无轴投影图?

习 题

1. 关于画法几何中的三投影面体系的说法,不正确的是(   )。

   A. 三个投影面,两两相互垂直

   B. 三个投影面将空间划分为八个分角

   C. 通常只研究第Ⅰ分角内点的投影

   D. 水平投影面用 H 表示,正立投影面用 W 表示,侧立投影面用 V 表示

2. 关于画法几何中三投影面展开的说法,正确的是(   )。

   A. V 面不动,H 面向下旋转 $90°$,W 面向后旋转 $90°$

   B. H 面不动,W 面向右旋转 $90°$,V 面向后旋转 $90°$

   C. V 面不动,H 面向后旋转 $90°$,W 面向右旋转 $90°$

   D. H 面不动,W 面向下旋转 $90°$,V 面向后旋转 $90°$

3. 关于点 $A(a,a',a'')$ 在三投影面体系中投影图的特性的说法,错误的是(   )。

   A. $aa' \perp OX$ B. $aa'' \perp OY$

   C. $a'a'' \perp OZ$ D. $aa' \perp a'a''$

4. 关于点 $A(a,a',a'')$ 到投影面的距离的说法,正确的是(   )。

   A. H 投影 a 到 X 轴的距离,反映空间点 A 到 H 面的距离

   B. H 投影 a 到 X 轴的距离,反映空间点 A 到 V 面的距离

   C. H 投影 a 到 X 轴的距离,反映空间点 A 到 W 面的距离

   D. 以上都不正确

5. 已知空间点 A 位于 W 面之左 20 mm,V 面之前 15 mm,H 面之上 25 mm,则点 A 的坐标是(   )。

   A. (20,15,25)   B. (20,25,15)

   C. (25,15,20)   D. (25,20,15)

6. 已知空间点 B 属于 H 面,且在 W 面之左 15 mm,V 面之前 20 mm,则点 B 的坐标是(   )。

   A. (15,20,0)   B. (15,0,20)

   C. (20,0,15)   D. (20,15,0)

7. 已知空间点 F 属于 OY 轴,且在 V 面之前 20 mm,则点 F 的坐标是(   )。

   A. (0,0,20)   B. (0,20,0)

   C. (20,0,0)   D. 无法确定

8. 已知点 A 距 H、V、W 面的距离分别为 10、20、30;点 B 在点 A 上方 5,右方 10,前方 15。因此可知点 B 的坐标为(   )。

   A. (20,35,15)   B. (20,35,25)

   C. (20,5,15)   D. (20,5,25)

9. 已知图 3-14 中点的三面投影图,以下关于点 A 与点 B 的相对位置关系,其中描述正确的是( )。

A. 点 A 在点 B 的左侧

B. 点 A 在点 B 的下侧

C. 点 A 在点 B 的前侧

D. 点 A 在点 B 的右侧

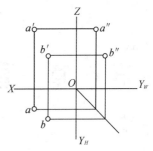

图 3-14 第 9 题图

10. 已知点 $A(20,30,40)$,点 $B(10,30,40)$,以下关于点 A 与点 B 的相对位置关系,其中描述正确的是( )。

A. 点 A 在点 B 的上方   B. 点 A 在点 B 的前方

C. 点 A 在点 B 的后方   D. 点 A 在点 B 的左方

11. 已知点 $A(10,20,10)$,点 $B(10,30,10)$,则 A、B 两点( )产生重影点。

A. 在 H 面   B. 在 V 面

C. 在 W 面   D. 不会

12. 已知点 $A(20,30,10)$,点 $B(10,30,10)$,以下说法正确的是( )。

A. 点 A 的 H 面投影可见   B. 点 B 的 W 面投影可见

C. 点 A 的 V 面投影可见   D. 点 A 的 W 面投影可见

第4章 直线的投影

本章学习目标

1. 熟练掌握直线的分类、各种位置直线的投影特性及其作图、根据直线的投影判断其空间位置的分析方法；
2. 熟练掌握用直角三角形法求一般位置直线与投影面的倾角及线段实长的方法；
3. 熟练掌握空间两直线相对位置的投影特性、作图和判断方法；
4. 掌握两直线相互垂直，其中一条直线平行于投影面时的投影特性及作图方法；
5. 掌握用定比的方法确定直线上点的投影。

直线是点的集合，两点可以确定一直线，所以直线的投影就是点的投影的集合。只要作出直线段两端点的三面投影，再将两端点的同面投影相连，即得直线的三面投影图。

4.1 直线的投影及其投影特性

直线的投影是指通过直线的投射平面与投影面的交线。直线上任一点的投影，必在直线的投影上，直线段端点的投影，必为直线投影的端点。确定一直线的空间位置，只需要两个不重合的点，故作直线的投影，只要作出直线上两个任意不重合的点的投影连成直线即可。直线可视为点的集合，所以直线的投影就是点的投影的集合，直线的投影一般情况下仍为直线，特殊情况下为一点。

根据直线与投影面的相对位置关系，直线可分为三类：一般位置直线、投影面平行线、投影面垂直线。后两类统称为特殊位置直线。直线与投影面之间的夹角称为倾角，并规定直线与投影面 H、V、W 之间的倾角分别用希腊字母 α、β、γ 表示。

4.1.1 一般位置直线

一般位置直线是指对三个投影面都倾斜的直线。如图 4-1 所示，直线 AB 的各投影长度为：水平投影 $ab = AB\cos\alpha$、正面投影 $a'b' = AB\cos\beta$、侧面投影 $a''b'' = AB\cos\gamma$，由于一般位置直线 AB 对三个投影面的倾角 α、β、γ 都大于 $0°$ 小于 $90°$，因此 $0 < \cos\alpha < 1$、$0 < \cos\beta < 1$、$0 < \cos\gamma < 1$，故 $ab < AB$，$a'b' < AB$，$a''b'' < AB$。

所以，一般位置直线有如下投影特性：

(1) 三个投影的长度都小于空间直线段的实长；

(2) 三个投影都倾斜于各投影轴，投影与投影轴的夹角都不能反映空间直线对相应投影面的倾角 α、β、γ 的实形。

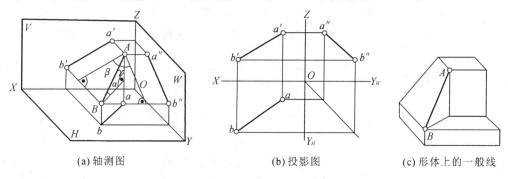

(a) 轴测图　　　　　　　(b) 投影图　　　　　　　(c) 形体上的一般线

图 4-1　一般位置直线的投影

4.1.2　投影面平行线

只平行于一个投影面，且同时倾斜于另两个投影面的直线，称为投影面平行线。投影面平行线又可以细分为水平线、正平线和侧平线三种。

水平线——平行于 H 面，同时倾斜于 V、W 面的直线。

正平线——平行于 V 面，同时倾斜于 H、W 面的直线。

侧平线——平行于 W 面，同时倾斜于 H、V 面的直线。

如图 4-2 所示为水平线 AB 的轴测图和投影图，从图中可知，由于 AB // H 面，$\alpha = 0°$，因而 $ab \underline{\underline{=}} AB$，$ab$ 与 OX、OY 轴的夹角分别反映了 AB 对 V、W 面倾角 β、γ 的实形；又因为 AB // H 面，$z_A = z_B$，故 $a'b'$ // OX 轴，$a''b''$ // OY_W 轴。

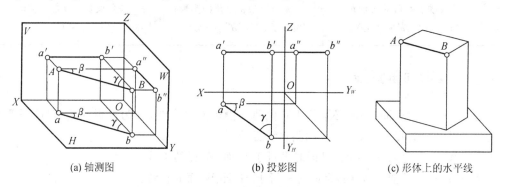

(a) 轴测图　　　　　　　(b) 投影图　　　　　　　(c) 形体上的水平线

图 4-2　水平线的投影

因而，水平线的投影特性为：水平投影（H 投影）倾斜且反映线段的实长，其与 OX、OY 轴的夹角分别反映平面对 V、W 面倾角 β、γ 的实形，另两投影分别平行于相应的投影轴（OX、OY_W 轴）。

同理，可分析出正平线、侧平线的投影特征，如表 4-1 所示。

根据表 4-1 中所列内容，可将平行线的投影特性概括如下：

(1) 投影面平行线在它所平行的投影面上的投影反映该直线段的空间实长，并反映对其他两个投影面倾角的实形；

（2）投影面平行线在其他两个投影面上的投影分别平行于相应的投影轴，但都小于直线段的实长。

表 4-1 投影面平行线的投影特性

	水 平 线	正 平 线	侧 平 线
特征	平行于 H 面，倾斜于 V、W 面	平行于 V 面，倾斜于 H、W 面	平行于 W 面，倾斜于 H、V 面
角度	$\alpha = 0°, \beta, \gamma \in (0°, 90°)$	$\beta = 0°, \alpha, \gamma \in (0°, 90°)$	$\gamma = 0°, \alpha, \beta \in (0°, 90°)$
坐标	Z 值相等，$z_A = z_B$	Y 值相等，$y_C = y_D$	X 值相等，$x_E = x_F$
轴测图	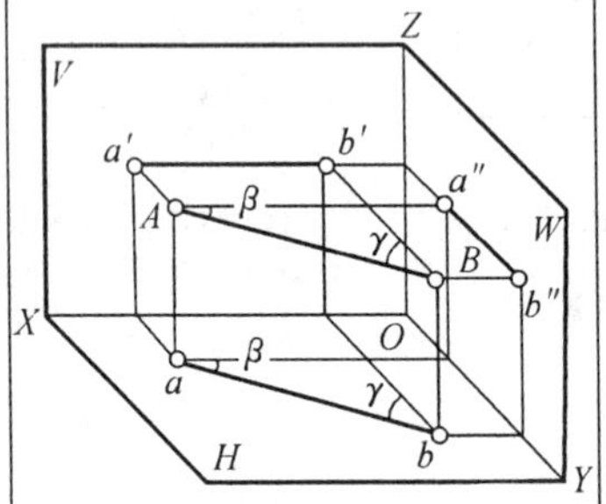	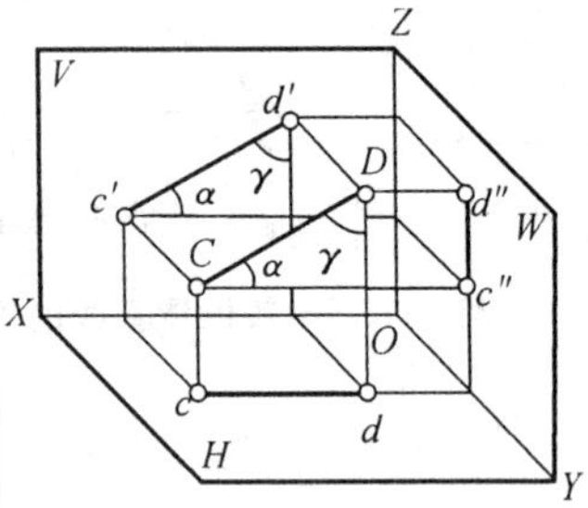	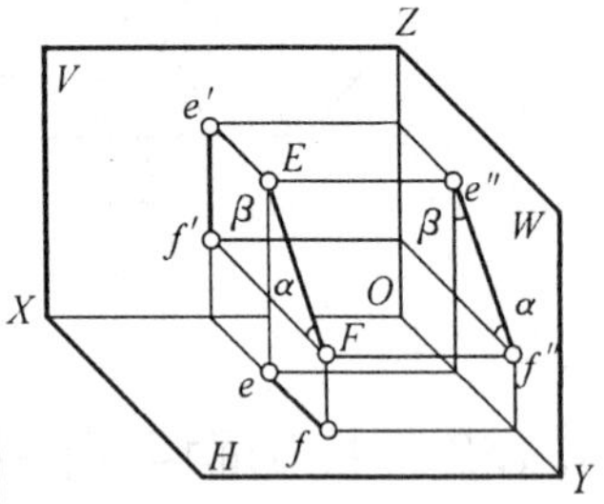
投影图	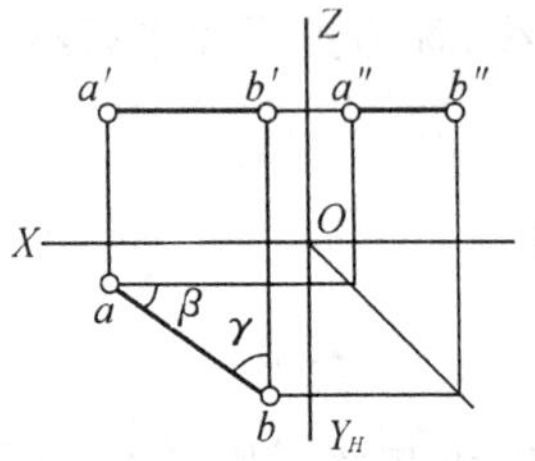	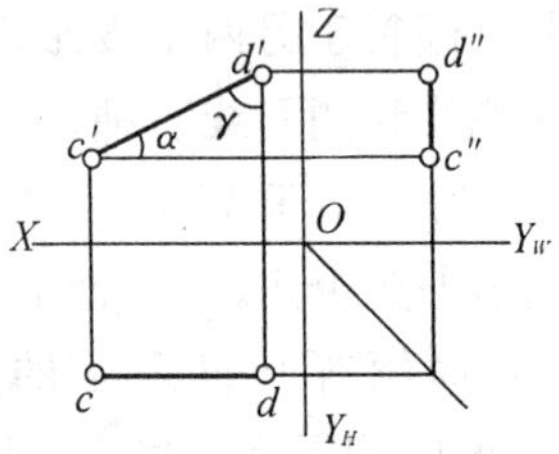	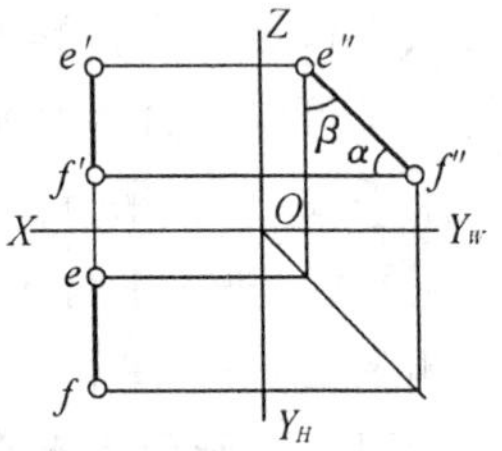
投影特性	① $ab = AB$； ② H 面投影与相应投影轴的夹角反映 β、γ 角的实形； ③ $a'b'$ // OX，$a''b''$ // OY_W	① $c'd' = CD$； ② V 面投影与相应投影轴的夹角反映 α、γ 角的实形； ③ cd // OX，$c''d''$ // OZ	① $e''f'' = EF$； ② W 面投影与相应投影轴的夹角反映 α、β 角的实形； ③ ef // OY_H，$e'f'$ // OZ

4.1.3 投影面垂直线

垂直于一个投影面，同时必平行于其他两个投影面的直线，称为投影面垂直线。投影面垂直线又可细分为铅垂线、正垂线和侧垂线三种。

铅垂线 —— 垂直于 H 面，且同时平行于 V 面、W 面的直线。

正垂线 —— 垂直于 V 面，且同时平行于 H 面、W 面的直线。

侧垂线 —— 垂直于 W 面，且同时平行于 H 面、V 面的直线。

如图 4-3 所示为铅垂线的轴测图和投影图，从图中可知，由于 $AB \perp H$ 面，所以 AB 的 H 面投影将积聚为一点 $a(b)$；又因为 AB // V 面、AB // W 面、AB // OZ 轴，因而 $a'b' \underline{\underline{\parallel}} AB$、$a''b'' \underline{\underline{\parallel}} AB$，$a'b'$ // $a''b''$ // OZ 轴。

因而，铅垂线的投影特性为：水平投影（H 投影）积聚为一点，其他两投影都反映实长且垂直于相应的投影轴（OX、OY_W 轴）。

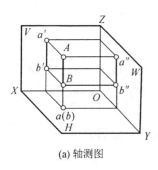 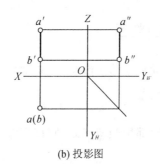 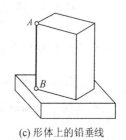

| (a) 轴测图 | (b) 投影图 | (c) 形体上的铅垂线 |

图 4-3　铅垂线的投影

同理，可分析出正垂线、侧垂线的投影特性，并将其列于表 4-2 中。

根据表 4-2 中所列内容，可将投影面垂直线的投影特性概括如下：

（1）投影面垂直线在它所垂直的投影面上的投影积聚为一点；

（2）投影面垂直线在其他两个投影面上的投影分别垂直于相应的投影轴，并且反映线段的实长。

表 4-2　投影面垂直线的投影特性

	铅垂线	正垂线	侧垂线
特征	垂直于 H 面，平行于 V、W 面	垂直于 V 面，平行于 H、W 面	垂直于 W 面，平行于 H、V 面
角度	$\alpha = 90°$，$\beta = \gamma = 0°$	$\beta = 90°$，$\alpha = \gamma = 0°$	$\gamma = 90°$，$\alpha = \beta = 0°$
坐标	X、Y 值相等 $x_A = x_B$、$y_A = y_B$	X、Z 值相等 $x_C = x_D$、$z_C = z_D$	Y、Z 值相等 $y_E = y_F$、$z_E = z_F$
轴测图			
投影图			
投影特性	①ab 积聚为一点； ②$a'b' \perp OX$，$a''b'' \perp OY_W$； ③$a'b' = a''b'' = AB$	①$c'd'$ 积聚为一点； ②$cd \perp OX$，$c''d'' \perp OZ$； ③$cd = c''d'' = CD$	①$e''f''$ 积聚为一点； ②$ef \perp OY_H$，$e'f' \perp OZ$； ③$ef = e'f' = EF$

4.1.4 各种位置直线的判断

综合前面所述的各种位置直线的投影特性,总结出各种位置直线的判定方法如下。

1. 一般位置直线

空间直线的任意两个投影都呈倾斜状态,则该直线一定是一般位置直线。

2. 投影面平行线

在直线的三面投影中,若有一个投影是倾斜的,另一个投影是非倾斜的,则该直线必为倾斜投影所在投影面的平行线;或者在直线的三面投影中,若有两个非倾斜投影垂直于同一投影轴,则该直线必平行于第三个投影面。

3. 投影面垂直线

在直线的三面投影中,若有一个投影积聚为一点,则该直线必为积聚投影所在投影面的垂直线;或者在直线的三面投影中,若有两个非倾斜投影平行于同一投影轴,则该直线必垂直于第三个投影面。

4.2 一般位置直线的实长及其对投影面的倾角

由 4.1 节已知,投影面平行线有一个投影反映空间线段的实长,而投影面垂直线有两个投影反映空间线段的实长,但一般位置直线的三面投影都不反映空间线段的实长,其投影与投影轴的夹角也不反映空间线段对投影面的倾角的实形。但是,求解一般位置直线的实长及倾角,是求解画法几何综合题时经常遇到的基本问题之一,也是工程上经常遇到的问题。因此,可在投影图上用图解法求出一般位置直线的实长及倾角,这种方法就是直角三角形法。

如图 4-4(a)、(c) 所示为一般位置直线 AB 的轴测图。从图中可知,直线段 AB 对 H 面的倾角 α 实际上是直线 AB 与其水平投影 ab 之间的夹角;同样,直线 AB 对 V 面的倾角 β 是 AB 与 $a'b'$ 间的夹角;直线 AB 对 W 面的倾角 γ 是 AB 与 $a''b''$ 间的夹角。

直线 AB 的各面投影 ab、$a'b'$、$a''b''$ 均小于实长,且不反映任何倾角的实形。如图 4-4(a) 所示,过点 B 作 $BA_0 \parallel ab$,交 Aa 于 A_0,由于投射线 $Aa \perp H$ 面,因而 $Aa \perp ab$、$Aa \perp BA_0$,则 $\triangle ABA_0$ 必为直角三角形。在直角三角形 ABA_0 中,$BA_0 = ab$,等于水平投影长;AB 为空间线段实长;$AA_0 = |Aa - A_0a| = |Aa - Bb| = |Z_A - Z_B| = \Delta Z_{AB}$,为 A、B 两端点对 H 面的坐标差;$\angle ABA_0 = \alpha$,为直线段 AB 对 H 面的倾角实形;$\angle AA_0B = 90°$。将该直角三角形绘制在 H 面上,如图 4-4(b) 所示,上述这种作图方法即为直角三角形法。

求解直线段 AB 的实长及其对 V 面、W 面的倾角 β、γ 实形的直角三角形如图 4-4(b)、(d) 所示。每一个不同的倾角都与所对应的投影长和空间线段实长构成一个直角三角形,该直角三角形的另一条直角边是空间线段两端点到相应投影面的距离之差即坐标差。

把这三个直角三角形单独画出来,如图 4-4(e) 所示,由图可知,每个直角三角形都包含以下四个要素:

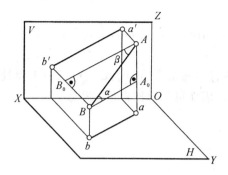
(a) 直角三角形法求α、β角实形轴测图

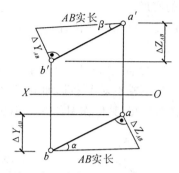
(b) 直角三角形法求α、β角实形投影图

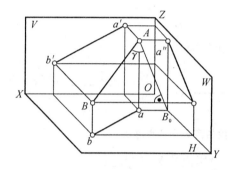
(c) 直角三角形法求γ角实形轴测图

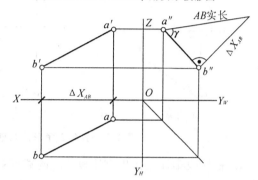
(d) 直角三角形法求γ角实形投影图

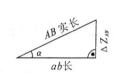 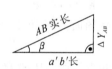

(e) 直角三角形法求α、β、γ角模型

图 4-4　直角三角形法求直线段的实长及倾角

① 空间直线段的实长；
② 直线段在某投影面上的投影长；
③ 直线段两端点到该投影面的距离之差（即坐标差）；
④ 直线段对该投影面的倾角实形。

从图 4-4(e) 中还可看出每个直角三角形的详细构成如下：

① 在反映或包含倾角 α 实形的直角三角形中，其两直角边分别是 H 面投影长和直线段两端点对 H 面的坐标差（Z 坐标差），斜边反映直线段的实长；

② 在反映或包含倾角 β 实形的直角三角形中，其两直角边分别是 V 面投影长和直线段两端点对 V 面的坐标差（Y 坐标差），斜边反映直线段的实长；

③ 在反映或包含倾角 γ 实形的直角三角形中，其两直角边分别是 W 面投影长和直线段两端点对 W 面的坐标差（X 坐标差），斜边反映直线段的实长。

由初等几何知，只要已知直角三角形四个要素中的任意两个，该直角三角形就能唯一地确定。所以，可在投影图上用图解法画出直角三角形，即可求出一般位置直线段的实长及对投影面倾角的实形。

【例 4-1】 已知一般位置直线 AB 的两面投影,如图 4-5(a)所示,求其实长和对 V 面的倾角 β。

解 (1)分析:从图 4-5(a)可知,求倾角 β 的直角三角形的四个要素中已知正面投影 $a'b'$ 及直线段两端点对 V 投影面的 Y 坐标差 ΔY_{AB},因而可作出该直角三角形。

(2)作图步骤:具体作图如图 4-5(b)、(c)所示。

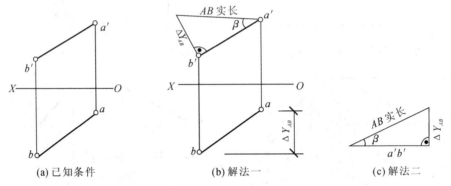

(a)已知条件　　(b)解法一　　(c)解法二

图 4-5　直角三角形法求直线段的实长及其倾角 β

① 在 H 投影面上作出直线段 AB 两端点对 V 投影面的 Y 坐标差 ΔY_{AB}。

② 在 V 投影面上过 b'(或 a')作 $a'b'$ 的垂线,垂线的长度等于 ΔY_{AB}。

③ 连接两直角边的端点即为所作直角三角形的斜边,斜边的长度即为直线段 AB 的实长,斜边与 $a'b'$ 的夹角为 AB 对 V 面的倾角 β,如图 4-5(b)所示。

若题目比较复杂,线条较多,为保持图面清晰,可以将直角三角形画在题目中的任意空白处,如图 4-5(c)所示。

【例 4-2】 如图 4-6(a)所示,已知直线段 AB 的 H 投影 ab 和 a',且 $\alpha=45°$,求作 AB 的正面投影 $a'b'$。

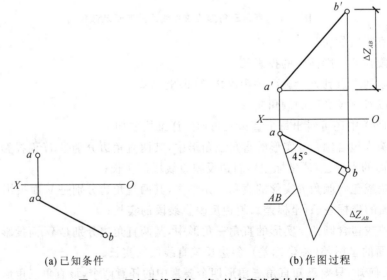

(a)已知条件　　(b)作图过程

图 4-6　已知直线段的 α 角,补全直线段的投影

解 (1) 分析:从所给已知条件可知,该题与求倾角 α 的直角三角形有关,且已知包含倾角 α 的直角三角形四个要素中的 H 投影 ab 和倾角 α,故可作出该直角三角形,从该直角三角形中可得出 ΔZ_{AB},利用 ΔZ_{AB} 和点 a′ 便可作出点 b′。

(2) 作图步骤:具体作图如图 4-6(b) 所示。

① 过点 a(或点 b) 作与 ab 线成 45°角的直线,再过点 b(或点 a) 作 ab 线的垂线,两直线段相交并与 ab 一起构成一个直角三角形,从该直角三角形中量出 ΔZ_{AB}。

② 过点 b 向上作投影连线,以 a′ 为基准点向上量取 ΔZ_{AB},即为 b′,连接 a′、b′ 即为所求的正面投影 a′b′。

4.3 直线上的点及其投影特性

直线上的点和直线有从属性和定比性两种投影关系。

1. 从属性

若点在直线上,则点的投影必在该直线的同面投影上,且符合点的正投影规律。

如图 4-7 所示,直线 AB 上有一点 K,通过点 K 作垂直于 H 面的投射线 Kk,它必在通过 AB 的投射平面 ABba 内,故点 K 的 H 面投影 k 必在 AB 的同面投影 ab 上。同理,k′ 在 a′b′ 上,k″ 在 a″b″ 上。

反之,若点的三面投影都在直线的同面投影上,则此点必在该直线上。

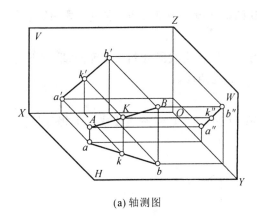

(a) 轴测图　　　　　　　　(b) 投影图

图 4-7　从属于直线上的点

2. 定比性

点分空间线段成某一比例,则该点的各个投影也分该线段的同面投影成同一比例。

如图 4-7 所示,在投射平面 ABba 内,投射线 Aa // Bb // Kk,根据初等几何"平行线分割线段成比例"的定理,有 $AK:KB = ak:kb$。

同理,$AK:KB = ak:kb = a′k′:k′b′ = a″k″:k″b″$。

反之,若点的各投影分线段的同面投影长度之比相等,则此点必在该直线上。

值得注意的是,当直线是特殊位置直线时,如图 4-8(a) 所示的侧平线 MN,即使点 K 的水平投影和正面投影都在直线段的同面投影上,也不能断定该点 K 是否属于直线段 MN。此时,可以利用它们的侧面投影或根据定比性来判断。

如图 4-8(b) 所示,虽然 k 在 mn 上、k' 在 $m'n'$ 上,但侧面投影 k'' 不在 $m''n''$ 上,因此,点 K 不属于直线段 MN。

如图 4-8(c) 所示,利用定比性来判别时,不用绘制其侧面投影,只需判别 $mk:kn$ 是否等于 $m'k':k'n'$。若相等,则点 K 在直线段 MN 上,若不等,则点 K 不在直线段 MN 上。从图中可知 $mk:kn \ne m'k':k'n'$,因而,点 K 不属于直线段 MN。

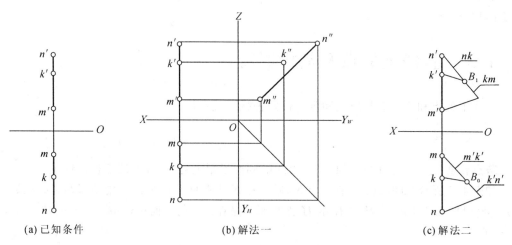

(a) 已知条件　　　(b) 解法一　　　(c) 解法二

图 4-8　判断点是否在特殊位置直线上

【**例 4-3**】　如图 4-9(a) 所示,已知直线段 AB 的两面投影 ab 和 $a'b'$,求直线段 AB 上点 K 的投影,使 $AK:KB = 1:2$。

解　(1) 分析:从所给的已知条件可知须利用定比性将直线段分割为 3 等份,取点 K 位于距点 A 的第一个等分点,即可将直线段分割成 $1:2$ 的两段。

(2) 作图步骤:具体作图如图 4-9(b) 所示。

① 过 a(或 b 或 a'、b')点任作一直线段,从 a(或 b 或 a'、b')点开始连续取三个相等长度,得点 1、2、3。

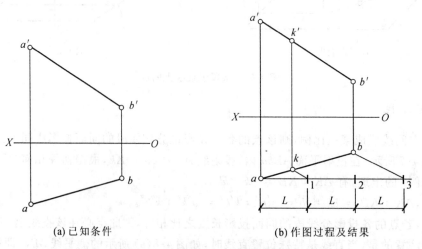

(a) 已知条件　　　　　　　　(b) 作图过程及结果

图 4-9　在直线段上找指定等分点

② 连接点 b 和点 3,再过第一个等分点 1 作 $3b$ 的平行线,交 ab 于 k,于是 $ak:kb=1:2$。
③ 过 k 作投影连线交 $a'b'$ 于 k',即得点 K 的两面投影。

4.4 两直线的相对位置

空间两直线的相对位置有三种:平行、相交、交叉(或异面)。垂直是两直线相交和交叉的特殊情况。

4.4.1 平行

如果空间两直线相互平行,则它们的同面投影也一定相互平行(平行性)。反之,如果空间两直线的三面投影分别相互平行,则空间两直线平行。如图 4-10 所示,空间两直线 $AB \parallel CD$,分别过 AB 和 CD 向 H 面作投射线,形成的两个投射面相互平行,故它们与 H 面的交线也一定相互平行,即 $ab \parallel cd$。同理,$a'b' \parallel c'd'$,$a''b'' \parallel c''d''$。

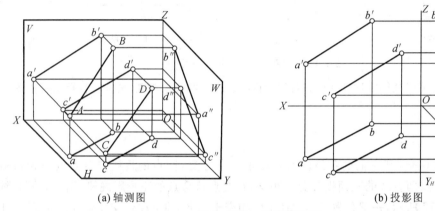

图 4-10 两直线平行

如果空间两直线相互平行,则它们的长度之比等于它们的同面投影长度之比(定比性)。如图 4-10 所示,空间两直线 $AB \parallel CD$,则两直线对 H 面的倾角 α 相等。由于 $ab = AB\cos\alpha$,$cd = CD\cos\alpha$,故 $ab:cd = AB:CD$。同理,$a'b':c'd' = AB:CD$,$a''b'':c''d'' = AB:CD$。

由上面的分析可知,要判断空间两直线是否平行,应根据空间直线对投影面相对位置的不同而采取不同的方法。

(1) 对于一般位置直线,只要它们的任意两组同面投影互相平行,即可断定它们在空间相互平行;只要有一组同面投影不平行,则空间两直线就不平行。

(2) 对于投影面平行线,要断定它们在空间是否相互平行,则要检查它们在所平行的投影面上的投影是否平行,即检查倾斜投影是否平行,或检查各组同面投影是否共面或根据定比关系来判断。

【例 4-4】 如图 4-11(a)所示,已知两侧平线 AB 和 CD 的 H 面、V 面投影,判断两直线是否平行。

解 (1) 分析:若两直线是一般位置线,只要有任意两组同面投影分别相互平行,则可判断两直线相互平行。但是,若两直线是特殊位置线,还要检查它们的第三投影是否平行,若三面投影都相互平行,则空间两直线平行,否则不平行。此题 AB、CD 均为侧平面,需作进一步判断。

(2) 作图步骤:具体作图如图 4-11(b) 所示。

作出两直线的侧面投影,可见侧面投影 $a''b''$ 不平行 $c''d''$,故直线 AB 与 CD 不平行。

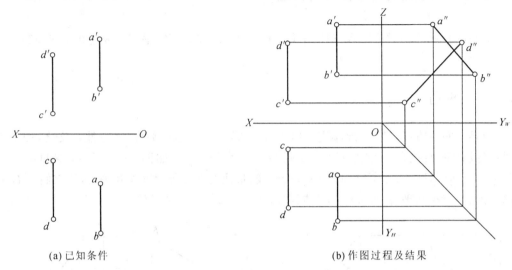

(a) 已知条件　　　　　　　　　　　(b) 作图过程及结果

图 4-11　判断 AB、CD 是否平行

另外,此题还可以利用定比性或检查各组同面投影是否共面来判断,请读者自行思考作图。

4.4.2　相交

空间两直线相交,则它们的各组同面投影也一定相交,交点的投影符合点的正投影规律。反之,如果空间两直线的三面投影分别相交,且交点符合点的正投影规律,则空间两直线必相交。如图 4-12 所示,一般位置直线 AB、CD 相交于点 K,则 ab、cd 交于 k,$a'b'$、$c'd'$ 交于 k',$a''b''$、$c''d''$ 交于 k'',而且 $k'k \perp OX$ 轴、$k'k'' \perp OZ$ 轴。

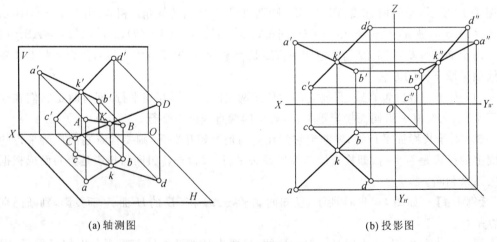

(a) 轴测图　　　　　　　　　　　(b) 投影图

图 4-12　相交两直线

判断空间两直线是否相交,也应根据空间直线对投影面相对位置的不同而采取不同的方法。

(1) 对于两条一般位置直线,可只通过两组投影判断,看两组同面投影是否分别相交以及交出的点是否符合点的正投影规律即可。

(2) 对于至少有一条为投影面平行线的两直线,则要求作出并检查第三面投影,看它们是否相交及相交的点是否符合点的正投影规律,同时也可用定比性或同面投影是否共面的方法来判断。

【例 4-5】 如图 4-13(a) 所示,已知两直线 AB 和 CD 的 H 面投影和 V 面投影都相交,判断空间两直线是否相交。

解 (1) 分析:若两直线是一般位置线,只要有任意两组同面投影分别相交,且交点符合点的正投影规律,则可判断两直线在空间相交;但是,若两直线中有一条或者两条是特殊位置线,还要检查它们的第三投影是否相交,以及交点的三个投影是否符合点的正投影规律。此题直线 CD 为侧平线,需作进一步检查。

(2) 作图步骤:具体作图如图 4-13(b) 所示。

作出两直线的 W 面投影,侧面投影 $a''b''$ 与 $c''d''$ 虽然相交,但是交点不符合点的正投影规律($k'k''$ 不垂直于 OZ 轴),故直线 AB 与 CD 不相交。

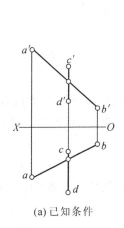
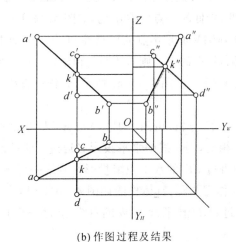

(a) 已知条件　　　　　　　　　　(b) 作图过程及结果

图 4-13　判断 AB、CD 是否相交

另外,此题还可以利用定比性或检查各组同面投影是否共面来判断,请读者自行思考作图。

4.4.3　交叉

空间两直线既不平行,也不相交,则两直线交叉(异面)。空间两交叉直线,它们的同面投影可能相交,但是投影的交点不符合点的正投影规律;它们的某一组或两组同面投影也可能平行,但不可能三组同面投影都平行。

如图 4-14 所示,交叉两直线 AB 与 CD,虽然它们的 H 面投影 ab 与 cd 相交,V 面投影 $a'b'$ 与 $c'd'$ 也相交,但是投影交点的连线不垂直于 OX 轴,即不符合点的正投影规律。ab 与

cd 的交点实际上是 AB 上的点 E 和 CD 上的点 F 对 H 面的一对重影点。同理，$a'b'$ 与 $c'd'$ 的交点是 CD 上的 M 点和 AB 上的点 N 对 V 面的一对重影点。根据重影点可见性的判别规律，在投影图上，不可见的投影加括号表示。

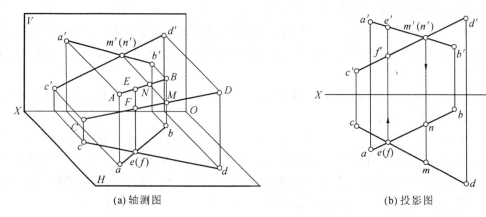

(a) 轴测图　　　　　　　　　　　　(b) 投影图

图 4-14　交叉两直线

交叉两直线重影点的可见性的判别方法如下：

（1）判别 H 面重影点的可见性，必须从 H 面投影重合的点向 V 面投影引垂线，较高的一点看得见，较低的一点则看不见，如图 4-14(b) 所示；

（2）判别 V 面重影点的可见性，必须从 V 面投影重合的点向 H 面投影引垂线，较前的一点看得见，较后的一点则看不见，如图 4-14(b) 所示。

【例 4-6】　如图 4-15(a) 所示，试作一直线平行于直线 AB，且与两交叉直线 CD、EF 相交。

解　（1）分析：由图 4-15(a) 可知 CD 是铅垂线，水平投影积聚为一点，所求的直线要与 CD、EF 相交，则该线的水平投影必通过 CD 的水平积聚投影。同时，所求的直线又要与 AB 平行，则可过 CD 的水平积聚投影作直线平行于 AB 且与 EF 相交即可。

（2）作图步骤：具体作图如图 4-15(b) 所示。

① 过 $c(d)$ 作平行于 ab 的直线 gh，交 ef 于 h，与 cd 交于 g，则所作直线 GH 与 CD、EF 均相交。

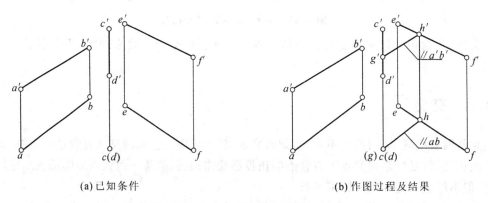

(a) 已知条件　　　　　　　　　　(b) 作图过程及结果

图 4-15　作一直线与两交叉直线相交

② 直线 GH 与 CD、EF 相交的交点符合点的正投影规律,由 h 向上作垂直方向的投影线,与 e'f' 交于 h'。

③ 在正面投影上,过 h' 作 a'b' 的平行线,交 c'd' 于 g'。则 gh 和 g'h' 即为所求直线 GH 的两面投影。

4.5 一边平行于投影面的直角的投影

一般说来,角度的投影不反映实际大小,只有当角所在的平面平行于某一投影面时,角度在该投影面上的投影才反映角度的真实大小。

对直角而言,还有如下性质:若空间两直线所成角度为直角,且有一条直角边平行于某一投影面,则直角在该投影面上的投影反映直角的实形,这就是直角投影定理。

如图 4-16 所示,已知 $AB \perp BC$,$AB \parallel H$ 面,故 $AB \perp Bb$,则 $AB \perp$ 平面 $BCcb$;又有 $AB \parallel H$ 面,且 $AB \parallel ab$,则 $ab \perp$ 平面 $BCcb$;因此 $ab \perp bc$。

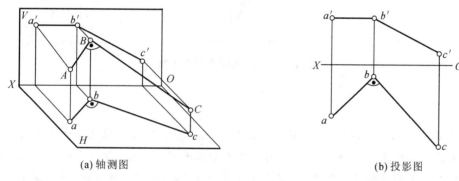

(a) 轴测图   (b) 投影图

图 4-16 一边平行于投影面的直角的投影(相交两直线)

根据以上证明,直角投影定理的逆定理也成立,即若空间两直线在某一投影面上的投影相互垂直,且其中一条为该投影面的平行线时,则两直线在空间一定相互垂直。

应注意,直角投影定理同样适用于两直线交叉垂直的情况。如图 4-17 所示,AB、DE 为交叉垂直两直线,$AB \parallel H$ 面。可过点 B 作 $BC \parallel DE$,则 $AB \perp BC$,由前述对相交两直线的直角投影定理的证明可知 $ab \perp bc$,又 $bc \parallel de$,故 $ab \perp de$。

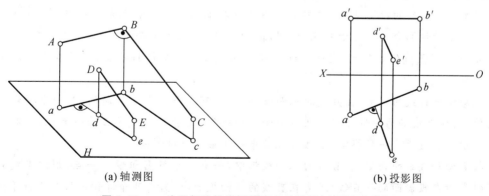

(a) 轴测图   (b) 投影图

图 4-17 一边平行于投影面的直角的投影(交叉两直线)

【例 4-7】 如图 4-18(a) 所示,已知点 A 和直线 BC 的两面投影,求点 A 到直线 BC 的最短距离。

解 (1)分析:由初等几何知识可知,求点 A 到直线 BC 的最短距离,就是过点 A 作直线 BC 的垂线并求点 A 到垂足的距离。因为 BC // H 面,直角的实形在 H 面上反映。

(2)作图步骤:具体作图如图 4-18(b)、(c) 所示。

① 过 a 作 bc 的垂线交 bc 于 k,即 $ak \perp bc$。

② 由 k 作投影连线交 $b'c'$ 于 k',并连接 a'、k',得 $a'k'$,如图 4-18(b) 所示。

③ 根据直角三角形法求垂线 AK 的实长,即为所求距离的实长,如图 4-18(c) 所示。

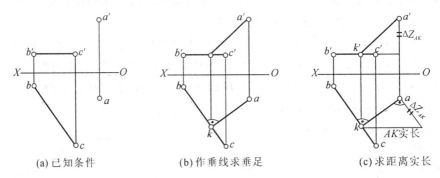

(a) 已知条件　　　　(b) 作垂线求垂足　　　　(c) 求距离实长

图 4-18　求点到水平线的距离

小　　结

1. 直线是点的集合,两点可以确定一条直线,所以直线的投影就是点的投影的集合。只要作出直线段两端点的三面投影,然后将两端点的同面投影相连,即得直线的三面投影图。根据直线与投影面的相对位置关系,空间直线可分为三类:一般位置直线、投影面平行线、投影面垂直线。

2. 一般位置直线的投影特性:① 三个投影的长度都小于空间直线实长;② 三个投影都倾斜于各投影轴,投影与投影轴的夹角都不能反映空间直线对相应投影面的倾角 α、β、γ 的实形。

投影面平行线的投影特性:① 在它所平行的投影面上的投影反映该直线段的空间实长,并反映对其他两个投影面倾角的实形;② 在其他两个投影面上的投影分别平行于相应的投影轴,但都小于直线段的实长。

投影面垂直线的投影特性:① 在它所垂直的投影面上的投影积聚为一点;② 在其他两个投影面上的投影分别垂直于相应的投影轴,并且反映线段的实长。

3. 一般位置直线的判定:空间直线的任意两个投影都呈倾斜状态,则该直线一定是一般位置直线。

投影面平行线的判定:在直线的三面投影中,若有一个投影是倾斜的,另一个投影是非倾斜的,则该直线必为倾斜投影所在投影面的平行线;或者在直线的三面投影中,若有两个非倾斜投影垂直于同一投影轴,则该直线必平行于第三个投影面。

投影面垂直线的判定:在直线的三面投影中,若有一个投影积聚为一点,则该直线必为积聚投影所在投影面的垂直线;或者在直线的三面投影中,若有两个非倾斜投影平行于同一投影轴,则该直线必垂直于第三个投影面。

4. 一般位置直线的三面投影都不反映空间线段的实长,其投影与投影轴的夹角也不反映空间线段对投影面的倾角的实形。可在投影图上用直角三角形法求出一般位置线的实长及倾角,每一个不同的倾角都与所对应的投影边和空间线段的实长构成一个直角三角形。每个直角三角形都包含四个要素:①空间直线段的实长;②直线段在某投影面上的投影;③直线段两端点到该投影面的距离之差(即坐标差);④直线段对该投影面的倾角。在直角三角形中,只要已知这四个要素中任意两个,该直角三角形就能唯一地确定。

5. 属于直线的点及其投影有从属性和定比性两种特性。①从属性:若点在直线上,则点的投影必在该直线的同面投影上,且符合点的正投影规律。②定比性:点分空间线段成某一比例,则该点的各个投影也分该线段的同面投影成同一比例。

6. 空间两直线的相对位置有三种:平行、相交、交叉(异面)。

空间两直线相互平行,则它们的同面投影也一定相互平行。反之,如果空间两直线的三面投影分别相互平行,则空间两直线平行。

空间两直线相交,则它们的各组同面投影也一定相交,空间两直线交点的投影符合点的正投影规律。反之,如果空间两直线的三面投影分别相交,且交点符合点的正投影规律,则空间两直线相交。

空间两直线既不平行,也不相交,则两直线交叉(异面)。空间两直线交叉,它们的同面投影可能相交,但是投影的交点不符合点的正投影规律;它们的同面投影也可能平行,但不可能三个同面投影都平行。

7. 直角投影定理:若空间两直线所成角度为直角,且有一条直角边平行于某一投影面,则直角在该投影面上的投影反映直角的实形。

直角投影定理逆定理:若空间两直线在某一投影面上的投影相互垂直,且其中一条为该投影面的平行线时,则两直线在空间一定相互垂直。

直角投影定理及其逆定理不但适用于相交垂直的情况,也适用于交叉垂直的情况。

思 考 题

1. 空间直线的分类是怎样的?各类直线有什么投影特性?如何根据两面投影判定直线的类别?
2. 为什么一般位置直线段的三个投影均小于空间实长?
3. 为什么一般位置直线的倾角和线段的实长不能直接从投影图中看出?
4. 试表述直角三角形法的原理,即直线的倾角、线段的实长及其投影之间的关系。
5. 试简述包含各倾角的直角三角形法的各要素。如何根据两要素求其余要素?
6. 怎样在投影图上检查点是否属于直线?
7. 试证明点分线段所成比例,与该点的投影分线段的同面投影所成的比例相等。
8. 两直线的相对位置有哪几种?它们的投影图有何特点?
9. 如何判别两直线的相对位置?
10. 试在两面投影体系中判别图4-11(例题4-4)及图4-13(例题4-5)的两直线间的相对位置?
11. 试表述直角投影定理及其逆定理。

习　题

一、选择题

1. 空间直线与投影面的相对位置关系可以分为三类,它们是(　　)。
   A. 正平线、水平线、侧平线
   B. 正垂线、铅垂线、侧垂线
   C. 一般位置线、投影面平行线、投影面垂直线
   D. 平行线、相交线、交叉线

2. 对于一般位置直线的说法,错误的是(　　)。
   A. 对三个投影面都倾斜的直线
   B. 对三个投影面的倾斜角度,均大于等于0°,小于等于90°
   C. 对三个投影面的倾斜角度,没有等于0°的
   D. 对三个投影面的倾斜角度,没有等于90°的

3. 下列的几种直线,对三个投影面的倾斜角度有一个为0°的是(　　)。
   A. 一般线　　　B. 水平线　　　C. 铅垂线　　　D. 以上均不是

4. 下列的几种直线,对三个投影面的倾斜角度有两个为90°的是(　　)。
   A. 一般线　　　B. 侧平线　　　C. 正垂线　　　D. 以上均不是

5. 平行于一个投影面而与另外两个投影面倾斜的直线称为(　　)。
   A. 投影面平行线　B. 正平线　　　C. 水平线　　　D. 侧平线

6. 垂直于一个投影面同时与另外两个投影面平行的直线称为(　　)。
   A. 铅垂线　　　B. 正垂线　　　C. 侧垂线　　　D. 投影面垂直线

7. 直线 AB 的 W 投影垂直于 OZ 轴,下列直线中符合该投影特征的为(　　)。
   A. 水平线　　　B. 正平线　　　C. 侧平线　　　D. 铅垂线

8. 某直线对 V 面的倾角为30°,并反映在 H 投影中,该直线为(　　)。
   A. 水平线　　　B. 正平线　　　C. 侧平线　　　D. 一般位置线

9. 表示正平线的正确投影是(　　)。

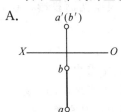 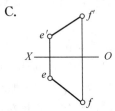 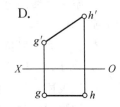

（原图中还有 B 选项图）

A.　　　　　B.　　　　　C.　　　　　D.

10. 直线 AB 的 V 面、H 面投影均反映实长,该直线为(　　)。
    A. 水平线　　　B. 正垂线　　　C. 侧平线　　　D. 侧垂线

11. 下列图形中,表示直线是投影面垂直线的是(　　)。

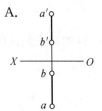 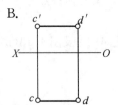 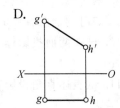

A.　　　　　B.　　　　　C.　　　　　D.

12. 利用直角三角形法求直线段的实长时,只要知道各要素的任意（　　）,就能唯一确定该直角三角形。

   A. 两个　　　　B. 三个　　　　C. 四个　　　　D. 五个

13. 在用直角三角形法求线段对投影面的倾角 β 的直角三角形中,另外三个要素是（　　）。

   A. 实长、水平投影长、线段对 H 面的坐标差
   B. 实长、正面投影长、线段对 V 面的坐标差
   C. 实长、侧面投影长、线段对 W 面的坐标差
   D. 实长、正面投影长、线段对 W 面的坐标差

14. 若要用直角三角形法求线段对投影面的倾角 γ,则下面说法正确的是（　　）。

   A. 只能用含水平投影长的直角三角形　　B. 只能用含正面投影长的直角三角形
   C. 只能用含侧面投影长的直角三角形　　D. 用哪一个直角三角形均可以

15. 若要用直角三角形法求线段的实长,则下面说法正确的是（　　）。

   A. 只能用含水平投影长的直角三角形　　B. 只能用含正面投影长的直角三角形
   C. 只能用含侧面投影长的直角三角形　　D. 用哪一个直角三角形均可以

16. 平行线和相交线位于同一平面上可称为（　　）。

   A. 交叉直线　　B. 相交直线　　C. 平行直线　　D. 共面直线

17. 下列不属于空间直线的相对位置关系的是（　　）。

   A. 相交直线　　B. 垂直直线　　C. 平行直线　　D. 交叉直线

18. 已知一直线与正垂线垂直,则该直线为（　　）。

   A. 水平线　　B. 正平线　　C. 侧平线　　D. 铅垂线

19. 下列平面图形是直角三角形的为（　　）。

A. 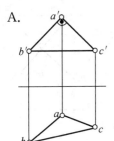　　B. 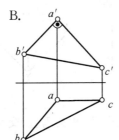　　C. 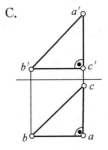　　D.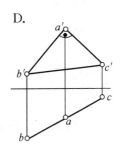

20. 下列选项中表示两直线垂直的图是（　　）。

A. 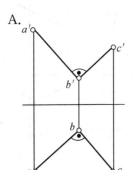　　B. 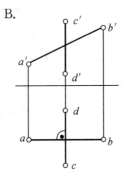　　C. 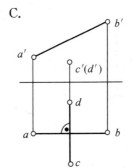　　D.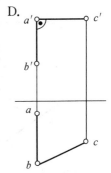

二、填空题

1. 判断两直线间的相对位置（平行、相交、交叉、相交垂直、交叉垂直）。

(1)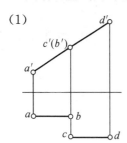
(2)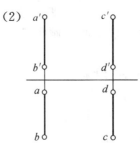
(3)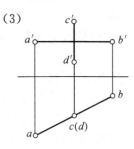

答：_____　　答：_____　　答：_____

(4)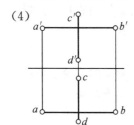
(5)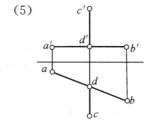
(6)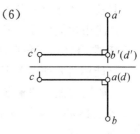

答：_____　　答：_____　　答：_____

2. 判断两直线间的相对位置（平行、相交、交叉、相交垂直、交叉垂直）。

(1)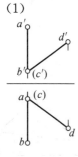
(2)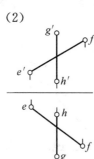
(3)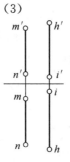
(4)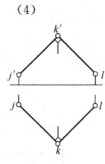
(5)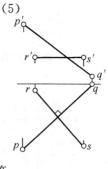

答：_____　答：_____　答：_____　答：_____　答：_____

3. 判断两直线间的相对位置（平行、相交、交叉、相交垂直、交叉垂直）。

(1)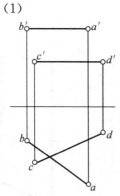
(2)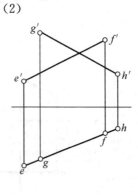
(3)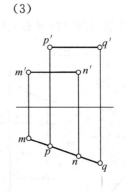
(4)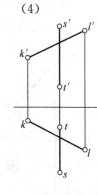

答：_____　答：_____　答：_____　答：_____

第 5 章　平面的投影

本章学习目标

1. 了解平面表示法、平面和投影面倾角的表示法；
2. 熟练掌握平面的分类、各种位置平面的投影特性及其作图、根据平面的投影判断其空间位置的分析方法；
3. 熟练掌握平面内点和直线的投影特性及作图方法；
4. 熟练掌握从属于一般位置平面的投影面平行线的投影特性及作图方法；
5. 熟练掌握平面内对投影面的最大斜度线的几何意义、投影特性及作图方法。

理论上，空间平面立体可以看作是若干平面的有机合成，而平面又可以由3个点、2条相交线或两条平行线等来确定，由此看来平面的投影作图归根结底可以看作是若干个点或直线段的重复作图。但是在实践中为了简化、快捷地制图，还需要进一步探讨平面的投影特性。

5.1　平面的表示法及其分类

5.1.1　平面的表示法

画法几何中，平面的表示法通常有两种，第一种是用确定该平面的几何元素表示，第二种则用平面的迹线表示。

1. 用几何元素表示平面

用几何元素表示平面其实就是立体几何中确定一个平面所需条件的几种情形，即平面可用图 5-1 所示的五组几何元素中的任意一组来表示。

(1) 不在同一条直线上的三个点，如图 5-1(a) 所示。
(2) 一直线和该直线外的一点，如图 5-1(b) 所示。
(3) 相交的两直线，如图 5-1(c) 所示。
(4) 平行的两直线，如图 5-1(d) 所示。
(5) 任意的平面图形，如图 5-1(e) 所示。

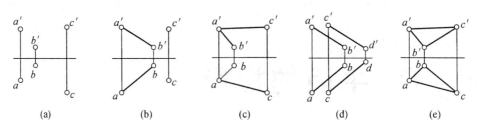

图 5-1　用几何元素表示平面

2. 用平面的迹线表示平面

平面的迹线是指平面与投影面的交线,简称迹线。如图 5-2(a) 所示,平面 P 与投影面 H、V、W 的交线分别称为水平迹线、正面迹线和侧面迹线,并以 P_H、P_V、P_W 表示,其中 P 为平面的名称,下脚标 H、V、W 为投影面的名称。

由于平面的迹线是投影面内的线,它在该投影面上的投影与其本身重合,因此通常也直接用表示迹线的符号来表示它在该投影面上的投影。如图 5-2(b) 中 P_H、P_V、P_W 分别表示迹线 P_H、P_V、P_W 的 H、V、W 投影。而迹线在另外两个投影面上的投影与相应的投影轴重合,一般不需标注。在图 5-2(b) 中,P_H 的 V 和 W 投影、P_V 的 H 和 W 投影、P_W 的 H 和 V 投影均不需表达。

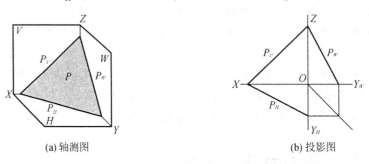

(a) 轴测图　　　　　　　　　(b) 投影图

图 5-2　用平面的迹线表示平面

5.1.2　空间平面和投影面的倾角

空间平面与投影面不平行则必相交,将平面与投影面相交所构成的二面角称为空间平面和投影面的倾角,简称倾角。同空间直线与投影面的倾角规定类似,分别用希腊字母 α、β、γ 表示空间平面与投影面 H、V、W 之间的倾角。

5.1.3　平面的分类

在三投影面体系中,根据平面和投影面相对位置的不同可分为一般位置平面、投影面垂直面和投影面平行面三大类。

(1) 一般位置平面:与三个投影面都倾斜的平面。

(2) 投影面垂直面:只垂直于一个投影面,且同时倾斜于另两个投影面的平面。投影面垂直面又可分为铅垂面、正垂面和侧垂面三种。

(3) 投影面平行面:平行于某一个投影面,同时必垂直于其他两个投影面的平面。投影面平行面又可分为水平面、正平面和侧平面三种。

空间平面的分类及其与投影面的倾角的对应关系如表 5-1 所示。

表 5-1　平面的分类

一般位置平面		对 H、V、W 三个投影面都倾斜，α、β、γ 均大于 0° 且小于 90°
投影面垂直面	铅垂面	垂直于 H 面，倾斜于 V、W 面，$\alpha=90°$，β、$\gamma\in(0°,90°)$
	正垂面	垂直于 V 面，倾斜于 H、W 面，$\beta=90°$，α、$\gamma\in(0°,90°)$
	侧垂面	垂直于 W 面，倾斜于 H、V 面，$\gamma=90°$，α、$\beta\in(0°,90°)$
投影面平行面	水平面	平行于 H 面，垂直于 V、W 面，$\alpha=0°$，$\beta=\gamma=90°$
	正平面	平行于 V 面，垂直于 H、W 面，$\beta=0°$，$\alpha=\gamma=90°$
	侧平面	平行于 W 面，垂直于 H、V 面，$\gamma=0°$，$\alpha=\beta=90°$

5.2　各种位置平面的投影及其投影特性

5.2.1　一般位置平面

一般位置平面是指对三个投影面均倾斜的平面，其对投影面的倾角 α、β、γ 均在 0° 到 90° 之间。如图 5-3 所示，平面 $\triangle ABC$ 的三个投影 $\triangle abc$、$\triangle a'b'c'$、$\triangle a''b''c''$ 既不反映实形，又没有积聚为直线段，但各投影还是三角形。

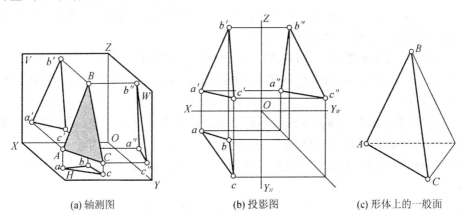

(a) 轴测图　　　　(b) 投影图　　　　(c) 形体上的一般面

图 5-3　一般位置平面的投影

由此可知，一般位置平面有如下投影特性：

(1) 三面投影既不反映实形，也不积聚为直线段，为原平面图形的类似形，且比原平面图形实形要小；

(2) 三面投影均不反映平面对投影面倾角 α、β、γ 的实形。

5.2.2　投影面垂直面

投影面垂直面只垂直于一个投影面，且同时倾斜于另两个投影面。投影面垂直面又可细分为铅垂面、正垂面和侧垂面三种。

铅垂面——垂直于 H 面,同时倾斜于 V、W 面的平面。

正垂面——垂直于 V 面,同时倾斜于 H、W 面的平面。

侧垂面——垂直于 W 面,同时倾斜于 H、V 面的平面。

如图 5-4 所示为铅垂面 △ABC 的轴测图和投影图,从图中可知,由于 △ABC ⊥ H 面,则 H 投影积聚为一斜直线段,这条具有积聚性的线段与 OX、OY 轴的夹角分别反映了 △ABC 对 V、W 倾角 $β$、$γ$ 的实形;而此铅垂面的 V、W 投影为原平面图形的相仿形状,但小于实形。

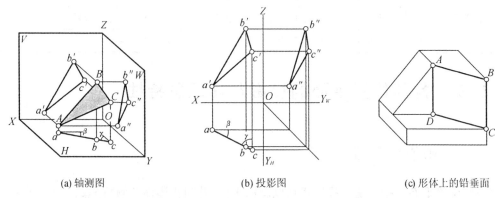

(a) 轴测图　　　　　　(b) 投影图　　　　　　(c) 形体上的铅垂面

图 5-4　铅垂面的投影

因而,铅垂面的投影特性为:水平投影(H 面投影)积聚为一条倾斜于投影轴的直线段,其与 OX、OY_H 轴的夹角分别反映该平面对 V、W 面倾角 $β$、$γ$ 的实形;另两投影均不反映实形,但为原平面图形的相仿形状,且小于实形。

同理,可分析出正垂面、侧垂面的投影特征,如表 5-2 所列。

根据表 5-2 中所列三种投影面垂直面的轴测图、投影图、投影特性,可知投影面垂直面的投影特性如下:

(1) 投影面垂直面在它所垂直的投影面上的投影积聚为一倾斜线,积聚投影与相应投影轴的夹角,反映该面对相应投影面的倾角的实形;

(2) 投影面垂直面在它所倾斜的另两个投影面上的投影为原平面图形的类似形,且小于实形。

表 5-2　投影面垂直面的投影特性

	铅　垂　面	正　垂　面	侧　垂　面
轴测图			

续表

	铅垂面	正垂面	侧垂面
投影图			
投影特性	①H 面投影积聚成一直线； ②V 面和 W 面投影为相仿形； ③H 面投影（即积聚投影）与 OX、OY_H 轴的夹角分别反映平面对投影面的倾角 β、γ 的实形	①V 面投影积聚成一直线； ②H 面和 W 面投影为相仿形； ③V 面投影（即积聚投影）与 OX、OZ 轴的夹角分别反映平面对投影面的倾角 α、γ 的实形	①W 面投影积聚成一直线； ②H 面和 V 面投影为相仿形； ③W 面投影（即积聚投影）与 OY_W、OZ 轴的夹角分别反映平面对投影面的倾角 α、β 的实形

5.2.3 投影面平行面

投影面平行面平行于某一个投影面，同时必垂直于其他两个投影面。投影面平行面又可细分为水平面、正平面和侧平面三种。

水平面——平行于 H 面，且同时垂直于 V、W 面的平面。

正平面——平行于 V 面，且同时垂直于 H、W 面的平面。

侧平面——平行于 W 面，且同时垂直于 H、V 面的平面。

如图 5-5 所示为水平面的轴测图和投影图，从图中可知，由于 $\triangle ABC$ // H 面，同时有 $\triangle ABC \perp V$ 面、$\triangle ABC \perp W$ 面，则 $\triangle ABC$ 的 H 面投影反映实形，且平面上任何点的 Z 坐标恒等不变，故其 V、W 投影积聚为一水平直线段，V 投影 // OX 轴，W 投影 // OY_W 轴。

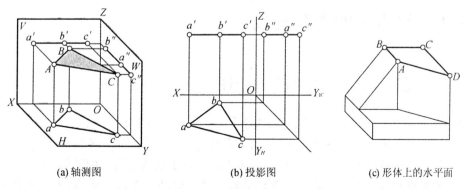

(a) 轴测图　　　　　　　　(b) 投影图　　　　　　　　(c) 形体上的水平面

图 5-5　水平面的投影

因而,水平面的投影特性为:水平投影(H投影)反映原平面图形的实形;V、W投影均积聚为平行于相应投影轴的直线段,V投影$//OX$轴、W投影$//OY_W$轴。

同理,可分析出正平面、侧平面的投影特征,如表 5-3 所列。

表 5-3 投影面平行面的投影特性

	水 平 面	正 平 面	侧 平 面
轴测图			
投影图			
投影特性	① H 投影反映实形; ② V 和 W 投影积聚为直线,V 投影平行于 OX 轴,W 投影平行于 OY_W 轴	① V 投影反映实形; ② H 和 W 投影积聚为直线,H 投影平行于 OX 轴,W 投影平行于 OZ 轴	① W 投影反映实形; ② H 和 V 投影积聚为直线,H 投影平行于 OY_H 轴,V 投影平行于 OZ 轴

根据表 5-3 中所列三种投影面平行面的轴测图、投影图、投影特性,可知投影面平行面的投影特性如下:

(1) 投影面平行面在它所平行的投影面上的投影,反映平面的实形;
(2) 投影面平行面的另两个投影分别积聚为平行于相应的投影轴的直线。

5.3 平面上的点和直线

5.3.1 点和直线属于平面的几何条件

由初等几何知识可以知道,点、直线属于平面的几何条件有如下几点:
(1) 如果点在平面内的一条直线上,则该点必属于该直线所在的平面;
(2) 如果直线通过平面内的两个点,则该直线必属于这两点所在的平面;
(3) 如果直线通过平面内的一个点且平行于平面内的一条已知直线,则该直线必属于这个点和已知直线所确定的平面。

如图 5-6 所示，E 是直线 AD 上的点，而 AD 又是平面 $ABCD$ 内的直线，所以点 E 是平面 $ABCD$ 内的点；同理，点 F 是平面 $ABCD$ 内的点。直线 EF 通过平面 $ABCD$ 内的 E 和 F 两个点，所以直线 EF 属于平面 $ABCD$。直线 CG 通过平面内的点 C 且平行于平面内的直线 AB，所以直线 CG 属于平面 $ABCD$。不难看出，A、B、C、D、E、F、G 均为平面 $ABCD$ 内的点，所以过上述 7 个点中的任意两点所作的直线均属于平面 $ABCD$。

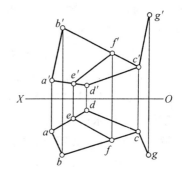

图 5-6　点、直线属于平面的几何条件

【**例 5-1**】　如图 5-7(a) 所示，已知平面 $ABCD$ 及点 E、F 的二投影，判别点 E、F 是否属于平面 $ABCD$。

解　(1) 分析：根据上述条件，可假设点 E 属于平面 $ABCD$，则过点 E 一定能任作一条直线属于平面 $ABCD$（显然，若点 E 属于平面 $ABCD$，则过点 E 能作无数多条直线属于该平面）；反之，点 E 不属于该平面。用同样的判定方法可判定点 F 是否属于平面。

(2) 作图步骤如下。

第一步，判别点 E 是否属于平面 $ABCD$，如图 5-7(b) 所示。

① 连接 $b'e'$ 并延长使其与 $c'd'$ 相交于 g'（这一步假设点 E 在直线 BG 上，由于 BG 属于平面 $ABCD$，则点 E 在平面 $ABCD$ 上）。

② 过 g' 作 OX 的垂线交 cd 于 g，连接 bg。

③ 图 5-7(b) 的水平投影可知，直线 BG 属于平面 $ABCD$，而点 E 不属于 BG，所以点 E 不属于平面 $ABCD$。

第二步，判别点 F 是否属于平面 $ABCD$，如图 5-7(c) 所示。

① 连接 af 交 bc 于 h（这一步假设点 F 在直线 AH 上，由于 AH 属于平面 $ABCD$，则点 F 在平面 $ABCD$ 上）。

② 连接点 a'、f'，直线 $a'f'$ 交 $b'c'$ 于 h'，连接 h' 和 h。

③ 由于 h' 和 h 的连线垂直于投影轴 OX，所以点 H 为直线 AF 和 BC 的交点，点 H 是平面 $ABCD$ 上的点，点 F 为直线 AH 延长线上的点，则点 F 也为平面 $ABCD$ 上的点。

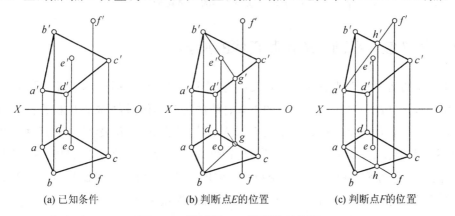

(a) 已知条件　　(b) 判断点 E 的位置　　(c) 判断点 F 的位置

图 5-7　判断点 E、F 是否属于平面

从本题的解题过程可见，作图的第一步先从哪个投影图开始都无所谓（判断点 E 时，先从正面投影图作图，而判断点 F 时，先从水平投影图作图），关键是要选择合适的辅助线，如

图 5-7 中的直线 BG 和 AH。当然,辅助线不是唯一的,读者可自行试着换辅助线和作图方法,但不管怎么作,最终结论都是一样的。

思考:判断点 E 时,若先从水平投影图作图,应如何做?同理,判断点 F 时,若先从正面投影图作图,又如何做?自己做一做,看结论是否和例题一样。

【例 5-2】 如图 5-8(a) 所示,已知平面 ABC 的正面投影中有个大写字母"T",试完成大写字母"T"的水平投影。

解 (1)分析:大写字母"T"在平面 ABC 内,即组成该字母的两条直线段属于平面 ABC,所以本题的关键是作组成字母"T"的两条直线段的水平投影。

(2)作图步骤如下。

① 延长组成字母"T"的正面投影的两条直线段,使之与直线 $a'b'$、$a'c'$、$b'c'$ 相交于 d'、e'、f'、g'。

② 分别过点 d'、e'、f'、g' 作 OX 轴的垂线交 ab、ac、bc 于 d、e、f、g,并连接 de 和 fg,如图 5-8(b) 所示。

③ 由于字母"T"的各点都在直线 DE 和 FG 上,故只需根据直线上点的投影特征,把组成字母"T"的各线段端点的水平投影绘出并连线即可完成作图,如图 5-8(b) 所示。

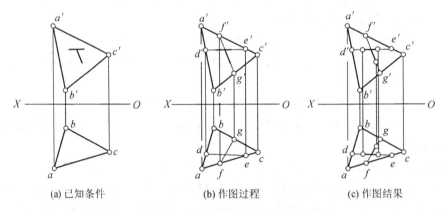

(a) 已知条件　　　　(b) 作图过程　　　　(c) 作图结果

图 5-8 求"T"字的水平投影

5.3.2 特殊位置平面上的点和直线的投影

由于特殊位置平面至少有一个积聚投影(投影面平行面有一个积聚投影,投影面垂直面有两个积聚投影),故特殊位置平面上的点和直线的检验和作图,常常借助积聚投影的特征。

特殊位置平面的积聚投影常表示为 P^H、Q^V、R^W,其中 P、Q、R 表示平面的名称,上标 H、V、W 表示平面 P、Q、R 所垂直的投影面,例如 P^H 表示平面 P 垂直于 H 投影面的投影,即铅垂面(或正平面或侧平面)的 H 面积聚投影。特殊位置的非积聚投影如无必要可以不画,如果要画则仍应采用对应的小写字母(或小写字母加一撇或两撇)表示。

特殊位置平面内的点、线或平面图形在平面所垂直的投影面上的投影必落在该平面的积聚投影上;反之,如果点、线或平面图形的投影落在某平面的同面积聚投影上,则该点、线或平面图形必属于该特殊位置平面,如图 5-9 所示。

第 5 章　平面的投影

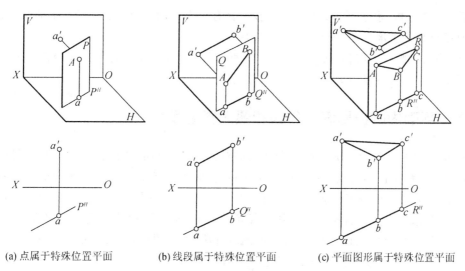

(a) 点属于特殊位置平面　　　(b) 线段属于特殊位置平面　　　(c) 平面图形属于特殊位置平面

图 5-9　特殊位置平面的积聚投影

【例 5-3】　如图 5-10(a) 所示,已知点 D、E 是铅垂面 ABC 上的点,试完成 D、E 的水平投影。

解　(1) 分析:铅垂面 ABC 的 H 面投影具有积聚性,而点 D、E 是其上的点,因而点 D、E 的 H 面投影必属于铅垂面 ABC 的 H 面积聚投影。

(2) 作图步骤:分别过点 d'、e' 作 OX 轴的垂线并与铅垂面 ABC 的 H 面积聚投影 abc 相交,交点即为 d、e,如图 5-10(b) 所示。

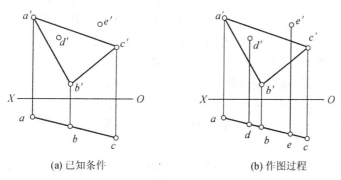

(a) 已知条件　　　　　　　(b) 作图过程

图 5-10　求铅垂面上点的 H 面投影

【例 5-4】　如图 5-11(a) 所示,已知直线段 IJ 是水平面 FGH 上的直线,试完成直线 IJ 的正面投影。

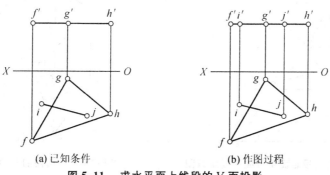

(a) 已知条件　　　　　　　(b) 作图过程

图 5-11　求水平面上线段的 V 面投影

53

解 (1) 分析:水平面 FGH 的 V 面投影具有积聚性,而直线段 IJ 是其上的线,因而 IJ 的 V 面投影必属于水平面 FGH 的 V 面积聚投影。

(2) 作图步骤:分别过点 i、j 作 OX 轴的垂线与水平面 FGH 的 V 面积聚投影 $f'g'h'$ 相交,交点即为 i'、j',直线段 $i'j'$ 即为所求,如图 5-11(b) 所示。

5.3.3 平面内的投影面平行线和最大斜度线

在 5.2 节中,我们已经知道投影面垂直面对三个投影面的倾角有一个为 90°,另外两个倾角的实形为积聚投影与相应投影轴的夹角;而投影面平行面对三个投影面的倾角一个为 0°、另外两个为 90°。但一般位置平面的三个投影与投影轴的夹角都不反映平面对投影面倾角的实形,为求解一般位置平面对投影面倾角的实形,必须寻找其他途径来解决。本节将探讨一般位置平面与投影面的倾角 α、β、γ 的图解方法。作为预备知识,首先需掌握平面内的投影面平行线和最大斜度线的概念、几何意义及作图方法。

1. 平面内的投影面平行线

平面内的投影面平行线是指属于平面且平行于某一个投影面的直线。从定义可知,平面内的投影面平行线,既是平面内的直线,又是投影面的平行线,因此它既有平面内直线的投影特征,又有投影面平行线的投影特征。

如图 5-12 所示,对一般位置平面 $\triangle ABC$ 而言,它与任意高度的水平面 H_1 相交将会产生一条交线,该交线必是水平线。当若干个不同高度的水平面与一般位置平面相交时,均会产生这样的水平线。这种水平线属于一般位置平面 $\triangle ABC$,因而称为平面上的水平线。

根据直线所平行的投影面的不同,平面内的投影面平行线可分为以下三种。

① 平面内的水平线:属于平面且平行于 H 面的直线。
② 平面内的正平线:属于平面且平行于 V 面的直线。
③ 平面内的侧平线:属于平面且平行于 W 面的直线。

不难看出,在图 5-13 中,直线 AD、AE、CF 分别为平面 ABC 内的水平线、正平线、侧平线。

若要作平面上的投影面平行线,则先要作出其平行于投影轴的投影。如图 5-13 所示中,

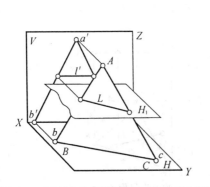

图 5-12 平面上的投影面平行线形成示意图

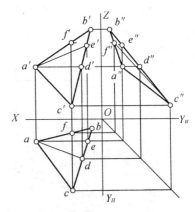

图 5-13 平面内的各种投影面平行线

若要在平面上作水平线,首先要根据投影面平行线的投影特性,先作出水平线 AD 的正面投影面 $a'd'(a'd'$ // OX 轴),再根据属于平面的直线的投影特性,作出水平线 AD 的水平投影 ad。同理,如要作出平面上的正平线,则需首先作出正平线 AE 的水平投影 $ae(ae$ // OX 轴),再根据属于平面的直线的投影特性,作出正平线 AE 的正面投影 $a'e'$。

2. 平面内对投影面的最大斜度线

平面内对投影面的最大斜度线是指属于平面且与某一投影面成最大倾角的直线。根据投影面的不同,最大斜度线有下列三种情况:

① 平面内对 H 面的最大斜度线;
② 平面内对 V 面的最大斜度线;
③ 平面内对 W 面的最大斜度线。

结合立体几何相关知识可知,平面内对某投影面的最大斜度线只能是平面内与相应迹线垂直的直线。如图 5-14 所示,平面 P 的水平迹线为 DD_1,点 C 是平面 P 内的点,即直线 CD、CD_1 属于平面 P,由于 $CD \perp DD_1$,所以直线 CD 是平面 P 内对 H 面的最大斜度线。不难看出,平面 P 内对 H 面的最大斜度线 CD 与 H 面的夹角 α 就是平面 P 与 H 面的夹角。

由于直线 CD_1 不垂直于 DD_1,所以直线 CD_1 不是平面 P 内对 H 面的最大斜度线,故恒有 $α>α_1$。如果在平面 P 内取一直线 AB,且使 AB // DD_1,显然 AB 是平面 P 内的水平线,则有 $CD \perp AB$。同理可知,某个平面内对 V、W 面的最大斜度线具有类似的特点,因此也可以这样来定义三种最大斜度线。

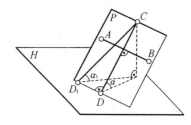

图 5-14　平面 P 内对 H 面的最大斜度线

① 平面内对 H 面的最大斜度线:属于平面且与平面内的水平线垂直的直线。
② 平面内对 V 面的最大斜度线:属于平面且与平面内的正平线垂直的直线。
③ 平面内对 W 面的最大斜度线:属于平面且与平面内的侧平线垂直的直线。

易知,平面内的投影面平行线和平面内对投影面的最大斜度线均为该平面内的一组平行线(有无数条),平面的迹线可以看作是平面内投影面平行线的特殊情形,例如图 5-14 中 DD_1 可看作平面 P 内的一条水平线。

【例 5-5】　如图 5-15(a) 所示,已知平面 ABC 的三面投影,求平面 ABC 对三个投影面的倾角 α、β、γ。

解　(1) 分析:由本节知识可知,要想求一般位置平面与某投影面的倾角,首先应该在该平面内找一条对该投影面的最大斜度线,然后求出这条最大斜度线与投影面的倾角,此倾角即为该平面对相应投影面的倾角。而要求平面内对某投影面的最大斜度线,则应先在该平面内找一条该投影面的平行线,利用平面内对投影面的最大斜度线与该投影面的平行线相互垂直的关系即可得解。

(2) 作图步骤如下。

① 求平面 ABC 对 H 面的倾角 α,如图 5-15(b) 所示。

a. 在平面 ABC 内作一条水平线。过点 a' 作 OX 轴的平行线线交 $b'c'$ 于 d',利用直线上点的投影规律求出点 D 的另外两个投影 d、d'',连接 ad 和 $a''d''$。

b. 作平面 ABC 内的一条对 H 面的最大斜度线 JK。过直线 ac 上的任意一点 j 作直线 ad 垂线交直线 ab 于点 k，利用直线上点的投影规律求出点 J、K 的另外两个投影，连接 $j'k'$ 和 $j''k''$，直线 JK 即为平面 ABC 内的一条对 H 面的最大斜度线。

c. 利用直角三角形法求出直线 JK 对 H 面的倾角 α 的实形，α 即为平面 ABC 与 H 面的倾角。在 V（或 W）面投影图上量取 J、K 两点沿 OZ 轴方向的坐标差 ΔZ_{JK}，以 ΔZ_{JK} 长度作为直角三角形的一直角边，另一直角边的长度为 JK 的 H 投影长 jk；则此直角三角形的斜边长度即为直线 JK 的实长，斜边 JK 与直角边 jk 的夹角即为角 α 的实形。

② 求平面 ABC 对 V 投影面的倾角 β，如图 5-15(c) 所示。

a. 在平面 ABC 内作一条正平线。过点 a 作 OX 轴的平行线交 bc 于 e，利用直线上点的投影规律求出点 E 的另外两个投影 e'、e''，连接 $a'e'$ 和 $a''e''$。

b. 作平面 ABC 内的一条对 V 面的最大斜度线 CM。过点 c' 作直线 $a'e'$ 的垂线交直线 $a'b'$ 于点 m'，利用直线上点的投影规律求出点 M 的另外两个投影，连接 cm 和 $c''m''$，直线 CM 即为平面 ABC 内的一条对 V 面的最大斜度线。

c. 利用直角三角形法求出直线 CM 对 V 面的倾角 β 的实形，β 同时也是平面 ABC 与 V 面的倾角。在 W（或 H）面投影图上量取 C、M 两点沿 OY 轴方向的坐标差 ΔY_{CM}，以 ΔY_{CM} 长

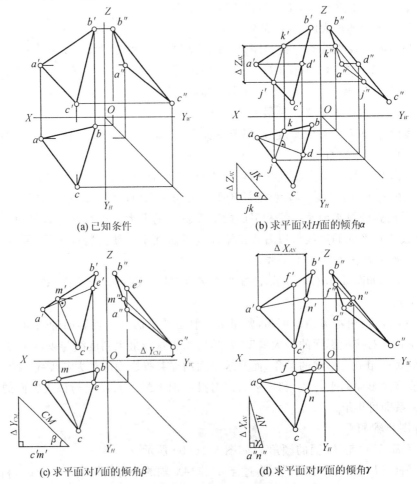

图 5-15 求作平面对三投影面的倾角 α、β、γ

度作为直角三角形的一直角边,另一直角边的长度为 CM 的 V 投影长 $c'm'$;则此直角三角形的斜边长度即为直线 CM 的实长,斜边 CM 与直角边 $c'm'$ 的夹角即为 β 角的实形。

③ 求平面 ABC 对 W 面的倾角 γ,如图 5-15(d) 所示。

a. 在平面 ABC 内作一条侧平线。过点 c' 作 OZ 轴的平行线线交 $a'b'$ 于 f',利用直线上点的投影规律求出点 F 的另外两个投影 f、f'',连接 cf 和 $c''f''$。

b. 作平面 ABC 内的一条对 W 面的最大斜度线 AN。过点 a'' 作直线 $c''f''$ 的垂线交直线 $b''c''$ 于点 n'',利用直线上点的投影规律求出点 N 的另外两个投影,连接 an 和 $a'n'$,直线 AN 即为平面 ABC 内的一条对 W 面的最大斜度线。

c. 利用直角三角形法求出直线 AN 对 W 面的倾角 γ 的实形,γ 同时也是平面 ABC 与 W 面的倾角。在 V(或 H)面投影图上量取 A、N 两点沿 OX 轴方向的坐标差 ΔX_{AN},以 ΔX_{AN} 长度作为直角三角形的一直角边,另一直角边的长度为 AN 的 W 投影长 $a''n''$;则此直角三角形的斜边长度即为直线 AN 的实长,斜边 AN 与直角边 $a''n''$ 的夹角即为 γ 角的实形。

小　　结

1. 平面的表示方法通常有两种,第一种是用确定该平面的几何元素表示,第二种则用平面的迹线表示。第一种表示方法又分五种情况:不在同一条直线上的三个点、一直线和该直线外的一点、相交的两直线、平行的两直线、任意的平面图形。平面的迹线是指平面与投影面的交线。

2. 和空间直线与投影面的倾角规定类似,空间平面与投影面 H、V、W 之间的倾角分别用希腊字母 α、β、γ 来表示。

3. 在三投影面体系中,根据平面和投影面的相对位置的不同,空间平面可分为一般位置平面、投影面垂直面、投影面平行面三大类,而后两大类又各细分为三种,分别是投影面垂直面中的铅垂面、正垂面和侧垂面以及投影面平行面中的水平面、正平面、侧平面。要熟练掌握课本中表 5-1 至表 5-3 中有关平面分类和各种位置平面投影特征。

4. 平面内的投影面平行线是指属于平面且平行于某一个投影面的直线,根据投影面的不同,平面内的投影面平行线有三种情况:平面内的水平线、平面内的正平线、平面内的侧平线。

5. 平面内对投影面的最大斜度线是指属于平面且与某一投影面成最大倾角的直线。平面上对某投影面的最大斜度线与投影面的倾角反映该平面与投影面的倾角,常用来测定平面对投影面的角度。最大斜度线有以下三种情况。① 平面内对 H 面的最大斜度线:属于平面且与平面内的水平线垂直的直线。② 平面内对 V 面的最大斜度线:属于平面且与平面内的正平线垂直的直线。③ 平面内对 W 面的最大斜度线:属于平面且与平面内的侧平线垂直的直线。

思　考　题

1. 平面的表示方法有哪些,分别如何表示?

2. 空间平面与投影面之间的倾角如何表示?

3. 各种位置平面投影特征分别是什么?判定方法怎样?能否只通过两个投影判定出直线对投影面的相对位置?

4. 怎样在投影图上检查点和直线是否属于直线或平面?

5. 平面内的投影面平行线是指什么样的直线?有几种情况?作图步骤和方法怎样?

6. 平面内对投影面的最大斜度线是指什么样的直线?有几种情况?作图步骤和方法怎样?

7. 如何根据投影求一般位置平面对三个投影面的倾角?

习　题

1. 下面对于平面的表示方法,正确的组合是(　　)。

① 空间不重合的三个点;② 一直线与线外的另外一个点;③ 一对相交直线;④ 一对平行直线;⑤ 任意平面图形。

　　A. ①②③④　　　　B. ②③④⑤　　　　C. ①③④⑤　　　　D. ①②③④⑤

2. 空间平面与投影面的相对位置关系可以分为三类,它们是(　　)。

　A. 一般面、投影面平行面、投影面垂直面　　B. 正垂面、铅垂面、侧垂面

　C. 水平面、侧平面、正垂面　　　　　　　　D. 一般面、铅垂面、水平面

3. 对于投影面平行面的说法,错误的是(　　)。

　A. 平行于投影面的平面称为投影面平行面

　B. 投影面平行面只垂直一个投影面

　C. 投影面平行面必垂直两个投影面

　D. 投影面平行面三个投影面的倾斜角度有一个为 0°

4. 对于投影面垂直面的说法,错误的是(　　)。

　A. 投影面垂直面必定只垂直一个投影面

　B. 投影面垂直面必定倾斜于两个投影面

　C. 投影面垂直面对三个投影面的倾斜角度有一个为 90°

　D. 投影面垂直面对三个投影面的倾斜角度有一个为 0°

5. 对于一般位置平面的说法,错误的是(　　)。

　A. 对三个投影面都倾斜的平面,称为一般位置平面

　B. 对三个投影面的倾斜角度,均大于等于 0°小于等于 90°

　C. 在三个投影面上的投影均小于实形

　D. 对三个投影面的倾斜角度,没有等于 90°的

6. 下列的几种平面,对三个投影面的倾斜角度有一个为 0°的是(　　)。

　A. 一般面　　　　B. 水平面　　　　C. 铅垂面　　　　D. 正垂面

7. 下列的几种平面,对三个投影面的倾斜角度有两个为 90°的是(　　)。

　A. 一般面　　　　B. 侧平面　　　　C. 正垂面　　　　D. 铅垂面

8. 某平面 P 的 V 面投影反映实形,该平面为(　　)。

　A. 水平面　　　　B. 侧平面　　　　C. 正平面　　　　D. 铅垂面

9. 平面 P 的 V 投影平行于 OX 轴,下列平面中符合该投影特征的为(　　)。

　A. 水平面　　　　B. 正平面　　　　C. 侧平面　　　　D. 铅垂面

10. 平面 Q 的 W 投影垂直于 OZ 轴,下列平面中符合该投影特征的为(　　)。

　A. 水平面　　　　B. 正平面　　　　C. 侧平面　　　　D. 铅垂面

11. 某平面对 V 面的倾角为 30°，并反映在 H 投影中，该平面为(　　)。
   A. 铅垂面　　　　B. 侧垂面　　　　C. 正垂面　　　　D. 一般位置面
12. 某平面图形的水平投影为一直线，该平面为(　　)。
   A. 正垂面　　　　B. 侧垂面　　　　C. 水平面　　　　D. 铅垂面
13. 可从 V 面投影图中直接反映平面对 H、W 面的倾角，该平面为(　　)。
   A. 侧垂面　　　　B. 铅垂面　　　　C. 正垂面　　　　D. 一般位置面
14. 当平面与水平投影面垂直时，H 投影反映的相应度量包括(　　)。
   A. 对 H 面的倾角　　　　　　　　B. 对 V 面的倾角
   C. 平面的实形　　　　　　　　　D. 平面离 H 面的距离
15. 某平面 V、W 投影同时为一直线，则该平面为(　　)。
   A. 水平面　　　　B. 正平面　　　　C. 侧平面　　　　D. 正垂面
16. 某平面 V、W 投影同时为一平面图形，则该平面为(　　)。
   A. 水平面　　　　B. 正平面　　　　C. 侧平面　　　　D. 铅垂面
17. 某平面的 V 投影为同时倾斜于 OX、OZ 轴的直线，则该平面为(　　)。
   A. 水平面　　　　B. 正平面　　　　C. 正垂面　　　　D. 铅垂面
18. 对于平面有 $\beta=0°$，则 $\alpha+\gamma$ 的值为(　　)。
   A. 0°　　　　　　B. 90°　　　　　C. 180°　　　　　D. 无法确定
19. 若某平面积聚投影与 OY_W 轴夹角为 30°，则 β 的值为(　　)。
   A. 0°　　　　　　B. 90°　　　　　C. 60°　　　　　　D. 无法确定
20. 下列图中，正确表示正平面投影的图是(　　)。
   A.　　　　　　　B.　　　　　　　C.　　　　　　　D.

21. 下列三角形图形中，属直角三角形的是(　　)。
   A.　　　　　　　B.　　　　　　　C.　　　　　　　D.

22. 在下列平面图形是正方形的是(　　)。
   A.　　　　　　　B.　　　　　　　C.　　　　　　　D.

23. 在图5-16中,关于△ABC与投影面的位置关系,正确的是(　　)。
A. 一般位置平面　　B. 侧垂面　　C. 水平面　　D. A、B均有可能

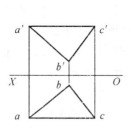
图5-16　第23题图

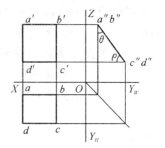
图5-17　第24题图

24. 对应图5-17所表示的投影面垂直面的三面投影图,下列描述不正确的有(　　)。
A. ABCD为侧垂面
B. abcd为平面ABCD的类似形
C. θ为平面ABCD对H面的倾角
D. OX轴与平面ABCD平行

25. 平面的水平投影正确的是(　　)。

A. 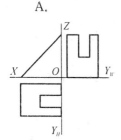　　B. 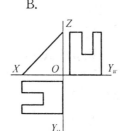　　C. 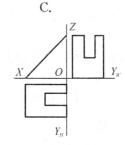　　D.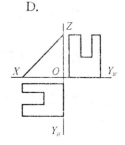

26. 判别以下绘制的平面图形三面投影图中,正确的图形是(　　)。

A. 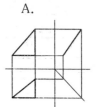　　B. 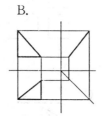　　C. 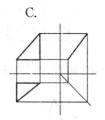　　D.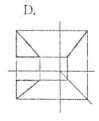

27. 判别以下绘制的平面图形三面投影图中,正确的图形是(　　)。

A. 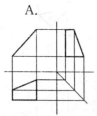　　B. 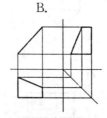　　C. 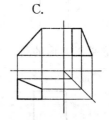　　D.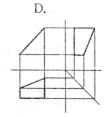

28. 下面关于点属于平面的条件的说法,正确的是(　　)。
A. 点属于平面上的线,则该点属于该平面
B. 点属于平面的一条平行线,则该点属于该平面

C. 点属于平面的一条相交线,则该点属于该平面

D. 若点离平面很近,则可近似认为点属于该平面

29. 下面关于直线属于平面的条件的说法,错误的是(　　)。

A. 若一直线通过属于平面的两个已知点,则直线属于平面

B. 若一直线通过属于平面的一个已知点,同时平行于该平面上的另一已知直线,则直线属于平面

C. 若一直线通过属于平面的一个已知点,同时与该平面上的另一已知直线相交,则直线属于平面

D. 若一直线平行于平面,则直线属于平面

30. 表示点 K 在平面 ABC 上的正确投影图是(　　)。

A. 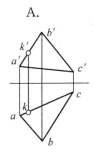 B. 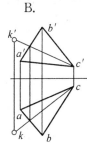 C. 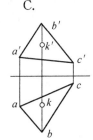 D.　　　　　E.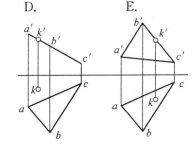

31. 表示直线 KM 在平面 ABC 上的正确投影图是(　　)。

A.　　　　B. 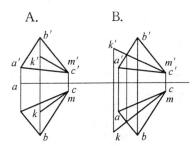 C. 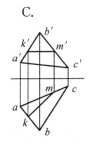 D. 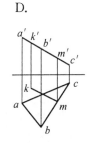 E.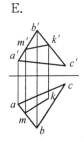

32. 关于平面上的投影面平行线,说法错误的是(　　)。

A. 平面上的投影面平行线,是指位于平面上,同时平行于某投影面的直线

B. 平面上的正平线的水平投影平行于 OX 轴

C. 平面上的水平线的侧面投影垂直于 OZ 轴

D. 作平面上的投影面平行线时应先作其实形投影

33. 关于平面上的投影面平行线,说法错误的是(　　)。

A. 平面上的投影面平行线有三种,分别是平面上的水平线、平面上的正平线、平面上的侧平线

B. 平面上的投影面平行线与最大斜度线垂直

C. 平面上的投影面平行线作图时应先作其相仿投影,再作其实形投影

D. 平面上的投影面平行线是指具有投影面平行线性质的属于平面的直线

34. 平面上的最大斜度线的特征是(　　)。

A. 有三种最大斜度线,分别是平面上对 H、V、W 面的最大斜度线

B. 分别垂直于平面上的投影面平行线
C. 是平面上对相应投影面倾斜角度最大的直线
D. 以上均正确

35. 对于坡度线(对 H 投影面的最大斜度线)的作图步骤,正确的是(　　)。
① 根据从属性,作该直线的水平投影
② 根据从属性,作该直线的正面投影
③ 在平面上作一直线,使其水平投影平行于 OX 轴
④ 在平面上作一直线,使其正面投影平行于 OX 轴
⑤ 作直线垂直于该直线,则该直线即为最大斜度线
A. ③②⑤　　　　B. ④②⑤　　　　C. ③①⑤　　　　D. ④①⑤

36. 平面上对 H 面的最大斜度线与平面上水平线的相对位置关系是(　　)。
A. 平行　　　　B. 相交　　　　C. 相交垂直　　　　D. 交叉垂直

第 6 章　直线与平面及两平面间的相对位置关系

本章学习目标

1. 学会应用立体几何中有关直线与平面平行、直线与平面相交，平面与平面平行、平面与平面相交，直线和平面垂直、平面与平面垂直的几何条件来分析、解决画法几何中的相关问题；
2. 熟练掌握各种位置直线与平面平行的判定方法和投影的作图方法；
3. 熟练掌握两平面平行的判定方法和投影的作图方法；
4. 熟练掌握各种位置直线与平面相交的投影作图方法，特别是直线与平面相交的交点的投影作图方法以及直线投影可见性的判断方法；
5. 熟练掌握两平面相交的投影作图方法，特别是平面与平面相交的交线的投影作图方法以及平面投影可见性的判断方法；
6. 熟练掌握各种位置直线与平面垂直的判定方法和投影作图方法；
7. 熟练掌握两平面垂直的判定方法和投影作图方法。

空间直线和平面以及两平面之间的相对位置一般有两种情况，即平行和相交。在第 5 章中，学过属于平面的直线可以看作直线与平面平行的特殊情形。而在直线和平面以及两平面相交的情形中，根据直线与平面或平面与平面的夹角是否为 90°，又可分为垂直相交（即正交）和斜交两种。为了便于理解，本章将直线与平面及平面与平面的正交和斜交分开介绍。

6.1　直线与平面及两平面平行

直线和平面平行的几何条件：直线平行于平面内的任一直线。

两平面平行的几何条件：一个平面内的两条相交直线与另一个平面内的两条相交直线分别平行。

利用上述几何条件，可以判别直线与平面或平面与平面是否平行，也可以作直线或平面平行于已知平面。

6.1.1 直线和一般位置平面平行

几何条件：当平面外一直线与属于平面的任一直线平行时，则该直线与该平面平行。如图 6-1(a) 所示，直线 DE 平行于平面 Q 上的直线 AB，所以直线 DE // 平面 Q。

判定方法：若要判断直线与平面是否平行，只要看能否在该平面上作一直线与已知直线平行。如图 6-1(b) 所示，由于 ab // de，a'b' // d'e'，则 AB // DE，而 AB 属于平面 ABC，故 DE // 平面 ABC。

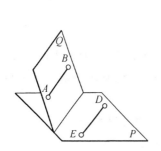
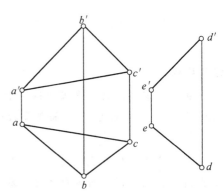

(a) AB // DE，AB 属于平面 Q，则 DE // 平面 Q　　(b) ab // de，a'b' // d'e'，则 DE // 平面 ABC

图 6-1　直线与平面平行

根据直线与投影面相对位置的不同，直线与平面平行的几何条件还可有如下几种情形。

(1) 过空间一点且与一般位置平面平行的一般位置直线的集合是一个一般位置平面，它与这个已知的一般位置平面平行，因此过空间一点且与一般位置平面平行的一般位置直线有无数条。

(2) 过空间一点且与某投影面平行的直线的集合是该投影面的平行面（记为平面 α），则过空间一点且与一般位置平面（记为平面 β）平行的某投影面平行线是这样的一条直线：过该点且平行于平面 α 与 β 交线的直线，且是唯一的。

(3) 过空间一点且与某投影面垂直的直线只有一条，它与任何一般位置平面都相交，故过空间某点不存在和一般位置平面平行的投影面垂直线。

【例 6-1】　如图 6-2(a) 所示，已知直线 DE 及平面 ABC 的两面投影，试判断直线 DE 是否平行于平面 ABC。

解　(1) 分析：若能在 △ABC 中找到一条与 DE 平行的直线，则直线 DE 平行于平面 ABC；否则直线 DE 不平行于平面 ABC。此类问题的解题思路是先假设直线平行于平面，然后利用两直线平行的投影特征来作图。

(2) 作图步骤如下：

① 过点 c' 作 d'e' 的平行线交 a'b' 于 f'，利用直线上点的投影规律求出点 F 的 H 面投影 f，连接 cf，如图 6-2(b) 所示；

② 因为 cf // de 且 c'f' // d'e'，所以空间直线 CF // DE，而直线 CF 是平面 ABC 内的线，因此直线 DE 平行于平面 ABC。

第6章 直线与平面及两平面间的相对位置关系

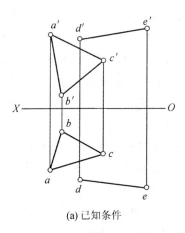
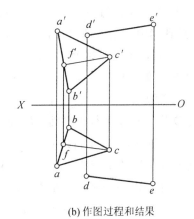

(a) 已知条件 (b) 作图过程和结果

图 6-2 判断直线 DE 是否平行于平面 ABC

【**例 6-2**】 如图 6-3(a) 所示，已知平面 ABC 及该平面外点 D 的两面投影。(1) 试过点 D 作一直线平行于平面 ABC；(2) 试过点 D 作一水平线平行于平面 ABC；(3) 试过点 D 作一正平线平行于平面 ABC。

解 (1) 分析：由直线和平面平行的几何条件可知，本题的三个小题所采用的方法都一样，都是找过点 D 且和平面 ABC 内某一直线平行的直线。不难看出，符合第(1) 小题的解有

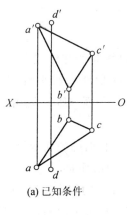
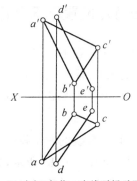

(a) 已知条件 (b) 过点D任作一直线平行于平面ABC

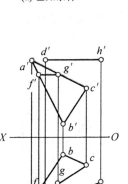
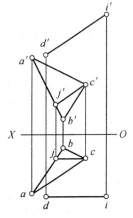

(c) 过点D作一水平线平行于平面ABC (d) 过点D作一正平线平行于平面ABC

图 6-3 过已知点作直线平行于已知平面

无数多个(因为过点 D 且与平面 ABC 平行的直线的集合是一个平面,这个平面平行于平面 ABC),只需找到其中一个解即可;第(2)小题中,过点 D 水平线的集合是过点 D 的水平面,由图可知,平面 ABC 不是水平面,故过点 D 且平行于平面 ABC 的水平线只有一条;第(3)小题与第(2)小题类似,过点 D 且平行于平面 ABC 的正平线也只有一条。

(2) 作图步骤如下。

① 过点 D 作一直线平行于平面 ABC,如图 6-3(b) 所示。

a. 过点 d 作直线 ab 的平行线 de(de 长度不限,满足投影相关规律即可);

b. 过点 d' 作 $a'b'$ 的平行线 $d'e'$,注意 e 和 e' 的连线应垂直于 OX 轴。直线 DE 即为所求。

② 过点 D 作一水平线平行于平面 ABC,如图 6-3(c) 所示。

a. 在平面 ABC 中找一条水平线 FG,并作出它们的两面投影 fg 和 $f'g'$;

b. 过点 d 作直线 fg 的平行线 dh(dh 长度不限,满足投影相关规律即可);过点 d' 作 $f'g'$ 平行线 $d'h'$,注意 h 和 h' 的连线应垂直于 OX 轴。直线 DH 即为所求。

③ 过点 D 作一正平线平行于平面 ABC,如图 6-3(d) 所示。

a. 在平面 ABC 中找一条正平线 CJ,并作出它们的两面投影 cj 和 $c'j'$;

b. 过点 d 作直线 cj 的平行线 di(di 长度不限,满足投影相关规律即可);过点 d' 作 $c'j'$ 平行线 $d'i'$,注意 i 和 i' 的连线应垂直于 OX 轴。直线 DI 即为所求。

6.1.2 直线和特殊位置平面平行

几何条件:由于特殊位置平面都有积聚投影,当直线和特殊位置平面平行时,在特殊位置平面有积聚投影的投影面上,直线的投影和平面的积聚投影平行。如图 6-4(a) 所示,AB // 平面 P,若平面 P 为投影面垂直面,则平面 P // 平面 $ABba$,则由初等几何知识可知 ab // P^H。

平行判断:若空间一直线的一个投影与某投影面垂直面的同面积聚投影平行,则直线与该投影面垂直面平行。如图 6-4(b) 所示,如果 △ABC 为铅垂面,ed // abc,则在 △ABC 上可任作一直线段 GH,使 $g'h'$ // $e'd'$,由于 gh 积聚在 △ABC 的积聚投影 abc 上,必有 gh // ed,则 ED // GH,因此 ED // 平面 ABC。因此,要作一特殊位置平面平行于已知直线,只要使平面的积聚投影平行于已知直线的同面投影即可。

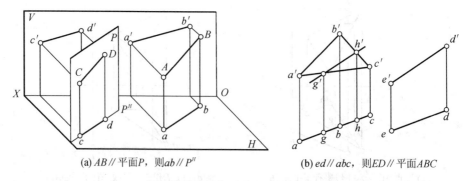

(a) AB//平面P,则ab//P^H (b) ed//abc,则ED//平面ABC

图 6-4　直线与特殊位置平面平行

为了便于作图,先了解过空间某点且与特殊位置平面平行的直线的几种情形。

(1) 一般位置直线与三投影面均相交,即一般位置直线与任何投影面平行面均相交,故过空间某点不存在和投影面平行面平行的一般位置直线。

(2) 过空间一点且与某投影面垂直面平行的一般位置直线的集合是一个与已知平面平行的平面,它也是该投影面的垂直面。也就是说,过空间一点且与某投影面垂直面平行的直线有无数条。

(3) 过空间一点且与某投影面平行面平行的直线的集合也是该投影面的一个平行面,也就是说,过空间一点且与某投影面平行面平行的直线有无数条。

(4) 过空间一点的某投影面平行线的集合是该投影面的平行面(记作平面 α),因此,过空间一点且与某投影面垂直面(记作平面 β)平行的该投影面平行线只有一条,它平行于 α 与 β 的交线。

(5) 过空间一点的某投影面垂直线只有一条,它与另外两个投影面的任何平行面都平行,同时它也平行于任何该投影面的垂直面。

【例 6-3】 如图 6-5(a) 所示,已知平面 ABC 及该平面外直线 DE 的部分投影,且平面 ABC 与直线 DE 平行,试补绘 DE 的正面投影。

解 (1) 分析:由图可知平面 ABC 为正垂面,由于平面 ABC 与直线 DE 平行,由上述原理可知,平面 ABC 与直线 DE 的 V 面投影相互平行。

(2) 作图步骤:过点 d' 作直线 $a'b'c'$ 的平行线与过 e 所作的 OX 垂线相交于 e',$d'e'$ 即为所求,如图 6-5(b) 所示。

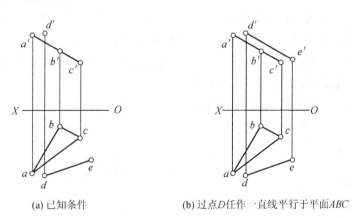

(a) 已知条件　　　　　(b) 过点D任作一直线平行于平面ABC

图 6-5　过已知点作直线平行于已知的投影面垂直面

6.1.3 平面和一般位置平面平行

几何条件:若一平面内的两相交直线与另一平面内的两相交直线分别平行,则此两平面平行。如图 6-6(a) 所示,AB 与 CD 相交,AB、CD 属于平面 P,EF 与 GH 相交,EF、GH 属于平面 Q,且 $AB // EF$,$CD // GH$,则平面 $P //$ 平面 Q。

判定方法:检查一平面是否平行于另一已知平面,只要看能否在该平面上作两相交直线与已知平面的两相交直线平行。如图 6-6(b) 所示,$\triangle ACM$ 上的两相交直线 AB、CD 分别与

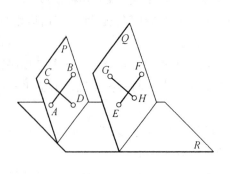
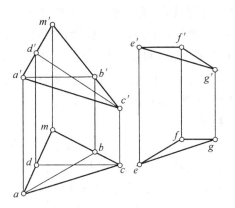

(a) AB//EF，CD//GH，则平面P//平面Q

(b) ab//ef，a'b'//e'f'，cd//gf，c'd'//g'f'，则平面P//平面Q

图 6-6　平面与一般位置平面平行

△EFG 上的两相交直线 EF、GF 平行，即 AB // EF、CD // GF，则 △ACM // △EFG。

【例 6-4】 如图 6-7(a) 所示，已知平面 ABC 及该平面外一点 D 的两面投影，试过点 D 作一个平面平行于已知平面 ABC。

解　(1) 分析：由平面与平面平行的几何条件可知，如果能找到两条过点 D 的直线分别与平面 ABC 内的两条相交直线对应平行，则过点 D 的这两条直线所确定的平面即为所求。

(2) 作图步骤如下。

① 过点 D 作一直线 DE 平行于直线 BC：首先过点 d 作直线 bc 的平行线 de（de 长度不限，满足投影相关规律即可）；再过点 d' 作 b'c' 的平行线 d'e'，其中 ee' ⊥ OX 轴。

② 过点 D 作另一直线 DF 平行于直线 AC：首先过点 d 作直线 ac 的平行线 df；再过点 d' 作 a'c' 的平行线 d'f'，其中 ff' ⊥ OX 轴。

③ 平面 DEF 即为所求，如图 6-7(b) 所示。

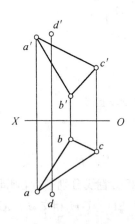
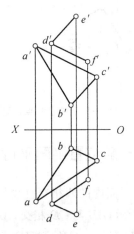

(a) 已知条件

(b) 过点D分别作两相交直线平行于平面ABC

图 6-7　过已知点作平面平行于已知的平面

6.1.4 平面和特殊位置平面平行

几何条件：与特殊位置平面平行的平面也是特殊位置平面，因此当两个特殊位置平面平行时，它们的积聚投影在同面投影上也相互平行。如图 6-8(a) 所示，若平面 P // 平面 Q，则它们的积聚投影相互平行，即 P^H // Q^H。

平面判断：若两特殊位置平面的积聚投影平行，则该两特殊位置平面相互平行。如图 6-8(b) 所示，若平面 P 与平面 Q 的同面积聚投影相互平行，即 P^H // Q^H，则平面 P // 平面 Q。

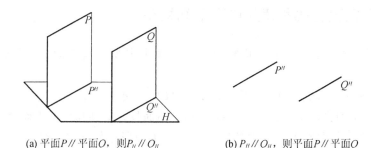

(a) 平面P//平面Q，则P_H//Q_H　　　(b) P_H//Q_H，则平面P//平面Q

图 6-8 平面与特殊位置平面平行

【例 6-5】 如图 6-9(a) 所示，已知平面 ABC 及平面 $DEFG$ 均为水平面，试补全 V 面投影。

解 (1) 分析：与特殊位置平面平行的平面也是特殊位置平面，根据特殊位置平面的投影特征即可作图。在此，两个平面均为水平面，它们的 V 面投影均平行于 OX 轴。

(2) 作图步骤如下：

① 过点 c' 作 OX 轴的平行线，点 a'、b' 就在这条直线上，利用直线上点的投影规律确定点 a'、b' 的位置；

② 过点 f' 作 OX 轴的平行线，点 d'、e'、g' 就在这条直线上，利用直线上点的投影规律确定点 d'、e'、g' 的位置，如图 6-9(b) 所示。

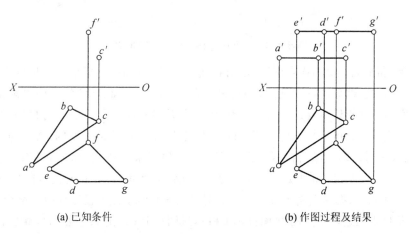

(a) 已知条件　　　　　　　　(b) 作图过程及结果

图 6-9 过已知点补全平面的投影

6.2 直线与平面及两平面相交

直线和平面相交,交点是它们的共有点。在投影图上,交点是直线可见和不可见部分的分界点。

平面和平面相交,交线是它们的共有线。在投影图上,交线是平面可见和不可见部分的分界线。

6.2.1 一般位置直线和特殊位置平面相交

当一般位置直线和特殊位置平面相交时,可以利用特殊位置平面的积聚性求出它们的交点。

如图 6-10(a)所示,空间直线 DF 与铅垂面 ABC 相交于点 E,由于点 E 是直线 FD 上的点,所以点 E 的 H 面投影 e 一定落在直线 FD 的 H 面投影上;同时,铅垂面 ABC 的 H 面投影积聚为直线 abc,即铅垂面 ABC 内的所有点的 H 面投影也都落在直线 abc 上,而点 E 也是铅垂面 ABC 内的点,所以点 E 的 H 面投影 e 也一定落在铅垂面 ABC 的 H 面投影即直线 abc 上。综上所述,点 E 的 H 面投影 e 就是直线 abc 和直线 df 的交点,在投影图 6-10(b)中,可根据点 E 的 H 面投影 e 和点 E 是直线 FD 上的点这两个条件,再利用直线上点的投影规律,求出点 E 的 V 面投影 e'。

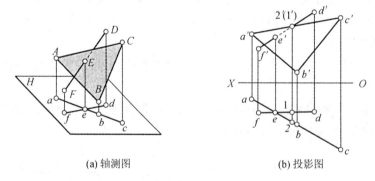

(a) 轴测图　　　　　　　(b) 投影图

图 6-10　直线与特殊位置平面相交

对于直线和平面相交的投影问题,求出直线和平面交点后,为了增加图形的直观性,还需对线、面投影的重影部分进行可见性判断。因为直线 DF 和平面 ABC 的正面投影都有重影部分,所以它们的正面投影需要进行可见性判断。交点 E 的 V 面投影 e' 是直线 DF 在 V 面投影中与平面 ABC 重影部分可见与不可见部分的分界点,因而交点总是可见的。直线与其他部分的可见性可任找一对重影点,如利用点 Ⅰ、Ⅱ 在 V 面上的重影来判别。作图时,可以先标出 Ⅰ、Ⅱ 在 V 面上的重影 $2'(1')$,也就是说先定义点 Ⅰ、Ⅱ 是直线 DF 或直线 AC 上的点且 Ⅰ 在 Ⅱ 的正后方;接着确定 Ⅰ、Ⅱ 这两点中,哪一点属于直线 DF,此时可根据直线上点的投影规律并结合"Ⅰ 在 Ⅱ 的正后方"这一条件求出这两个点的 H 面投影 1 和 2,从图 6-10(b)的 H 投影可以看出,点 Ⅰ 在直线 DF 上,而 e' 是直线 DF 在 V 面投影中与平面 ABC 重重影部分可见与不可见部分的分界点,故为 $e'1'$ 不可见(用虚线画出),而 $d'f'$ 的其他部分则是可见的(用实线画出)。

6.2.2 投影面垂直线与一般位置平面相交

投影面垂直线与一般位置平面相交,交点的一个投影重合在直线有积聚性的同面投影上;而另一个投影是平面上过交点所作辅助线与直线的同面投影的交点。

【例 6-6】 如图 6-11(a)、(b)所示,已知铅垂线 DE 与 $\triangle ABC$ 平面相交,交点为 F,试求 F 的两面投影并对铅垂线 DE 的投影进行可见性判断。

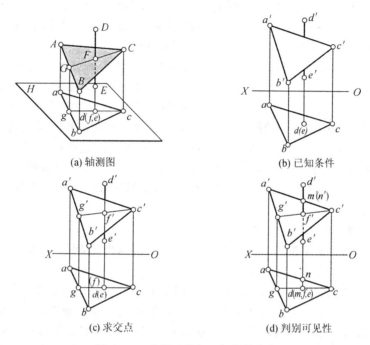

图 6-11 求铅垂线与一般面的交点

解 (1)分析:和图 6-10 类似,要解决铅垂线 DE 与 $\triangle ABC$ 平面相交的投影问题,也要分两步走。第一步:求铅垂线 DE 与 $\triangle ABC$ 平面的交点 F 的投影;第二步:对铅垂线 DE 的 V 面投影进行可见性判断。由于铅垂线的 H 面投影具有积聚性,所以交点 F 的 H 面投影也落在直线 DE 的 H 面积聚投影上,即点 f、d 与 e 重合于同一个点。

(2)作图步骤如下。

① 求交点 F 的投影:因点 f 与 d、e 重合,故可连接 c 与 f,并延长直线 cf 与 ab 交于 g,根据直线上点的投影规律求出点 G 的 V 面投影 g',连接 $c'g'$。直线 $c'g'$ 与 $d'e'$ 的交点即为铅垂线 DE 与 $\triangle ABC$ 平面的交点 F 的 V 面投影 f',如图 6-11(c)所示。

② 可见性判断。

a. 利用线 AC 和 DE 在 V 面上的重影点来判别,分别把这两个点记作点 M、N,并在 V 面投影中标记为 $m'(n')$,即点 M 在点 N 的正前方,点 M 的 V 面投影把点 N 的 V 面投影遮住了。

b. 过点 $m'(n')$ 作 OX 轴的垂线,使之与直线 ac、de 相交,得到两个交点,这两个交点中 y 坐标值大的为点 m,y 坐标值小的为点 n,显然,点 n 在直线 ac 上,而点 m 在直线 de 上。

c. 因为点 M 的 V 面投影可见,所以线段 FM 的 V 面投影 $f'm'$ 是可见的,应用实线绘出,直线 DE 与平面 ABC 在 V 面上重影的 F 点之下部分则不可见,用虚线来表示。

6.2.3 一般位置平面与特殊位置平面相交

当相交两平面中有一个平面是特殊位置面时,可利用特殊位置平面的积聚投影来确定交线的一个投影,交线的另一个投影可以按在另一平面上取点、取线的方法作出。

一般位置平面与特殊位置平面相交,可根据特殊位置平面的不同分为以下两种情形:
(1) 一般位置平面和投影面垂直面相交,交线为一般位置直线;
(2) 一般位置平面和投影面平行面相交,交线为投影面平行线。

【例 6-7】 如图 6-12(a)、(b)所示,已知铅垂面 △ABC 与一般位置平面 DEF 相交,交线为 MN,试求 MN 的两面投影并对投影进行可见性判断。

解 (1)分析:如图 6-12(a)、(b) 所示,因为交线是两个相交平面的共有线,所以如果能够找到这条交线上的两个点,该两点的连线即为交线。为此,只需把 △DEF 的两条边 FD、ED 与铅垂面 △ABC 交点 M、N 求出,直线 MN 即为所求,这一过程直接用到了之前学过的直线和特殊位置平面的相交问题的解答方法,即把平面和平面的相交问题转化为直线和平面的相交问题。投影可见性判断的方法与直线和平面的相交问题所用的方法一样,即在投影图上的重影区找重影点进行判断,因为投影图上,交线是平面可见和不可见部分的分界线,所以只需找一对重影点即可,一般这个重影点选择重影区域的边界点更便于理解,例如图 6-12(c) 中的点 $1'(2')$。

(2) 作图步骤如下。

① 利用铅垂面的水平投影具有积聚性的特点,直接求出 △DEF 的边 FD、ED 与铅垂面 △ABC 的交点 M、N 的 H 面投影 m、n。

② 按线上取点的作图方法,求出点 M、N 的 V 面投影 m'、n',并连接 m'、n' 两点。

③ 判别可见性:投影图上,交线是可见部分和不可见部分的分界线,对水平投影来说,因为铅垂面 △ABC 的水平投影有积聚性,所以它不可能将 △ABC 平面遮挡住,所以不需要进行可见性判断。正面投影的可见性,可利用线、面相交判别可见性的方法来判断,即在交线的任一侧找一对重影点,如图 6-12(c) 中的点 $1'(2')$,根据它们的 H 面投影来判断 1 属于 ab、fe 中哪一条,由于点 $1'$ 可见,从图 6-12(c) 的 H 面投影可看出,1 在直线 fe 上,即 $f'e'$ 的重影部分是可见的,应画成实线,其余部分的可见性可根据重叠区域的边界线的可见性是相互间隔的来确定。

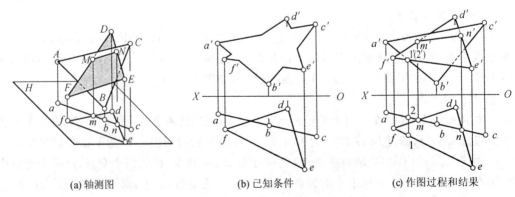

(a) 轴测图　　　　(b) 已知条件　　　　(c) 作图过程和结果

图 6-12 求一般面和铅垂面的交线

6.2.4　一般位置直线和一般位置平面相交

在一般位置直线和一般位置平面相交的问题中，由于它们的投影都没有积聚性，不能直接由投影图得到交点的投影，不过可以参照投影面垂直面与一般位置平面相交的情形，以投影面垂直面作为辅助平面来解题。

如图 6-13(a) 所示，为了求得空间一般位置直线 DE 与一般位置平面 $\triangle ABC$ 的交点，可先包含一般位置直线 DE 作一投影面垂直面（铅垂面 P）为辅助平面，如图 6-13(b) 所示，该铅垂面与一般位置平面 $\triangle ABC$ 相交于交线 MN，该交线可利用上一节所讲的投影面垂直面与一般位置平面相交求交线的方法求出。直线 MN 与直线 DE 交于点 K，由于交点 K 既属于直线 DE，又属于平面 $\triangle ABC$，则交点 K 为一般位置直线 DE 与一般位置平面 $\triangle ABC$ 的交点，如图 6-13(c) 所示。

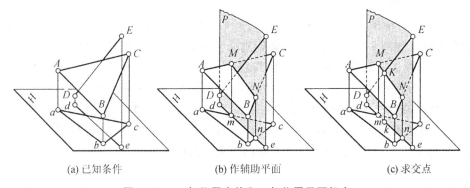

图 6-13　一般位置直线和一般位置平面相交

这种利用辅助平面（常为投影面垂直面或投影面平行面）求作一般位置直线与一般位置平面的交点的方法称为辅助平面法，因求出的是线面之交点，因而又称线面交点法。

如图 6-14 所示，在投影图中利用辅助平面法求作一般位置直线 DE 与一般位置平面 $\triangle ABC$ 的作图步骤如下：

（1）包含已知直线 DE 作辅助平面 P，常以投影面垂直面作为辅助平面；
（2）求辅助平面 P 与一般位置平面 $\triangle ABC$ 的交线 MN；
（3）求交线 MN 与已知直线 DE 的交点 K，即为所求直线与平面的交点；
（4）利用重影点可见性的概念判别相交后直线 DE 在投影图中的可见性。

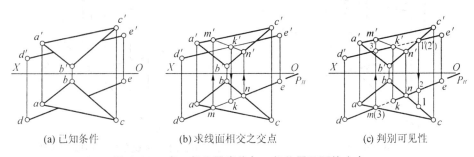

图 6-14　求一般位置直线与一般位置平面的交点

6.2.5 两特殊位置平面相交

当相交两平面均为特殊位置平面时,因为每个平面都有积聚投影,根据平面的积聚投影即可确定交线的一个投影;而在没有积聚性的投影上,可以按面上取点、取线的方法作出交线的投影。

相交两平面均为特殊位置面时交线的几种情形如下:

(1) 若相交两个平面同时垂直于一投影面,则交线必为这个投影面的垂直线;

(2) 若相交两个平面分别垂直于不同投影面,则交线必为一般位置直线;

(3) 若相交两个平面分别是同一投影面的垂直面和平行面,则交线是该投影面的平行线;

(4) 若相交两个平面分别是不同投影面的垂直面和平行面,则交线是投影垂直面所垂直的投影面的垂直线;

(5) 若相交两个平面分别是不同投影面的平行面,则交线是第三投影面的垂直线。

【例 6-8】 如图 6-15(a) 所示,已知铅垂面 $\triangle ABC$ 与铅垂面 DEF 相交,交线为 MN,试求 MN 的两面投影并对投影进行可见性判断。

解 (1) 分析:如图 6-15(a) 所示,因为相交两个平面同时垂直于 H 面,所以交线必为铅垂线;又因为交线是两个相交平面的共有线,所以不难看出两平面积聚投影的交点即为两平面交线的积聚投影(在此为 H 面投影);而在没有积聚性的投影上,交线的投影可以按面上取点、取线的方法作出。投影可见性判断的方法与前面相同。

(2) 作图步骤如下。

① 利用铅垂面的水平投影有积聚性的特点,直接求得两铅垂面交线的 H 面投影 m、n。

② 按线上取点的作图方法,求出点 M、N 的 V 面投影 m'、n',并连接 m'、n' 两点。

③ 判断可见性:因两铅垂面的水平投影均有积聚性,因而无须判别可见性。正面投影的可见性,可利用线、面相交判别可见性的方法来判断,即在交线的任一侧找一对重影点,如图

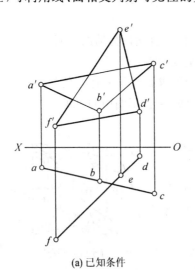 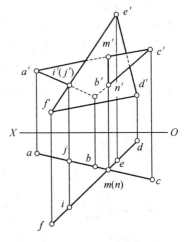

(a) 已知条件　　　　　　　　　　(b) 求面面相交之交线并判断可见性

图 6-15　求两铅垂面的交线

中点 $i'(j')$，由于点 i' 可见，从图 6-15(b) 中的 H 投影可看出，i 在直线 fe 上，即 $f'e'$ 的重影部分是可见的，应画成实线，其余部分的可见性可根据重叠区域的边界线的可见性是相互间隔的来确定。

6.2.6 两一般位置平面相交

当相交的两个平面均不是特殊位置平面时，由于它们的投影都没有积聚性，不能直接由投影图得到交线的投影，不过可以参照一般位置直线与一般位置平面相交求交点的方法，通过构造特殊位置的辅助平面来解题。下面介绍两种以特殊位置平面为辅助面求两个一般位置平面交线的方法。

1. 采用线面交点法求两个一般位置平面的交线

线面交点法是采用求一般位置直线和一般位置平面的交点的方法，求出交线上的两个点，这两个点的连线即为两个一般位置平面的交线。作图时，应先后在某个（或两个）平面内任取两直线，分别求出这两条直线对另一个平面的两个交点，连接这两个交点即为所求。

【例 6-9】 如图 6-16(a) 所示，已知两个一般位置平面 △ABC 与 △DEF 相交，交线为 MN，试求 MN 的两面投影并对投影进行可见性判断。

解 （1）分析：如图 6-16(a) 所示，用线面交点法可以求出 △ABC 上的直线 AB 和 AC 与 △DEF 的交点 M、N，求出 M、N 的投影，连线即可。投影可见性判断的方法与前面相同。

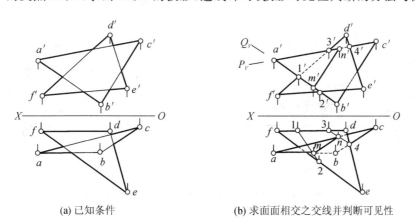

(a) 已知条件　　　　(b) 求面面相交之交线并判断可见性

图 6-16　线面交点法求两一般位置平面的交线

（2）作图步骤如下。

① 求直线 AB 与平面 △DEF 的交点 M：过直线 AB 作一个正垂面 Q，求出直线 FD、FE 与正垂面 Q 的交点的投影 $1'$、$2'$ 和 1、2，直线 ab 和直线 12 的交点 m 就是直线 AB 与平面 △DEF 的交点 M 的水平投影，再根据点 M 是直线 AB 上的点，由 m 求出 m'。

② 求直线 AC 与平面 △DEF 的交点 N：过直线 AC 作一个正垂面 P，求出直线 DE 和 DF 与平面 P 的交点的投影 $3'$、$4'$ 和 3、4，直线 ac 和直线 34 的交点 n 就是直线 AC 与平面 △DEF 的交点 N 的水平投影，再根据点 N 是直线 AC 上的点，由 n 求出 n'。

③ 连接点 m、n 和 m'、n'，它们即为平面 △ABC 与 △DEF 交线的投影。

④ 投影可见性判断的方法与例 6-7 相同。

2. 利用三面共点的几何原理求两个一般位置平面的交线

线面交点法采用了求一般位置直线和一般位置平面的交点的方法，比较直观，但作图时，如果两平面的投影分离或者选择的辅助面（投影面垂直面）不合适，则不容易得到题解。此时，可以选择与两个一般位置平面都相交的特殊位置平面作为辅助平面，利用"三面共点"的几何原理，求出两一般位置平面交线上的一个点，然后，用同样的方法求出这条交线上的另一点，连线即可。

要求如图6-17(a)所示的两个一般位置平面的交线，可以作两个水平面 P、Q，使之与已知的两个一般位置平面都相交，得到四条交线 AB、CD、EF、JK，这四条交线两两对应相交，交点的连线 MN 为两个一般位置平面的交线。具体作图过程如下：

① 在 V 面上，作两条直线平行于 OX 轴，标出 A、B、C、D、E、F、J、K 各点的 V 面投影，如图6-17(b)所示的 a'、b'、c'、d'、e'、f'、j'、k'，再求出上述点的 H 面投影；

② 直线 ab 和 cd 交点为 m，直线 ef 和 jk 交点为 n，再根据直线上点的投影规律求出上述点的 V 投影 m'、n'，连接 m、n 和 m'、n'；

③ 直线 MN 即为这两个一般位置平面的交线。

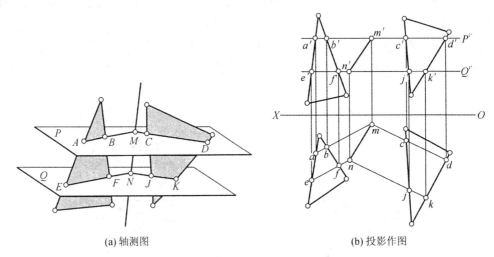

(a) 轴测图   (b) 投影作图

图 6-17　三面共点法求两一般位置平面的交线

6.3　直线与平面及两平面垂直

直线与平面及平面与平面相互垂直是它们相交的特殊情形。

当空间直线垂直于某平面时，该直线垂直于平面内的所有的直线（有相交垂直和交叉垂直两种情形）。由于两条相交直线可以确定一个平面，因此，直线和平面垂直的几何条件可以表述为，直线垂直于平面内的任意两条相交直线。

在立体几何中已经知道，两平面垂直的几何条件：一个平面过另一个平面的一条垂线。

利用上述几何条件，可以判别直线与平面是否垂直，也可以作直线垂直于平面以及平面垂直于平面。

6.3.1 直线和一般位置平面垂直

当直线和一般位置平面垂直时,该直线也是一般位置直线,即这条一般位置的直线垂直于一般位置平面中的所有直线。由前述的直线与平垂直的几何条件,可知垂直性质及垂直的判定如下。

垂直性质:若直线垂直于一平面,则该直线必垂直于属于该平面的一切直线。同时,该直线必垂直于属于该平面的水平线、正平线及侧平线。如图 6-18 所示,直线 AB、CD 属于平面 P,直线 $NK \perp$ 平面 P,则 $NK \perp AB$、$NK \perp CD$、$NK \perp$ 平面 P 内的所有直线。由于 AB、CD 分别为正平线、水平线,则根据直角投影定理,NK 与 AB 的垂直关系在 V 面上反映,即 $n'k' \perp a'b'$;NK 与 CD 的垂直关系在 H 面上反映,即 $nk \perp cd$。因而,一般位置直线与一般位置平面的垂直性质还可表示为,若一直线垂直于一平面,则直线的水平投影必垂直于属于该平面的水平线的水平投影;直线的正面投影必垂直于属于该平面的正平线的正面投影;直线的侧面投影必垂直于属于该平面的侧平线的侧面投影。

垂直判断:直线若与平面内的任意两条相交直线垂直,则这条直线就与这个平面互相垂直。如图 6-18 所示,直线 AB、CD 属于平面 P,直线 $NK \perp AB$、$NK \perp CD$、AB 与 CD 的交点为 M,则直线 $NK \perp$ 平面 P。根据直角投影定理的逆定理,为使垂直的实形在投影图上得到反映,常在平面上找投影面平行线。由于 AB、CD 分别为正平线、水平线,若 $n'k' \perp a'b'$,则 $NK \perp AB$;若 $nk \perp cd$,则 $NK \perp CD$。因而,一般位置直线与一般位置平面的垂直判定还可表示为,若一直线的水平投影垂直于属于平面的水平线的水平投影;直线的正面投影垂直于属于平面的正平线的正面投影,则直线必垂直于该平面。

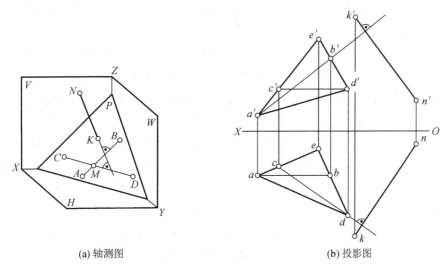

(a) 轴测图   (b) 投影图

图 6-18 一般位置直线与一般位置平面垂直

应注意:点 K 是垂线上的任一点,不是垂足,若要求垂足,则要按一般位置直线与一般位置平面相交求交点的方法求直线 NK 与平面 P(或 $\triangle ADE$)的交点,交点即为垂足。

【例 6-10】 如图 6-19(a) 所示,已知平面 $\triangle ABC$ 与该平面外的一点 D 的两面投影,试

过点 D 作一条直线 DE 垂直于平面 $\triangle ABC$。

解 (1) 分析:根据前文的分析,本题平面 $\triangle ABC$ 内的两条相交直线可选一条水平线和一条正平线,把 $\triangle ABC$ 内的这两条投影面平行线的两面投影都找出来,由于直线 DE 同时垂直于 $\triangle ABC$ 内的这两条投影面平行线,根据直角投影定理的逆定理即可知直线 DE 的投影,然后求线面的交点,最后判断可见性。

(2) 作图步骤如下。

① 在平面 $\triangle ABC$ 内找过点 A 的水平线 AG 和正平线 AF,投影图作图过程如图 6-19(b) 所示:分别过点 a、a' 作 OX 轴的平行线 af、$a'g'$ 交 bc、$b'c'$ 于 f、g',由于点 G、F 都是直线 BC 上的点,根据直线上点的投影规律找出 f'、g,连接直线 $a'f'$、ag。

② 过 d 作直线 ag 的垂线 de、过 d' 作 $a'f'$ 的垂线 $d'e'$(de、$d'e'$ 长度不限,合适即可,且 $ee' \perp OX$ 轴)。根据直角投影定理的逆定理,由于直线 DE 同时垂直于平面 $\triangle ABC$ 内的两条相交直线 AG 和 AF,因此直线 DE 垂直于平面 $\triangle ABC$。

③ 求交点 M 和判断可见性的详细步骤请参照 6.2 节所提供的方法,作图过程和结果如图 6-19(c) 所示。

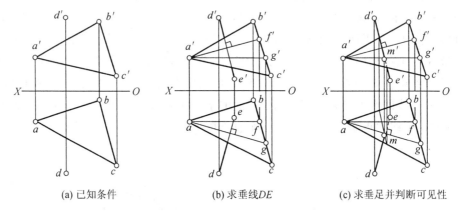

(a) 已知条件　　　　(b) 求垂线 DE　　　　(c) 求垂足并判断可见性

图 6-19　过平面外一点作平面的垂线

【例 6-11】　如图 6-20(a) 所示,已知直线 DE 与该平面外的一点 A 的两面投影,试过点 A 作一平面 $ABC \perp DE$。

解 (1) 分析:与例 6-10 相仿,本题可找过点 A 且与直线 DE 垂直(包括相交垂直和交叉垂直)的一条正平线 AC 和一条水平线 AB,直线 AB 和 AC 所确定的平面 ABC 将垂直于已知直线 DE。

(2) 作图步骤(如图 6-20(b) 所示)。

① 过点 a 作直线 de 的垂线 ab(ab 长度不限,合适即可),过点 a' 作 OX 轴的平行线,点 B 的 V 面投影 b' 就在该直线上,按线上取点的作图方法求出点 b'。

② 过点 a' 作直线 $d'e'$ 的垂线 $a'c'$($a'c'$ 长度不限,合适即可),过点 a 作 OX 轴的平行线,点 C 的 H 面投影 c 就在该直线上,按线上取点的作图方法求出点 c。

③ 由于直线 DE 同时垂直于平面 ABC 内的两条相交直线 AB、AC,所以平面 $ABC \perp DE$。

第 6 章 直线与平面及两平面间的相对位置关系

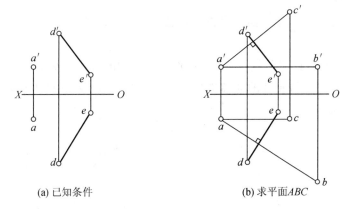

(a) 已知条件　　　　　　　(b) 求平面ABC

图 6-20　过平面外一点作直线的垂面

6.3.2 直线和特殊位置平面垂直

当直线与特殊位置平面垂直时，可据特殊位置平面的不同分为以下两种情形。

(1) 如果直线和某投影面垂直面垂直，该直线必是该投影面的平行线，在平面所垂直的投影面上，直线的投影与平面的积聚投影成直角关系。如图 6-21 所示，平面 $P \perp H$ 面，直线 $AB \perp P$ 面，则 $AB // H$ 面，$ab \perp P^H$。

(2) 如果直线和某投影面平行面垂直，该直线是该投影面的垂直线；并且在平面所垂直的投影面上，直线的投影与平面的积聚投影成直角关系。

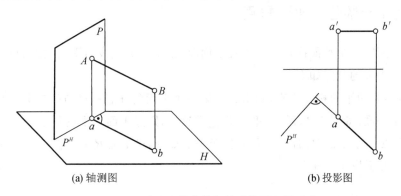

(a) 轴测图　　　　　　　(b) 投影图

图 6-21　特殊位置直线与特殊位置平面垂直

根据上述的分析，直线和特殊位置平面垂直的问题实际上是特殊位置直线与特殊位置平面垂直的问题，由于这两种情形的作图方法相同，下面仅给出直线与投影面垂直面垂直的例子。

【例 6-12】　如图 6-22(a) 所示，已知正垂面 △ABC 与该平面外的一点 D 的两面投影，试过点 D 作一条直线 DE 垂直于 △ABC。

解　(1) 分析：由于 △ABC 是正垂面，所求的直线 DE 必然是正平线，并且直线 DE 和 △ABC 的 V 面积聚投影相互垂直，据此即可作出 DE 的两面投影；接着求线面的交点，最后判断可见性。不难看出，本题就是 6.2.1 节所述内容的特殊情形。

(2) 作图步骤如下。

① 过点 d' 作 △ABC 的 V 面积聚投影线段 $a'b'c'$ 的垂线 $d'e'$ ($d'e'$ 长度不限,合适即可)。

② 过点 d 作 OX 轴的平行线,与过 e' 所作的 OX 轴的垂线相交于点 e。

③ 求交点 K 和判别可见性的详细步骤请参照 6.2.1 节所提供的方法,作图过程和结果如图 6-22(b) 所示。

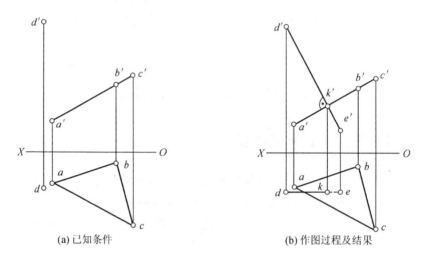

图 6-22　过平面外一点作正垂面的垂线

6.3.3　两个一般位置平面垂直

当相互垂直的两个平面都是一般位置平面时,由前述的直线与平面垂直的几何条件,可知垂直性质及垂直的判定如下。

垂直性质:若两平面相互垂直,则由属于第一个平面的任意一点向第二个平面作的垂线必属于第一个平面。如图 6-23 所示,平面 $P \perp$ 平面 Q,则过平面 P 上的任一点 A 向平面 Q 所作的垂线 AB 必属于平面 P;若平面 R 倾斜于平面 Q,则过平面 R 上的任一点 C 向平面 Q 所作的垂线 CD 必不属于平面 R。

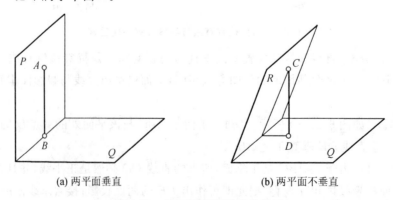

图 6-23　两平面相互垂直的性质

垂直判断：如果一个平面包含一条垂直于另一个平面的垂线，则两平面垂直。如图 6-23 所示，若 $AB \perp$ 平面 Q，AB 属于平面 P，则平面 $P \perp$ 平面 Q；若点 C 属于平面 R，$CD \perp$ 平面 Q，但 CD 不属于平面 R，则平面 R 倾斜于平面 Q。

【例 6-13】 如图 6-24(a) 所示，已知平面 $\triangle ABC$ 与平面 $\triangle DEF$ 的两面投影，试判断这两个平面是否相互垂直。

解 (1) 分析：空间几何元素在投影面中的相对位置关系的判别问题，解题思路通常是先假设它们满足某种相对位置关系，然后再用相关原理去证明（判断）前面假设的位置关系是否成立。事实上，这种方法在前面的解题中已经多次用到。本题可以先假设这两个平面相互垂直，然后应用两平面垂直的几何条件来判断。具体来说，如果能在其中一个平面中找到另一个平面的一条垂线，那么这两个平面就相互垂直，否则就不垂直。

图 6-24 所用的方法：首先在 $\triangle DEF$ 中找到一对相交的正平线 FN 和水平线 FM，然后过 $\triangle ABC$ 上的点 B 作直线 BG 同时垂直于正平线 FN 和水平线 FM，则直线 BG 垂直于由正平线 FN 和水平线 FM 确定的 $\triangle DEF$，最后判断直线 BG 是否为 $\triangle ABC$ 内的线，如果直线 BG 是 $\triangle ABC$ 内的线（即 $\triangle ABC$ 包含 $\triangle DEF$ 的一条垂线 BG），那么 $\triangle ABC$ 垂直于 $\triangle DEF$，否则它们不垂直。之所以能用上述方法判断，是因为过空间某点所作的已知平面的垂线是唯一的，如果 $\triangle ABC$ 垂直于 $\triangle DEF$，那么 $\triangle ABC$ 一定过 $\triangle ABC$ 内任意一点（如点 B）向平面 $\triangle DEF$ 所作的垂线。

(2) 作图步骤如下。

① 在 $\triangle DEF$ 内过点 F 作正平线 FN 和水平线 FM 的两面投影 fn、$f'n'$，fm、$f'm'$，如图 6-24(b) 所示。

② 过 b 作 fm 的垂线 bg，过 b' 作 $f'n'$ 的垂线 $b'g'$，bg、$b'g'$ 长度不限，合适即可，但 $gg' \perp OX$ 轴，如图 6-24(b) 所示。

③ 垂直判断：如图 6-24(c) 所示，从 H 面投影可看出，如果直线 BG 是 $\triangle ABC$ 内的线，那么 K 应该是 BG 和 AC 的交点，然而结合 V 面投影不难看出 K 不是 BG 和 AC 的交点，即过 $\triangle ABC$ 内的任一点 B 向 $\triangle DEF$ 所作的垂线 BG 不属于 $\triangle ABC$，因此 BG 不是 $\triangle ABC$ 内

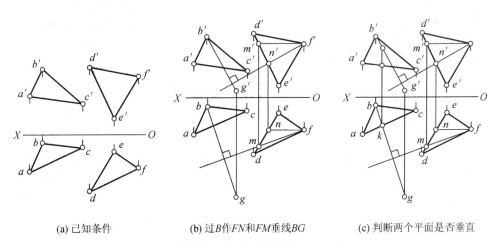

(a) 已知条件　　　(b) 过B作FN和FM垂线BG　　　(c) 判断两个平面是否垂直

图 6-24　两一般位置平面相互垂直

的线,即 △ABC 不垂直于 △DEF。

6.3.4 平面和特殊位置平面垂直

当相互垂直的两个平面中有特殊位置平面时,它们的交线有以下几种情况:

(1) 一般位置平面和投影面垂直面垂直时,交线为一般位置直线;

(2) 当相互垂直的两个平面均为同一投影面的垂直面时,交线为该投影面的垂直线,它们的积聚投影所成的夹角为直角;

(3) 当相互垂直的两个平面分别为同一投影面的垂直面和平行面时,交线为该投影面的平行线;

(4) 当相互垂直的两个平面分别为不同投影面的平行面时,交线为第三投影面的垂直线。

由于上述四种情形均可利用特殊位置平面的积聚投影作图(即 6.2.5 节所用的解题方法),所以下面仅以第(3)种情形为例进行说明。

【**例 6-14**】 如图 6-25(a)所示,已知水平面 △ABC 与铅垂面 △DEF 的部分投影,试补全它们的 V 面投影,并求出交线的投影。

解 (1) 分析:由于 △ABC 是水平面,根据水平面的投影特征,不难求出水平面 △ABC 的 V 面投影,然后利用投影的积聚性求出它们的交线 MN。由于本题中两个平面的积聚投影不在同一个投影面上,因此不需进行可见性判断。

(2) 作图步骤如图 6-25(b)所示。

① 过点 a' 作 OX 轴的平行线,点 b'、c' 必在该直线上,根据点的投影特性可直接作出点 b'、c'。

② 利用投影的积聚性求出它们的交线 MN 的两个投影 mn 和 $m'n'$。

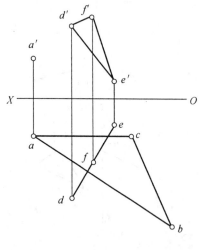
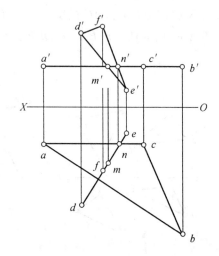

(a) 已知条件　　　　　　　　　　(b) 作图过程和结果

图 6-25　两特殊位置平面相互垂直

第6章 直线与平面及两平面间的相对位置关系

小 结

空间直线与平面以及两平面之间的相对位置关系有平行和相交两种情况。而直线和平面以及两平面相交的情形又可分为斜交和垂直相交(即正交)两种。因此,本章的主要内容就是直线和平面以及两平面之间的平行、斜交、正交时所用的图示、图解的原理和方法。

1. 直线与平面以及两平面之间的平行。

直线与平面平行的几何条件:直线平行于平面内的任一直线。

两平面平行的几何条件:一个平面内的两条相交直线与另一个平面内的两条相交直线分别平行。

利用上述几何条件,可以判别直线与平面或平面与平面是否平行,也可以作直线平行于平面以及平面平行于平面。

如果两个相互平行的空间几何元素中有处于特殊位置的几何元素,则在作图时要注意特殊位置直线或平面投影特征的应用。

2. 直线与平面以及两平面相交(斜交)。

直线与平面相交及平面和平面相交的问题,关键就是交点和交线的求解原理和方法以及投影图上重影部分可见性的判断。在投影图上,交点是直线可见和不可见部分的分界点,而交线则是平面可见和不可见部分的分界线。

当直线与平面以及两平面相交时,如果两个空间几何元素中有处于特殊位置的几何元素,则在作图时要注意特殊位置直线或平面投影特征的应用,比如积聚投影的应用等。此外,还要注意解题方法的前后联系,例如6.2节中,本来应该先介绍完直线和平面相交的几种情形,然后再介绍平面和平面相交的内容,但由于一般位置直线和一般位置平面相交问题要用到投影面垂直面与一般位置平面相交的知识,因而先学后者再学前者。

解题时还要注意技巧,当同一个问题有多种解法时,首先要分析已知条件及一些适用条件,例如两一般位置平面相交问题有两种解法,这两种方法都有各自的使用前提,若事先未经分析而盲目使用,有可能无法达到预期目标。

3. 直线与平面以及两平面垂直相交(正交)。

直线与平面及平面与平面相互垂直实际上是它们相交的特殊情形。

直线与平面垂直的几何条件:直线垂直于平面内的任意两条相交直线。当空间直线垂直于某平面时,该直线垂直于平面内的所有的直线(有相交垂直和交叉垂直两种情形)。

两平面垂直的几何条件:一个平面过另一个平面的一条垂线。

利用上述几何条件,可以判别直线或平面与平面是否垂直,也可以作直线垂直于平面以及平面垂直于平面。

思 考 题

1. 如何判断直线与平面、平面与平面是否平行?
2. 如何过点 K 作一直线或平面平行于已知平面(将各种不同位置平面分开考虑)?
3. 直线和特殊位置平面相交,如何求交点和进行可见性判断?
4. 平面和特殊位置平面相交,如何求交线和进行可见性判断?
5. 直线和一般位置平面相交,如何求交点和进行可见性判断?

6. 两一般位置平面相交,如何求交线?

7. 试述两一般位置平面交线的两种求解方法的适用条件。

8. 用三面共点法求两平面的交线时,辅助平面一定要作成平行面吗?

9. 在相交问题中,有特殊要素与无特殊要素时的作图过程有什么不同与联系?

10. 怎样作平面的垂线、直线的法平面(与直线相垂直的平面叫直线的法平面)?如何判断直线与平面是否垂直?

11. 如何判断两平面是否垂直?

习　题

1. 若某直线一投影与平面上已知直线的投影平行,则该直线与该平面(　　)。

　　A. 相交　　　　　B. 平行　　　　　C. 垂直　　　　　D. 无法确定

2. 在图 6-26 中的直线与平面的相对位置关系是(　　)。

　　A. 相交　　　　　B. 平行　　　　　C. 垂直　　　　　D. 无法确定

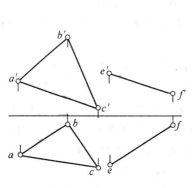
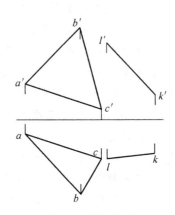

图 6-26　第 2 题图　　　　　　图 6-27　第 3 题图

3. 在图 6-27 中的直线与平面的相对位置关系是(　　)。

　　A. 相交　　　　　B. 平行　　　　　C. 垂直　　　　　D. 无法确定

4. 若直线与投影面垂直面的同面积聚投影平行,则该直线与该平面(　　)。

　　A. 相交　　　　　　　　　　　　　B. 平行

　　C. 垂直　　　　　　　　　　　　　D. 无法确定

5. 若两投影面垂直面的(　　),则两投影面垂直面相互平行。

　　A. 同面积聚投影相互平行　　　　　B. 非积聚投影相互平行

　　C. 相交两直线平行　　　　　　　　D. 邻边相互平行

6. 在图 6-28 中的平面 EFGH 与 △ABC 的相对位置关系是(　　)。

　　A. 相交　　　　　　　　　　　　　B. 平行

　　C. 垂直　　　　　　　　　　　　　D. 无法确定

7. 在图 6-29 中的平面 ABC 与平面 DEF 的位置关系是(　　)。

　　A. 相交　　　　　　　　　　　　　B. 平行

　　C. 垂直　　　　　　　　　　　　　D. 无法确定

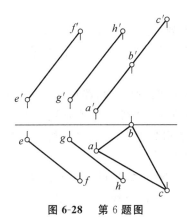

图 6-28 第 6 题图

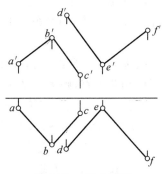

图 6-29 第 7 题图

8. 平面与平面的相对位置关系,若不平行,则必(　　)。
   A. 相交　　　　　B. 重合　　　　　C. 垂直　　　　　D. 异面
9. 对于一般位置直线与特殊位置平面相交,下列说法错误的是(　　)。
   A. 交点只有一个,既在直线上又在平面上
   B. 交点的一个投影是平面积聚投影与直线同面投影的交点
   C. 交点的另一个投影可在直线的另一个投影上找到
   D. 因公共部分为点,因此无须判别可见性
10. 水平面与一般位置平面相交,交线为(　　)。
    A. 水平线　　　　B. 正平线　　　　C. 侧平线　　　　D. 一般位置线
11. 对于两特殊位置平面相交,下列说法错误的是(　　)。
    A. 交线可能是投影面平行线　　　　B. 交线可能是投影面垂直线
    C. 交线不可能是一般位置直线　　　D. 可利用投影积聚性作为结题的突破口
12. 铅垂面与正垂面相交,交线为(　　)。
    A. 水平线　　　　B. 正平线　　　　C. 铅垂线　　　　D. 一般位置直线
13. 对于一般位置直线与一般位置平面相交,下列说法错误的是(　　)。
    A. 因无特殊位置元素,因此必须通过辅助方法才能求出交点
    B. 相交元素均为一般元素,因此必须利用换面法或旋转法方能求解
    C. 可利用线面交点法求解出交点
    D. 可利用投影面垂直面与一般位置平面相交求解的原理求解出交点
14. 利用三面共点法求作两平面的交线时,适用范围是(　　)。
    A. 相交两平面分离时　　　　　　　B. 相交两平面有部分投影重合时
    C. 两一般位置平面相交时　　　　　D. 以上均可以
15. 垂直于正垂面的直线是(　　)。
    A. 水平线　　　　B. 正平线　　　　C. 侧平线　　　　D. 正垂线
16. 判断作一般位置直线与一般位置平面是否垂直,下列做法错误的是(　　)。
    A. 在平面上作水平线,判断水平线水平投影与直线水平投影是否垂直
    B. 在平面上作正平线,判断正平线正面投影与直线正面投影是否垂直
    C. 若 A 及 B 均满足,则直线与平面垂直

D. 若 A 及 B 均不满足,则直线与平面不垂直

17. 关于两一般位置平面相互垂直的情况,下列说法错误的是( )。

A. 若两平面相互垂直,则过第一平面内的任意点向第二平面所作的垂线,一定属于第一平面

B. 若一直线垂直于一平面,则通过该直线所作的任何平面,都垂直于该平面

C. 若两平面相互垂直,则第一平面上的任何直线均与第二平面垂直

D. 若第一平面上的直线垂直第二平面上两条相交直线,则两平面相互垂直

18. 两特殊位置平面相互垂直,下列说法错误的是( )。

A. 交线不可能是一般位置直线   B. 交线可能是投影面垂直线
C. 交线可能是投影面平行线   D. 交线的直线类型依相交平面类型而定

19. 侧平面与正平面垂直,交线为( )。

A. 水平线   B. 正垂线   C. 铅垂线   D. 侧垂线

20. 水平面与正垂面垂直,交线为( )。

A. 水平线   B. 正垂线   C. 铅垂线   D. 侧垂线

21. 铅垂面与正垂面垂直,交线为( )。

A. 水平线   B. 正平线   C. 侧平线   D. 一般位置直线

22. 下列图中正确反映两平行直线间距离 L 的是( )。

A.   B.   C.   D.

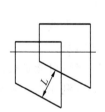
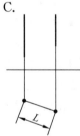

第 7 章 投影变换

本章学习目标

1. 理解投影变换的解题思路;
2. 熟练掌握点的一次和二次换面法,掌握"返回"的作图方法,即能由变换后的新投影体系返回原投影体系;
3. 熟练掌握用换面法将一般位置直线变换为投影面平行线、将投影面平行线变换为投影面垂直线、将一般位置直线变换为投影面垂直线的作图原理及步骤;
4. 熟练掌握用换面法将一般位置平面变换为投影面垂直面、将投影面垂直面变换为投影面平行面、将一般位置平面变换为投影面平行面的作图原理及步骤;
5. 掌握换面法求实形、距离、夹角的作图原理及其画法;
6. 熟练掌握用旋转法将一般位置直线旋转为投影面平行线、将投影面平行线旋转为投影面垂直线、将一般位置直线旋转为投影面垂直线的作图原理及步骤;
7. 熟练掌握用旋转法将一般位置平面旋转为投影面垂直面、将投影面垂直面旋转为投影面平行面、将一般位置平面旋转为投影面平行面的作图原理及步骤;
8. 掌握旋转法求实形、距离等的作图原理及其画法。

7.1 投影变换概述

通过前面的学习已经知道,当空间的直线和平面(一般指有限大小的平面图形)对投影面处于一般位置时,其投影只有相似性,不直接反映直线或平面的真实大小、度量和定位关系;但当它们处于投影体系中的特殊位置时,其投影就有实形性或积聚性,可直接真实地反映直线、平面等几何对象的尺寸度量和定位关系,如图7-1所示。

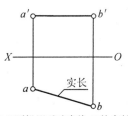 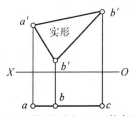 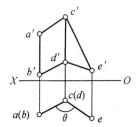

(a) H面投影反映直线AB的实长　　(b) V面投影反映△ABC的实形　　(c) H面投影反映两平面夹角θ的实形

图 7-1　处于可度量和定位位置的几何元素的投影

因此，若能把几何元素由一般位置改变成特殊位置，直线和平面的尺寸等的度量和定位问题就可直接通过其投影得以体现。画法几何中，将几何元素由一般位置变成特殊位置的方法主要有两种，一种称为变换投影面法，另一种称为旋转法。

7.1.1 变换投影面法

空间几何元素的位置保持不动，用新的投影面来代替旧的投影面，使空间几何元素对新投影面的相对位置变成有利解题的位置，然后找出其在新投影面上的投影。这种方法称为变换投影面法，简称换面法。换面法的特点是能在新投影面与保留的原有投影面组成的新投影体系中解题，必要时还可将结果返回到原有的两投影面体系中去。

图 7-2(a) 为铅垂面 $\triangle ABC$ 在 H 和 V 面组成的两投影面体系(记作 V/H 体系)中的位置及投影。从图中不难看出，其 H 投影具有积聚性，同时 H 投影反映平面 $\triangle ABC$ 与投影面的倾角关系；而 V 投影只有相似性。两个投影均无实形投影，因而投影无法解决尺寸度量问题。为了解决尺寸度量问题，可以采用如图 7-2(b) 所示的换面法，取一个平行于 $\triangle ABC$ 且垂直于 H 面的 V_1 面来代替 V 面，则新的 V_1 面和保留的 H 面相交成新的投影轴 X_1，构成一个新的两投影面体系 V_1/H。$\triangle ABC$ 平面在 V_1/H 体系中 V_1 面上的投影 $\triangle a_1'b_1'c_1'$ 就反映了平面 $\triangle ABC$ 的实形。再将 V_1 面绕新投影轴 X_1 旋转展开到与 H 面共面，从而得出 $\triangle ABC$ 在 V_1/H 体系中的投影图，如图 7-2(c) 所示。

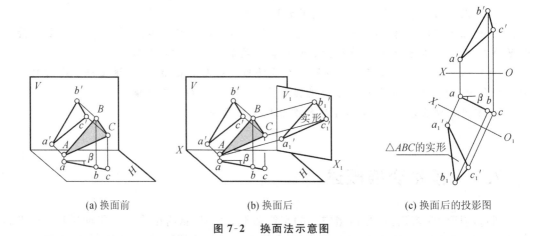

(a) 换面前　　　　　(b) 换面后　　　　　(c) 换面后的投影图

图 7-2　换面法示意图

显然，新投影面 V_1 是不能任意选择的，首先要使空间几何元素在新的投影面上的投影能够有利于解题，并且新投影面 V_1 和保留的 H 面仍要构成一个由两个相互垂直的投影面组成的两投影面体系，这样才能应用前面所讲述的正投影原理作图。因此，用换面法时，新投影面的选择必须符合下面两个基本条件。

(1) 新投影面必须垂直于保留的投影面，以构成新的两投影面体系。
(2) 新投影面必须处在对空间几何元素有利于解题的位置。

7.1.2 旋转法

投影面保持不动，使空间几何元素绕某一轴旋转到有利于解题的位置，然后找出其旋转后的新投影,这种方法称为旋转法。旋转法根据所设旋转轴位置的不同,可分为两种:一种是绕投影面垂直线为轴旋转,称为绕垂直轴旋转;另一种是绕投影面平行线为轴旋转,称为绕平行轴旋转。在此只介绍绕垂直轴旋转。

图 7-3 为铅垂面 △ABC 在三投影面体系中的位置和正投影图,其三个投影均无实形性,为了求得其实形投影,可以保持三个投影面不动,将 △ABC 绕过点 B 的铅垂线 BM(因为 △ABC 是铅垂面,所以这条铅垂线 BM 一定是平面 △ABC 内的直线)旋转到与 V 面平行的位置,即旋转之后的 △ABC 就是一个正平面,它的 V 投影反映 △ABC 的实形,如图 7-4 所示。

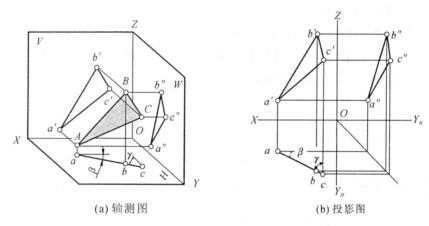

(a) 轴测图　　　　　　　　　　(b) 投影图

图 7-3　旋转前的轴测图和投影图

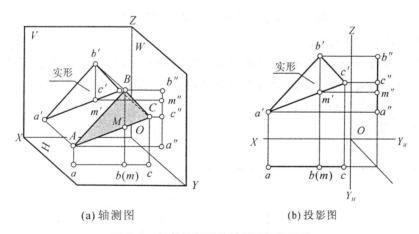

(a) 轴测图　　　　　　　　　　(b) 投影图

图 7-4　旋转法得到的轴测图和投影图

7.2　换面法

7.2.1　点的换面变换规律

点是一切几何形体的基本元素。因此,在变换投影面时,首先要掌握点的投影变换规律。

1. 点的一次换面

(1) 保留 H 面变换 V 面。

如图 7-5 所示,点 A 在 V/H 体系中,正面投影为 a',水平投影为 a,保留 H 面,用一铅垂面 $V_1(V_1 \perp H)$ 来代替正立投影面 V,形成新的两投影面体系 V_1/H。过点 A 向 V_1 面作垂线(投射线)并与 V_1 面相交,得到新投影面 V_1 上的投影 a_1'。这样,点 A 在新、旧两投影面体系中的投影(a、a' 和 a、a_1')均已知。其中 a_1' 为点 A 在新投影面 V_1 面上的投影,a' 为被替换的 V 面的旧投影,a 为新、旧两投影体系中共有的不变投影。它们之间有如下关系:

① 由于这两个投影面体系具有公共的被保留的投影面 H,点 A 到 H 面的距离(即 Z 坐标)在新、旧两投影面体系中都是相同的,即 $a'a_x = Aa = a_1'a_{x1} = Z_A$;

② 当 V_1 面绕 X_1 轴旋转展开到与 H 面成一个平面时,根据点的投影规律可知,aa_1' 必垂直与 X_1 轴。这和 $a'a \perp X$ 轴的性质相同。

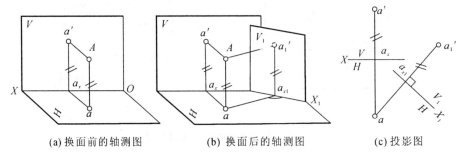

(a) 换面前的轴测图　　　(b) 换面后的轴测图　　　(c) 投影图

图 7-5　点的一次换面(保留 H 面变换 V 面)

(2) 保留 V 面变换 H 面。

如图 7-6 所示,取正垂面 H_1 来代替 H 面,H_1 面和 V 面构成新的两投影面体系 V/H_1,求出点 A 的新投影 a_1。因新、旧两体系具有公共的 V 面,因此,也有如下关系:

① $a_1 a_{x1} = Aa' = aa_x = Y_A$;

② $a'a_1 \perp X_1$ 轴。

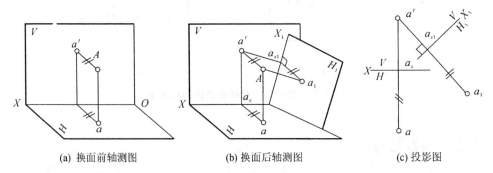

(a) 换面前轴测图　　　(b) 换面后轴测图　　　(c) 投影图

图 7-6　点的一次换面(保留 V 面变换 H 面)

(3) 点的投影变换规律。

由图 7-5、图 7-6 可知,变换投影面时可变换任何一个投影面,而被保留的一个投影面是新、旧两投影面体系中的公共投影面,点在新、旧两投影面体系中必有一个坐标是不变的。由此可以得出点的投影变换规律如下：

① 点的新投影和被保留投影的连线必垂直于新投影轴；

② 点的新投影到新投影轴的距离，等于被替换的点的旧投影到旧投影轴的距离。

(4) 点的新投影的作图方法。

按点的投影变换规律，可得出点的新投影的作图方法，也就是投影变换的基本作图法。

① 如图 7-5(c)、图 7-6(c)所示，在按实际需要确定新投影轴以后，由所保留的点的投影作垂直于新投影轴的投影连线。

② 在投影连线上，从新投影轴向新投影面一侧量取一段距离，该段距离等于点被替换的投影至被替换的投影轴(旧投影轴)之间的距离，即得出该点的新投影。

2. 点的二次换面

运用换面法解决实际问题时，有时变换一次投影面不足以解决问题，需要连续变换两次或多次。图 7-7(a)、(b) 表示两次变换时，点 A 的直观图及其投影图。

两次或多次变换时，求点的新投影的方法、作图原理与变换一次投影面相同。

必须强调的是，在变换投影面时，每次新投影面的选择都必须符合前面所述的两个条件；而且不能一次变换两个投影面，必须在变换完一个投影面之后，在新的两投影面体系中，依次交替地再变换另一个投影面(前次被保留的投影面)。第一次换面的旧投影轴指的是原体系中的 X 轴；而第二次换面时的旧投影轴是第一次换面时的新投影轴，即 X_1 轴。多次换面，依此类推。第一次、第二次变换时的新投影面、新投影轴和新投影的字母符号都分别加注下标 1、2，更多次的变换也依此类推。

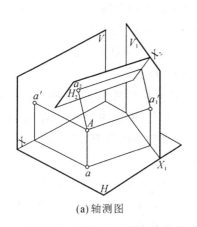
(a) 轴测图

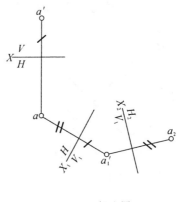
(b) 投影图

图 7-7　点的二次换面(先保留 H 面将 V 换成 V_1，后保留 V_1 面将 H 换成 H_2)

7.2.2　直线的换面变换

1. 将一般位置直线变换为投影面平行线：一次换面

因为与一般位置直线相平行的平面可以为一般位置平面或投影面垂直面，而处于投影面垂直面位置的平面可作为新投影面与被保留的旧投影面相垂直,构成新的两投影面体系,所以将一般位置直线变换为投影面平行线只需一次换面。通常在求一般位置直线的实长、对投影面的倾角及求解度量和定位问题时采用。

如图 7-8 所示,将一般直线 AB 变换为 V_1 面的平行线,为了使 AB 在 H/V_1 体系中成为 V_1 面的平行线,可以用一个既垂直于 H 面,又平行于 AB 的 V_1 面替换 V 面,通过一次变换即可达到目的,按照投影面平行线的投影特性,在 H/V_1 体系中新投影轴 X_1 应平行于所保留的投影 ab。

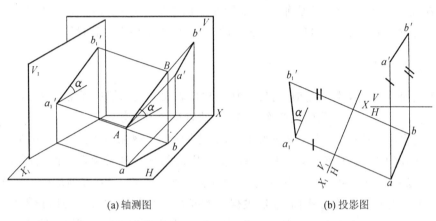

(a) 轴测图　　　　　　　(b) 投影图

图 7-8　将一般位置直线变换成正平线(求直线 AB 的实长和角 α)

作图步骤如图 7-8(b) 所示。

(1) 在适当位置作 $X_1 \parallel ab$(设置的新投影轴,应使几何元素在新投影体系中的两个投影分别位于新投影轴的两侧;新投影轴距离直线被保留的投影之间的距离可任取)。

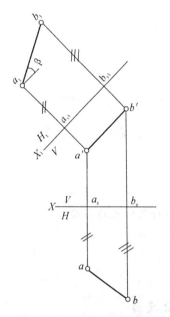

图 7-9　将一般位置直线变换成水平线
(求直线 AB 的实长和角 β)

(2) 按投影变换的基本作图法,分别求出线段 AB 两端点的新投影 a_1' 和 b_1',连 a_1' 与 b_1',$a_1'b_1'$ 即为所求 AB 的 V_1 面投影。

将一般位置直线变换为 V_1 面的平行线,其作图结果:直线 AB 在 V_1 面上的投影 $a_1'b_1'$ 反映其实长,且 $a_1'b_1'$ 与 X_1 轴的夹角等于直线 AB 对 H 面倾角 α 的真实大小。

同理可将一般位置直线变换为 H_1 面的平行线。通过一次换面,即可求得该直线实长和对 V 面的真实倾角 β,如图 7-9 所示。

由此可知,通过一次换面,可以将一般位置直线变换为新投影面的平行线。欲使新投影面平行于已知一般位置直线,则新投影轴应平行于该直线所保留的投影。作图的关键是在空间确定新投影面的位置,而在投影图上则是确定新投影轴的位置。

2. 将投影面平行线变换为投影面垂直线：一次换面

因为与投影面平行线垂直的平面一定垂直于它所平行的那个投影面，因此，这样与所垂直的被保留的投影面构成新的两投影面体系，故将投影面平行线变换为投影面垂直线只需一次换面。投影面变换的目的通常是为了方便求解某些度量和定位问题。

如图 7-10(a)所示，将正平线变换为 H_1 面的垂直线。因为在 V/H 体系中，垂直于正平线 AB 的平面也必垂直于 V 面，于是可用垂直于 AB 的正垂面 H_1 面来替换 H 面，使 AB 成为新投影体系 V/H_1 中 H_1 面的垂直线。按照 H_1 面垂直线的投影特性，在 V/H_1 中新投影轴 X_1 应垂直于被保留的反映实长的投影 $a'b'$，直线 AB 在 H_1 面上的投影 $a_1 b_1$ 必积聚为一点 $a_1(b_1)$。

作图步骤如图 7-10(b)所示。

（1）在适当位置作 $X_1 \perp a'b'$。

（2）按投影变换的基本作图法求得端点 B 和 A 的新投影 b_1 和 a_1 必重合为一点，则 $a_1(b_1)$ 即为所求 AB 的 H_1 面投影。

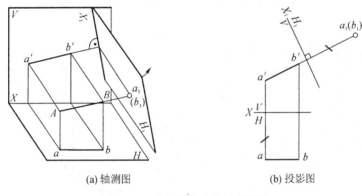

(a) 轴测图   (b) 投影图

图 7-10　将正平线变换成铅垂线

同理，也可通过一次换面将水平线变换为 V_1 面的垂直线，如图 7-11 所示。

由此可知，通过一次换面，可以将投影面平行线变换为投影面垂直线，欲使新投影面垂直于已知的投影面平行线，则新投影轴应垂直于该直线所保留的反映实长的投影。

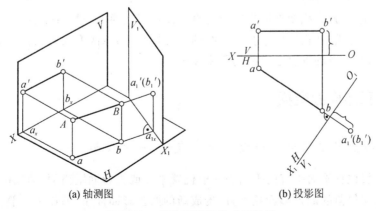

(a) 轴测图   (b) 投影图

图 7-11　将水平线变换成正垂线

3. 将一般位置直线变换为投影面垂直线：二次换面

若使新投影面直接垂直于一般位置直线，则新投影面必定是一般位置平面，而它和原体系中的任一投影面都不垂直，不能构成新的两投影面体系。所以欲使一般位置直线变换为投影面垂直线，只经过一次换面是不行的。

由上述第一种基本情况和第二种基本情况可知，将一般位置直线变换为投影面垂直线，必须经两次换面，先将一般位置直线变换为投影面平行线，再将投影面平行线变换为投影面垂直线。

图 7-12(a)、(b)为一般位置直线经两次换面，变换为投影面垂直线的轴测图和投影图。作图步骤如图 7-12(b)所示。

(1) 先将 AB 变换为 V_1 面的平行线，作法与图7-8(b)相同，即作 $X_1 \parallel ab$，将 V/H 中的 $a'b'$ 变换为 V_1/H 中的 $a'_1 b'_1$，$a'_1 b'_1$ 即为 AB 的 V_1 面投影。

(2) 再将 AB 变换为 H_2 面的垂直线，作法与图7-10(b)相同，即作 $X_2 \perp a'_1 b'_1$，将 V_1/H 中的 ab 变换为 V_1/H_2 中的 $a_2(b_2)$，a_2、b_2 积聚为一点，即为 AB 的 H_2 面的投影。于是 V/H 中的一般位置直线 AB 就变换为 V_1/H_2 中的 H_2 面垂直线。

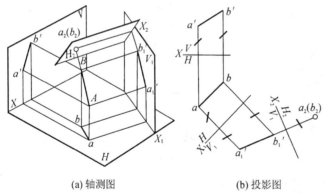
(a) 轴测图　　(b) 投影图

图 7-12　将一般位置直线变换成铅垂线

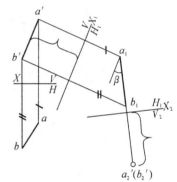

图 7-13　将一般位置直线变换成正垂线

同理，也可先将一般位置直线 AB 变换为 H_1 面的平行线，再将投影面平行线变换为 V_2 面的垂直线，如图7-13所示。

可见，将一般位置直线变换成投影面垂直线需作二次换面。第一次换面将一般位置直线变换成投影面平行线，新投影轴平行于直线的不变投影；第二次换面将投影面平行线变换成投影面垂直线，新投影轴垂直于直线的不变投影。

7.2.3　平面的换面变换

1. 将一般位置平面变换为投影面垂直面：一次换面

因为与一般位置平面垂直的平面为一般位置平面或投影面垂直面。而投影面垂直面，可作为新投影面与保留的旧投影面相垂直，构成新的两投影面体系，所以将一般位置平面变换为投影面垂直面只需一次换面，投影面变换的目的是为了求得平面对投影面的倾角或方便求解有关度量和定位问题。

如图 7-14(a) 所示，△ABC 为一般位置平面，要将其变换为投影面垂直面，只需使属于该平面的任一条直线垂直于新投影面。但要将 △ABC 上的一般位置直线变换为投影面垂直线，必须两次换面，而若将 △ABC 上的投影面平行线变换为投影面垂直线只需一次换面。因此，在一般位置平面 △ABC 上任取一条投影面平行线为辅助线，再取与它垂直的平面为新投影面，则该平面与新投影面垂直。

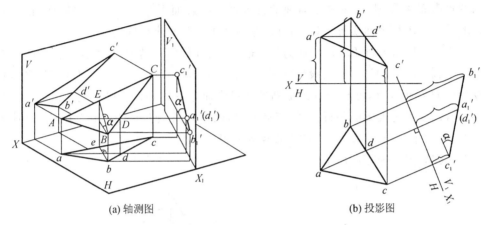

(a) 轴测图　　　　　　　　　　　　(b) 投影图

图 7-14　将一般位置平面变换成正垂面

现将一般位置平面 △ABC 变换为 V_1 面的垂直面。作图步骤如图 7-14(b) 所示。

(1) 在 △ABC 平面上作一水平线 $AD(ad, a'd')$。

(2) 作新投影轴 $X_1 \perp ad$，得新的两投影面体系 H/V_1。

(3) 求出 △ABC 各顶点 A、B、C 在 V_1 面上的新投影 a_1'、b_1'、c_1'，连接各点的新投影，即为 △ABC 在它所垂直的新投影面 V_1 上的新投影，该投影积聚为一直线段。这样，△ABC 平面在 H/V_1 体系中变为新投影面 V_1 的垂直面，新投影 $a_1'b_1'c_1'$ 与 X_1 轴的夹角即为平面 △ABC 和 H 面的倾角 α 的实形。

同理，通过一次换面，也可以将一般位置平面变换为 H_1 面的垂直面，则该平面 H_1 面投影积聚为一直线，它与 X_1 轴的夹角即为平面与 V 面的倾角 β，如图 7-15 所示。

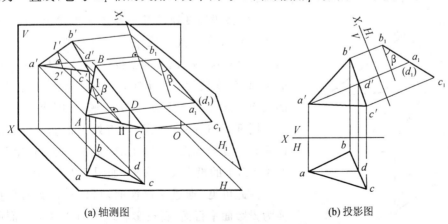

(a) 轴测图　　　　　　　　　　　　(b) 投影图

图 7-15　将一般位置平面变换成铅垂面

由此可见，通过一次换面可以将一般位置平面变换为投影面垂直面，为此，先要在这个平面上作一条平行于所保留的投影面的平行线，新投影轴应垂直于这条投影面平行线的实形投影。

2. 将投影面垂直面变换为投影面平行面：一次换面

因为与投影面垂直面相平行的平面可作为新投影面，它与所保留的旧投影面相垂直，构成新的两投影面体系，所以，将投影面垂直面变换为投影面平行面只需一次换面。投影面变换的目的是为了求得平面实形，以及方便求解有关的度量和定位问题。

图 7-16(a) 所示为将铅垂面变换为 V_1 面的平行面的空间情况。保留投影面的投影有积聚性，要作一新投影面 V_1 与保留投影面平行，可使 X_1 轴 $// abc$，这个新投影面 V_1 必定和保留的投影面 H 互相垂直，可与 H 面组成新的两投影面体系 V_1/H。所以将处于铅垂面位置的投影面垂直面变换为投影面平行面，需变换 V 面，保留 H 面，使 $\triangle ABC$ 平面在 V_1/H 体系中变换为 V_1 面的平行面，它在 V_1 面的投影反映实形。

作图步骤如图 7-16(b) 所示。

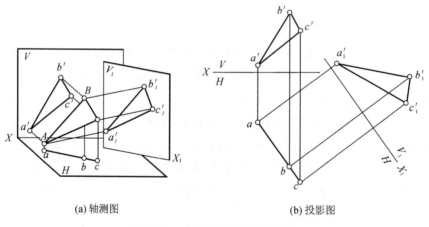

(a) 轴测图　　　　　　　　(b) 投影图

图 7-16　将铅垂面变换成正平面

(1) 作 $X_1 // abc$，组成新的两投影面体系 V_1/H。

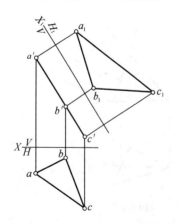

图 7-17　将正垂面变换成水平面

(2) 按投影变换的基本作图法求得 A、B、C 的新投影 a_1'、b_1'、c_1'，并连接成 $\triangle a_1'b_1'c_1'$，则 $\triangle a_1'b_1'c_1'$ 即为 $\triangle ABC$ 平面在 V_1 面上的新投影，则 V/H 体系中的铅垂面 $\triangle ABC$ 变换为 V_1/H 体系中的正平面，它在 V_1 面上的投影 $\triangle a_1'b_1'c_1'$ 反映 $\triangle ABC$ 平面的实形。

同理，通过一次换面，可将处于正垂面位置的投影面垂直面变换成投影面平行面，需换 H 面，保留 V 面，它在 H_1 面上的投影反映实形，如图 7-17 所示。

由此可见，通过一次换面可以将投影面垂直面变换为投影面平行面。新投影轴应平行于这个平面所保留的有积聚性的投影。

3. 将一般位置平面变换为投影面平行面：二次换面

若把一般位置平面变换为投影面平行面，变换一次投影面是办不到的。因为与一般位置平面平行的新投影面也一定还是一般位置的平面，它与V/H体系中的哪一个投影面都不垂直，即不能构成新的两投影面体系。要解决这个问题，必须变换两次投影面，第一次将一般位置平面变换为投影面垂直面，如图7-18(a)中的 $a_1b_1c_1$；第二次再将投影面垂直面变换为投影面平行面，如图7-18(a)中的 $\triangle a_2'b_2'c_2'$。

作图步骤如图7-18(a)所示。

(1) 将 $\triangle ABC$ 平面变换为投影面的垂直面。在 $\triangle ABC$ 平面中取一正平线 $AD(a'd'$，$ad)$，取 $X_1 \perp a'd'$，组成 H_1/V 体系，求得 a_1、c_1、b_1，这三点必在同一直线上，则 $\triangle ABC$ 变换为 H_1 面的垂直面。

(2) 将 $\triangle ABC$ 平面再变换为投影面平行面(即将第一次变换后的 H_1 面垂直面 $\triangle ABC$ 变换为 V_2 面平行面)。作 $X_2 // a_1b_1c_1$，组成 V_2/H_1 新的两投影面体系，使 H_1/V 中的 H_1 面垂直面 $\triangle ABC$ 变换为 V_2 面的平行面，从而求得 $\triangle a_2'b_2'c_2'$，即为平面 $\triangle ABC$ 在 V_2 面上的新投影，反映实形。

同理，通过二次换面，也可以将一般位置平面首先变换为 V_1 面的垂直面，再将投影面垂直面变化为 H_2 面的平行面，如图7-18(b)所示。

可见，将一般位置平面变换成投影面平行面，需作二次换面。第一次换面将一般位置平面变换成新投影面的垂直面，新投影轴垂直于原一般位置面上的投影面平行线的实形投影；第二次换面将投影面垂直面变换成新投影面的平行面，新投影轴平行于投影面垂直面的积聚投影。

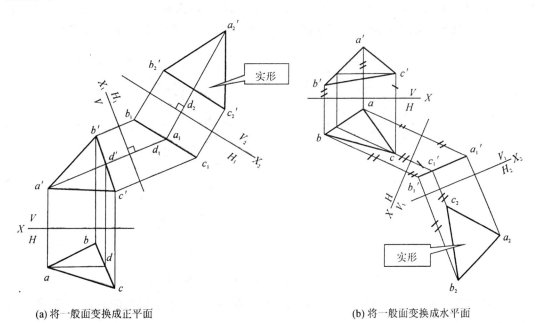

(a) 将一般面变换成正平面　　　　　　　　　　(b) 将一般面变换成水平面

图 7-18　将一般位置平面变换成投影面平行面

7.2.4 换面变换的应用举例

【例 7-1】 如图 7-19(a)所示,已知点 C 及直线 AB 的两面投影,试求作:(1)直线 AB 的实长和倾角 α;(2)过点 C 作直线 AB 的垂线。

解 (1)分析:由图 7-19(a)可知,直线 AB 是一般位置直线,要想求直线 AB 的实长和倾角 α,只需通过换面法把直线 AB 变换为新投影体系 V_1/H 中的正平线,直线 AB 在 V_1 面上的投影反映其实长和对 H 面的倾角 α。对于第(2)问,在空间上,过点 C 作直线 AB 的垂线,垂足为点 D,直线 CD 即为过点 C 所作的直线 AB 的垂线;在投影图中,可以先通过换面法把直线 AB 变换新投影体系 V_1/H 中的正平线(这一过程前一步已完成),然后根据直线 $AB \perp CD$ 及直角投影定理,把 D 点的投影求出即可。若要求距离,可进一步用换面法或直角三角形法把直线 CD 的实长求出即可。

(2)作图步骤如图 7-19(b)所示。

① 保留 H 投影面,将 V 面变换成 V_1,使直线 AB 成为新投影体系 V_1/H 中的正平线。在直线 ab 的一侧作直线 ab 的平行线作为新的投影轴 X_1(投影轴 X_1 可在直线 ab 的任意一侧,新的投影轴 X_1 即为 V_1 面和 H 面的交线),根据点和直线的换面法原理,将点 C 和直线 AB 的 V_1 投影 c_1'、$a_1'b_1'$ 作出,直线 $a_1'b_1'$ 的长度即为直线 AB 的实长,直线 $a_1'b_1'$ 与 X_1 轴的夹角即为 α。

② 过点 C 作直线 AB 的垂线,垂足为点 D。由于直线 AB 是 V_1 面的平行线,当直线 $AB \perp CD$ 时,根据直角投影定理可知直线 AB 和直线 CD 的 V_1 投影相互垂直,即 $a_1'b_1' \perp c_1'd_1'$。所以,作图过程如下:过点 c_1' 作直线 $a_1'b_1'$ 垂线,垂足即为 d_1',根据直线上点的投影规律,把 D 点的 H 投影 d 求出。

③ 因为直线 CD 在 V_1/H 投影体系中是一般位置直线,因此若要求点 C 到 AB 间的距离,还需通过用换面法或直角三角形法把 CD 的实长求出,本例略,请读者自行完成。

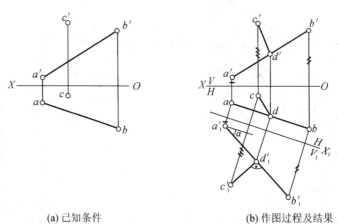

(a)已知条件   (b)作图过程及结果

图 7-19 求直线段的实长、倾角及过点作直线的垂线

【例 7-2】 如图 7-20(a)所示,已知两平行直线 AB、CD 及它们的两面投影,试求这两条直线之间的距离。

解 (1)分析:由 7-20(a)可知,直线 AB、CD 是一般位置直线,要求这两条直线之间的距离,可选择以下两种方法:一种方法是通过换面法把直线 AB、CD 变换为新投影体系(V_1/H_2 或 H_1/V_2)中的投影面垂直线,两条直线与新投影面的垂足连线即为这两条直线间的距离,这一过程要经过两次换面;另一种方法是通过换面法把直线 AB、CD 变换为新投影体系(V_1/H 或 H_1/V)中的投影面平行线,在反映它们实长的投影面上,根据直角投影的特征,过其中一条直线的投影上的任一点做另外一直线投影的垂线,则该点与垂足的连线的实长即为这两条直线间的距离,求直线实长可采用直角三角形法来完成。本题采用第一种方法。

(2) 作图步骤如图 7-20(b) 所示。

① 保留 V 投影面,将 H 面变换成 H_1 面,使直线 AB、CD 成为新投影体系 H_1/V 中的水平线。在直线 $a'b'$、$c'd'$ 的同一侧作它们的平行线作为新的投影轴 X_1(只要有足够的作图空间,便于作图,投影轴 X_1 在它们的哪一侧均可,新的投影轴 X_1 即为 H_1 面和 V 面的交线),根据点和直线的换面法原理,将直线 AB 和 CD 的 H_1 投影 a_1b_1、c_1d_1 作出。

② 保留 H_1 投影面,将 V 面变换成 V_2 面,使直线 AB、CD 成为新投影体系 H_1/V_2 中的正垂线。在适当的位置作 a_1b_1、c_1d_1 的垂线作为投影体系 H_1/V_2 中的投影轴 X_2,根据点和直线的换面法原理,将直线 AB 和 CD 的 V_2 面投影 $a_2'b_2'$、$c_2'd_2'$ 作出,分别积聚为 $a_2'(b_2')$、$c_2'(d_2')$。设直线 AB 和 CD 在 V_2 面的垂足分别为点 E、F,由于直线 AB 和 CD 是 V_2 面的垂线,它们的 V_2 投影具有积聚性,它们在 V_2 面的垂足的投影也会落在它们的积聚投影上,两个垂足的投影连线即为这两条直线间的距离,图中直线 $a_2'(b_2')c_2'(d_2')$ 的长度即为这两条直线间距离的实长。

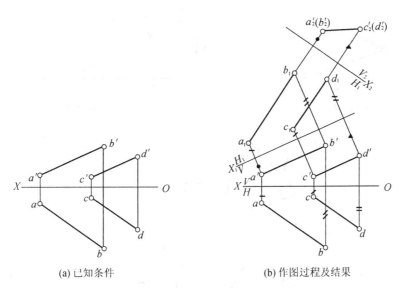

(a) 已知条件　　　　(b) 作图过程及结果

图 7-20　求两平行线间的距离

【例 7-3】　如图 7-21(a) 所示,已知 △ABC 及平面外一点 K 的两面投影,试求点 K 到 △ABC 的距离。

解　(1) 分析:从初等几何可知,要求点到平面的距离,可自点 K 向 △ABC 引垂线,求出垂足 L,再求点 K 与垂足 L 之间的距离的实长。从图 7-21(a) 可知,△ABC 为一般位置平面,垂直的实形不能应用。为此,可进行投影面变换,通过一次换面将一般位置平面 △ABC

变换为投影面垂直面,与投影面垂直面垂直的直线必为该投影面的平行线,因而反映距离的实长。在平面积聚为直线段的投影上,可自点的新投影向平面的积聚投影作垂线 $k_1'l_1'$,此垂线即为点到平面的距离实长。

(2) 作图步骤如图 7-21(b)、(c) 所示。

① 在 V、H 投影中作平面 $\triangle ABC$ 上的水平线 AD 的 V、H 投影 $a'd'$、ad。

② 作 $O_1X_1 \perp ad$,此时平面 $\triangle ABC \perp V_1$ 面,在 V_1 面上作出 $\triangle ABC$ 的新投影 $a_1'b_1'c_1'$,该投影积聚为一直线段,并求出 k_1'。

③ 过 k_1' 向 $\triangle ABC$ 的积聚投影 $a_1'b_1'c_1'$ 引垂线得垂足 l_1',$k_1'l_1'$ 的长度即为点 K 到平面 $\triangle ABC$ 的距离实长。

④ 过垂足的 V_1 面投影 l_1' 引 O_1X_1 的垂线,根据投影面平行线的投影特性,在 H 投影中过 k 点作 O_1X_1 的平行线与所引的 O_1X_1 的垂线交于一点 l。

⑤ 过点 l 作 OX 的垂线,在 V_1 投影中量取 l_1' 到新投影轴 O_1X_1 的距离 Z 等于 V 投影中 l' 到 OX 的距离 Z,于是求得了 K 点到 $\triangle ABC$ 距离的 V、H 投影 $k'l'$、kl。

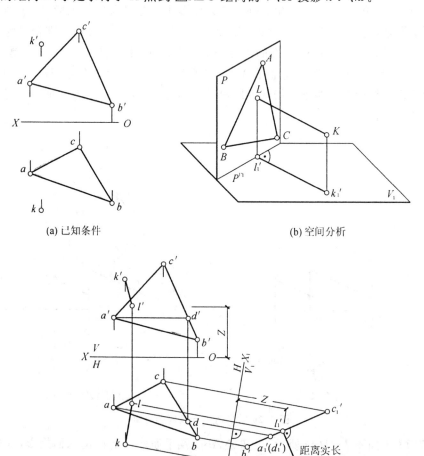

(a) 已知条件　　　(b) 空间分析

(c) 作图过程及结果

图 7-21　求点到平面的距离

7.3 旋转法

旋转法是原投影面体系不动,将空间几何元素绕某一轴线旋转,使之达到有利于解题的位置。为简化作图,常将空间形体简单看成是由点、线、面等几何元素构成,因此首先研究点、线、面的旋转规律,特别是点的旋转规律,它是旋转法的基础,必须熟练掌握。

7.3.1 点的旋转变换规律

1. 点绕铅垂轴旋转

由图 7-22(a)可以看出,两投影面体系 V/H 中的点 M 在某一水平面 H_1 上以 OM 的长度为半径绕铅垂线 Oo 轴旋转时,点 M 的运动轨迹是半径为 OM 的圆。因为 H_1 面平行于 H 面,所以点 M 的上述旋转轨迹在 H 面上的投影是一个圆(以 o 为圆心,om 长为半径),在 V 面上的投影是一条平行于 X 轴的直线。

图 7-22(b)给出点 M 绕铅垂线 Oo 逆时针旋转 θ 角后的新投影,其作图步骤如下。
(1) 以 o 为圆心,以 om 为半径,逆时针旋转 θ 角,得 M 点的新水平投影 m_1。
(2) 过 m_1 作 X 轴的垂线与过 m' 作的 X 轴的平行线相交,得 M 点的新正面投影 m_1'。

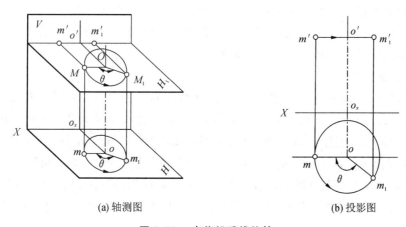

(a) 轴测图　　　　　　　　　　　(b) 投影图

图 7-22　点绕铅垂线旋转

2. 点绕正垂轴旋转

图 7-23 给出点 M 绕正垂线 Oo' 顺时针方向旋转 θ 角后的新投影,其作图步骤如下。
(1) 以 o' 为圆心,以 $o'm'$ 为半径,顺时针方向旋转 θ 角,得 M 点的新正面投影 m_1'。
(2) 过 m_1' 作 X 轴的垂线与过 m 所作 X 轴的平行线相交,得 M 点的新水平投影 m_1。

综上所述,可得出点的旋转规律:当点绕垂直于某一投影面的轴旋转时,点的轨迹在该投影面上的投影,是以旋转轴的投影为圆心和以旋转半径为半径的圆;而点的轨迹在另一投影面上的投影,则是平行于投影轴的直线。

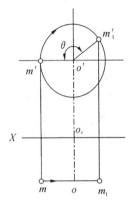
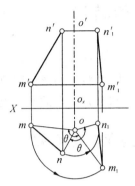

图 7-23　点绕正垂线旋转投影图　　　图 7-24　直线 MN 绕铅垂线旋转前后的投影

7.3.2　直线的旋转变换

1. 直线绕投影面垂直线旋转时的投影规律

图 7-24 为一般位置直线 MN 绕铅垂线 Oo 轴旋转 θ 角的作图过程。由于直线是点的集合,所以这一过程,实际上是直线上的各点绕同一旋转轴、按同一方向、旋转同一角度的结果,因此通常把上述的作图方法称为"三同"法则。由于两点可以确定一条直线,用旋转法对直线作图时,仅需应用"三同"法则,将直线上的两个点(例如直线的两个端点 M、N)绕同一轴、向同一方向旋转同一角度即可得到该直线的新投影。

其作图步骤如下:

(1) 在 H 面上,以 o 为圆心,将 m、n 两点分别以 om、on 为半径向同一方向旋转相同角度——θ 角,求得 m_1、n_1,连接点 m_1、n_1,直线 m_1n_1 即为直线 MN 旋转 θ 角后的新 H 投影;

(2) 在 V 面上,分别过 m' 及 n' 作 OX 轴的平行线,并在该平行线上按点的投影规律确定点 M_1、N_1 的 V 投影 m_1'、n_1',连接 m_1'、n_1',直线 $m_1'n_1'$ 即为直线 MN 旋转 θ 角后的新 V 投影。

由于直线 MN 在绕铅垂线旋转过程中不改变其对 H 面的倾角 α 的大小,因此,不管直线 MN 绕铅垂线旋转了多大的角度,其 H 投影的长度均不会改变,这一点由图 7-24 的 H 投影可以看出:由于 $om = om_1$,$on = on_1$,$\angle mon = \angle m_1on_1$,$\triangle omn \cong \triangle om_1n_1$(注:符号"$\cong$"读成"全等于"),所以 $mn = m_1n_1$。

因此,直线绕投影面垂直线旋转的投影特征如下:

(1) 当直线绕铅垂轴旋转时,旋转前和旋转后其水平投影长度不变,其与 H 投影面的夹角 α 也始终不变。

(2) 同理,当直线绕正垂轴旋转时,旋转前和旋转后其正面投影长度不变,其与 V 投影面的夹角 β 也始终不变。

2. 将一般位置直线旋转成投影面平行线:一次旋转

图 7-25 表示一般位置直线 MN 旋转成正平线的作图过程。要使直线 MN 旋转成正平

线,只需使其水平投影平行于 OX 轴,这时,必须旋转水平投影。因此,旋转轴必须是铅垂线。为了作图方便,取旋转轴通过直线上的一个端点 N(或 M),这点 N 在旋转过程中就保持不动,只要转动点 M 就可以了。

其作图步骤如下:

(1) 如图 7-25 所示,以 n 点为圆心把 nm 转到与 X 轴平行的 nm_1 位置;

(2) 根据"三同"法则,在 V 面上过 m′ 作 OX 轴的平行线,再按点的投影规律,由 m_1 点求出 m_1'。连接 $n'm_1'$,则新的投影 $n'm_1'$ 反映了直线 AB 的实长。它与 OX 轴的夹角 α 反映了直线 MN 对 H 面的真实倾角。

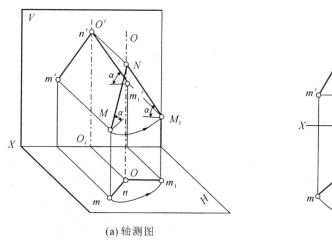
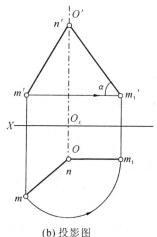

(a) 轴测图   (b) 投影图

图 7-25 一般位置直线旋转成正平线

同理,若要将一般位置直线旋转成水平线,只需将其 V 投影绕其中一个端点的 V 投影旋转到平行于 OX 轴的位置,显然此时的旋转轴为过该直线相应端点的正垂线,接着将该直线的 H 投影作出即可。例如图 7-25 所示直线 MN,若要把直线 MN 旋转成水平线,则首先以 n′ 点为圆心把 n′m′ 转到与 X 轴平行的 $n'm_1'$ 位置,然后根据"三同"法则,作出直线 MN 旋转后的 H 投影 nm_1,nm_1 反映了直线 MN 的实长,它与 OX 轴的夹角 β 反映了直线 MN 对 V 面的真实倾角。

3. 将投影面平行线旋转成投影面垂直线:一次旋转

图 7-26 表示正平线 MN 旋转成铅垂线的作图过程。要使直线 MN 旋转成铅垂线,只需使其 V 投影垂直于 OX 轴,这时,必须旋转 V 投影,因此旋转轴必须是正垂线。为了作图方便,取旋转轴通过直线上的一个端点 N(或 M),这 N 点在旋转过程中就保持不动,只要转动 M 点就可以了。

其作图步骤如图 7-26 所示。

(1) 以 n′ 点为圆心把 n′m′ 转到与 OX 轴垂直的 $n'm_1'$ 位置。

(2) 根据"三同"法则,在 H 面上过 m 作 OX 轴的平行线,再按点的投影规律,由 m_1' 点求出 m_1。显然点 n 和 m_1 在 H 面上重合。

根据以上作图过程可知,要将水平线旋转成正垂线,只需将其 H 投影绕其中一个端点

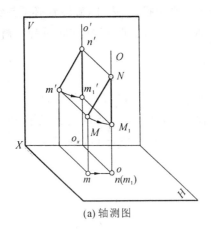
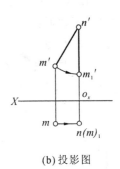

(a) 轴测图   (b) 投影图

图 7-26   正平线旋转成铅垂线

的 H 投影旋转到垂直于 OX 轴的位置。显然,此时的旋转轴为过该直线相应端点的铅垂线,接着将该直线的 V 投影(积聚投影)作出即可。

4. 将一般位置直线旋转成投影面垂直线:二次旋转

由前述内容可知,将一般位置直线旋转成投影面垂直线,必须经过二次旋转。即先将一般位置直线旋转成投影面平行线,然后再旋转一次成为投影面垂直线。如图 7-27 所示为一般位置直线 MN 旋转成正垂线的作图过程。第一次是以过 N 点的正垂线为轴旋转成水平线,其正面投影为 $n'm_1'$,水平投影为 nm_1。第二次是以过 M_1 点的铅垂线为轴旋转成为正垂线,其正面投影为 $n_2'(m_1')$,积聚成一点,水平投影为 n_2m_1。

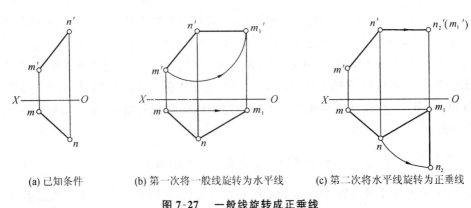

(a) 已知条件   (b) 第一次将一般线旋转为水平线   (c) 第二次将水平线旋转为正垂线

图 7-27   一般线旋转成正垂线

7.3.3   平面的旋转变换

1. 平面旋转时的投影规律

图 7-28 表示平面图形 △MNK 绕铅垂轴旋转一 θ 角的作图过程。从图中可以得出:$m_1n_1 = mn$,$n_1k_1 = nk$,$m_1k_1 = mk$,所以 △$mnk \cong △m_1n_1k_1$。根据"三同"法则,作图时只需将 △MNK 的三个顶点绕铅垂轴向同一方向旋转同一角度——θ 角即可。

和图 7-24 一样，从图 7-28 的 H 投影可以看出，当 △MNK 绕铅垂线旋转时，其水平投影形状和大小都不变，它与 H 面的倾角 α 也不变。

显然，当 △MNK 绕正垂线旋转时，其正面投影形状和大小都不变，它与 V 面的倾角 β 也不变。

由此可以得出如下结论：当直线或平面绕某一投影面的垂直线旋转时，它们对该投影面的夹角不变，它们在该投影面的投影的形状和大小不变。

2. 将一般位置平面旋转成投影面垂直面：一次旋转

已知两个平面相互垂直的几何条件：一个平面过另一个平面的一条垂线。因此，要把一般位置平面旋转成投影面垂直面，只需把平面上的一条直线旋转成投影面垂直线即可。而平面上的投影面平行线经过一次旋转就能旋转成投影面垂直线，然后按"三同"法则和旋转时投影的不变性将平面上的其他线随之旋转即可。图 7-29 是一般位置平面 △KMN 旋转成正垂面的作图过程。根据上述分析，首先在 △KMN 平面内找一条水平线（如 ND），将水平线 ND 绕过 N 点的铅垂轴经一次旋转成正垂线 ND_1，同时应用"三同"法则将 △KMN 上的各点作与 D 点相同的旋转运动即可将 △KMN 旋转成正垂面。

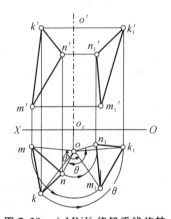

图 7-28 △MNK 绕铅垂线旋转

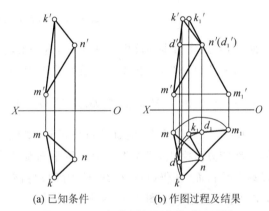

(a) 已知条件 (b) 作图过程及结果

图 7-29 一般位置平面旋转成正垂面

其作图步骤如下（见图 7-29(b)）。

(1) 在 △KMN 平面内找一条水平线 ND。过 n' 点作 OX 轴的平行线交 k'm' 于 d'，根据属于平面的直线的作图原理，作出 ND 的 H 面投影 nd。

(2) 将水平线 ND 绕过点 N 的铅垂轴经一次旋转成正垂线 ND_1。以 n 为圆心，nd 为半径，将 nd 旋转至与 OX 轴垂直的 nd_1 位置，根据正垂线的投影规律作出直线 ND_1 的 V 投影 $n'(d_1')$。

(3) 根据"三同"法则，在 H 面上将点 k、m 作与 d 点相同的旋转运动，再按点的投影规律，由点 k_1、m_1 求出 k_1'、m_1'，并在 V 面投影图上连接相应点的投影即可。

同理，若要将一般位置平面旋转成铅垂面，首先应在已知平面上找一条正平线，然后将平面旋转至使这条正平线为铅垂线即可，作图过程同图 7-29(b)。

3. 将投影面垂直面旋转成投影面平行面：一次旋转

图 7-30 是将正垂面 △KMN 旋转成水平面的作图过程。这一旋转过程只需将 △KMN

绕过该平面内任一点(例如点 N)的一条正垂线,将 △KMN 旋转至与 H 面平行即可。

其作图步骤如下(见图 7-30(b))。

(1) 以点 n' 为圆心,以 $n'm'$ 为半径,把 △KMN 的积聚投影线段 $n'k'm'$ 旋转到与 OX 轴平行的 $n'k_1'm_1'$ 位置。

(2) 根据"三同"法则,在 H 面上过 m、k 作 OX 轴的平行线,再按点的投影规律,由点 m_1'、k_1' 求出点 m_1、k_1,最后连接点 m_1、n、k_1 即可。

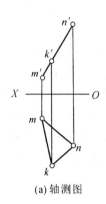
(a) 轴测图

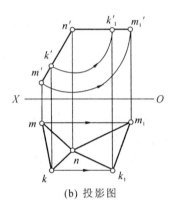
(b) 投影图

图 7-30　正垂面旋转成水平面

同理,若要将铅垂面旋转成正平面,这一旋转过程只需将平面的积聚投影绕过该平面内任一点的一条铅垂线,将积聚投影旋转至与 V 面平行即可,作图过程同图 7-30(b)。

4. 将一般位置平面旋转成投影面平行面:二次旋转

从图 7-29 和图 7-30 的旋转过程可知,要想将一般位置平面旋转成投影面平行面,需经过两次旋转方可完成,即先将一般位置平面旋转成投影面垂直面,然后将投影面垂直面旋转成投影面平行面。现仍以图 7-29(a) 为例,将该图中的一般位置平面 △KMN 旋转成水平面,作图过程和结果如图 7-31 所示。

其作图步骤如下(见图 7-31(b)、(c))。

(1) 将一般位置平面 △KMN 旋转成正垂面(图 7-31(b)),其详细作图步骤见图 7-29(b) 的步骤。

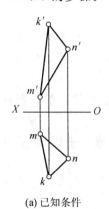
(a) 已知条件

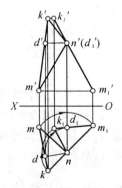
(b) 第一次将一般面旋转成正垂面

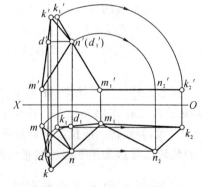
(c) 第二次将正垂面旋转成水平面

图 7-31　一般位置平面旋转成水平面

(2) 将正垂面旋转成水平面(图 7-31(c))。以点 m_1' 为圆心,以 $m_1'k_1'$ 为半径,把直线 $k_1'n'm_1'$ 旋转到与 OX 轴平行的 $k_2'n_2'm_1'$ 位置。

(3) 根据"三同"法则,在 H 面上过点 n、k_1 作 OX 轴的平行线,再按点的投影规律,由 n_2'、k_2' 点求出点 n_2、k_2,最后连接点 m_1、n_2、k_2 即可。

同理,若要将一般位置平面旋转成正平面,要经过两次旋转才能完成,第一步先将一般位置平面旋转成铅垂面,然后再将这个铅垂面旋转正平面。

7.3.4 旋转变换的应用举例

【**例 7-4**】 如图 7-32(a)所示,已知点 K 及直线 MN 的两面投影,试求点 K 到直线 MN 的距离。

解 (1) 分析:为了达到解题的目的,可通过作投影变换使直线成为某投影面的垂直线,点在此过程中也要跟着直线做投影变换,此时,过空间点向直线所作的垂线段一定与直线所垂直的投影面平行,即垂线段在该投影面上反映实长,而垂线段长度正是空间点到直线的距离。本题采用旋转法将一般位置直线 MN 变换为投影面垂直线,需进行二次旋转变换,第一次旋转变换将一般位置直线变为正平线,第二次旋转变换将正平线变为铅垂线。

(2) 作图步骤如下。

① 将一般位置直线变换为正平线:一般位置直线 MN 以过 N 点的铅垂线为轴旋转成正平线,其水平投影为 nm_1,正面投影为 $n'm_1'$,点 K 也做相应的旋转。由于此时直线 MN 为正平线,过点 K 所做的 MN 的垂线 KD 的 V 投影 $k_1'd_1'$ 与 $m_1'n'$ 垂直,据此找出点 d_1'。如图 7-32(b) 所示。

② 将直线 MN 以过 M 点的正垂线为轴旋转成铅垂线,点 K 也作相应的旋转。把旋转后各点的投影找出,图 7-32(c) 中直线 k_2d_2 的长度即为点 K 到直线 MN 距离的实长。

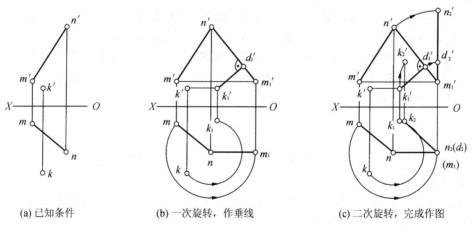

(a) 已知条件　　　　(b) 一次旋转,作垂线　　　　(c) 二次旋转,完成作图

图 7-32　求空间点到一般线间的距离

小　　结

1. 当空间几何元素对投影面处于一般位置时,它们的投影一般都不反映真实形状和大小,也不具有积聚性,但它们对投影面处于特殊位置时,则其投影反映真实形状和大小,同

时,也具有积聚性。由此得到启示,当图示、图解一般位置的空间几何元素及其相互间的定位和度量问题时,如能把它改变成特殊位置,则问题就可能比较容易解决。为此,本章引入换面法和旋转法来达到上述目的,同时投影变换又是一种相对统一的解析方法。

换面法是保持空间几何元素的位置不变,用新的投影面来代替旧的投影面,使空间几何元素对新的投影面的相对位置变成有利于解题的位置,然后找出其在新投影面上的投影;换面法选择的新投影面必须符合以下两个基本条件:① 新投影面必须与空间几何元素处于有利于解题的位置;② 新投影面必须垂直于一个不变的投影面。

旋转法是投影面保持不动,使空间几何元素绕某一轴旋转,旋转到有利于解题的位置。

2. 点是最基本的几何元素,研究点的投影变换规律是学习换面法的基础。变换投影面时,点的一般投影规律如下:① 点的新投影和与它有关的原投影的连线,必垂直于新投影轴;② 点的新投影到新投影轴的距离等于被代替的投影到原投影轴的距离。必须指出,在更换多次投影面时,新投影面的选择除必须符合前述的两个条件外,还必须是在一个投影面更换完以后,在新的两面体系中交替地再更换另一个。

3. 换面法解题时一般会遇到 6 种情形(称为 6 大基本问题):① 将一般位置直线变换为投影面平行线(一次换面);② 将投影面平行线变换为投影面垂直线(一次换面);③ 将一般位置直线变换为投影面垂直线(二次换面);④ 将一般位置平面变换为投影面垂直面(一次换面);⑤ 将投影面垂直面变换为投影面平行面(一次换面);⑥ 将一般位置平面变换为投影面平行面(二次换面)。应用时应遵循相应的规则。

4. 旋转法首先研究点旋转时的投影变换规律。点绕投影面垂直轴旋转的规律:当点绕垂直于某一投影面的轴旋转时,点在该投影面的投影,作以轴的投影为圆心和以旋转半径为半径的圆周运动;而在另一投影面的投影,则作直线运动,且该直线必垂直于旋转轴在该投影面的投影。直线和平面绕投影面垂直轴旋转必须遵循"三同"法则,线段和平面图形都是由若干个相距一定位置的点所确定,为了保证它们之间的相对位置旋转时不被改变,必须遵循"绕同一根轴,向同一方向和旋转同一角度"的法则。

5. 旋转法解题时一般也会遇到 6 种情形(也称之为 6 大基本问题):① 将一般位置直线旋转为投影面平行线(一次旋转);② 将投影面平行线旋转为投影面垂直线(一次旋转);③ 将一般位置直线旋转为投影面垂直线(二次旋转);④ 将一般位置平面旋转为投影面垂直面(一次旋转);⑤ 将投影面垂直面旋转为投影面平行面(一次旋转);⑥ 将一般位置平面旋转为投影面平行面(二次旋转)。

思 考 题

1. 投影变换的目的是什么?解题思路是什么?主要方法有哪些?各有什么特点?

2. 什么叫做换面法?

3. 换面法中,新投影面的选择必须符合哪两个基本条件?换面后的新两投影面体系与原来的两投影面体系有什么关系?

4. 简述点的投影面变换规律。

5. 简述利用换面法解决 6 大基本问题时相应的作图步骤。

6. 旋转法的定义如何表述?

7. 简述旋转法的"三同"法则。

8. 简述利用旋转法解决 6 大基本问题时相应的作图步骤。

习 题

1. 换面法中,点的新投影到新轴的距离等于点的被替换的投影到( )的距离。
   A. 新轴　　　　B. 旧轴　　　　C. 被替换的投影轴　　D. OX 轴

2. 新投影轴垂直于一般位置平面内的一条水平线时,可以求该平面对( )的倾角。
   A. H 投影面　　B. V 投影面　　C. W 投影面　　D. 以上均不正确

3. 当空间直线和平面(一般指有限大小的平面图形)对投影面处于一般位置时,它们的投影只有( )。
   A. 相似性　　　B. 实形性　　　C. 积聚性　　　D. 以上答案均不对

4. 当空间的直线和平面处于投影体系中的特殊位置时,下列说法错误的是( )。
   A. 其投影具有实形性
   B. 其投影具有积聚性
   C. 投影直接真实地反映直线、平面的实长、实形
   D. 其投影具有相似性

5. 换面法中当新投影轴平行于直线的水平投影时,是求一般位置直线对( )的倾角。
   A. W 面　　　　B. H 面　　　　C. V 面　　　　D. H 面

6. 画法几何中,将几何元素由一般位置变成特殊位置的方法主要有以下两种( )。
   A. 三同法和旋转法　　　　　B. 变换投影面法和三同法
   C. 变换投影面法和旋转法　　D. 以上答案均不对

7. 变换投影面时,新投影面( )。
   A. 是不能任意选择的　　　　B. 是可以任意选择的
   C. 一定与被保留的投影面平行的　　D. 一定与被替换的投影面平行的

8. 新投影面 V_1 和保留的 H 面的相对位置关系,正确的是( )。
   A. 相互垂直　　B. 斜交　　　　C. 平行　　　　D. 夹角为 $45°$

9. 空间几何元素的位置保持不动,用新的投影面来代替旧的投影面,使空间几何元素对新投影面的相对位置变成有利于解题的位置,然后找出其在新投影面上的投影,这种方法称( )。
   A. 换面法　　　B. 旋转法　　　C. 交点法　　　D. 三同法

10. 投影面保持不动,使空间几何元素绕某一轴旋转到有利解题的位置,然后找出其旋转后的新投影,这种方法叫( )。
    A. 换面法　　　B. 旋转法　　　C. 交点法　　　D. 三同法

11. 换面法中,点的新投影和被保留的投影连线必( )于新投影轴。
    A. 平行　　　　B. 垂直　　　　C. 斜交　　　　D. 交叉(交错)

12. 点的新投影到新投影轴的距离( )其被替换的投影到被替换的投影轴的距离。
    A. 不等于　　　B. 等于　　　　C. 小于　　　　D. 大于

13. 将一般位置直线变换为投影面平行线要经( )次换面。
    A. 一　　　　　B. 二　　　　　C. 三　　　　　D. 四

14. 将一般位置直线变换为投影面垂直线要经( )次换面。

A. 一 B. 二 C. 三 D. 四

15. 将投影面平行线变换为投影面垂直线要经（　）次换面。
A. 一 B. 二 C. 三 D. 四

16. 将一般位置平面变为投影面垂直面要经（　）次换面。
A. 一 B. 二 C. 三 D. 四

17. 将投影面垂直面变为投影面平行面要经（　）次换面。
A. 一 B. 二 C. 三 D. 四

18. 将一般位置平面变为投影面平行面要经（　）次换面。
A. 一 B. 二 C. 三 D. 四

19. 换面法可（　）。
A. 求实形问题 B. 求距离问题 C. 求夹角问题 D. 以上选项均正确

20. 将一般位置直线变换为投影面垂直线，必须先变换（　）。
A. H 面 B. V 面 C. W 面 D. 以上均正确

21. 利用换面法求一般位置直线对 H 投影面的倾斜角度 α，必须换去（　）。
A. H 面 B. V 面 C. W 面 D. 以上均正确

22. 将一般位置平面变换为投影面平行面，必须先变换（　）。
A. H 面 B. V 面 C. W 面 D. 以上均正确

23. 利用换面法求一般位置平面对 V 投影面的倾斜角度 β，必须换去（　）。
A. H 面 B. V 面 C. W 面 D. 以上均正确

24. 将一般位置直线旋转为投影面平行线要经（　）次旋转。
A. 一 B. 二 C. 三 D. 四

25. 将一般位置直线旋转为投影面垂直线要经（　）次旋转。
A. 一 B. 二 C. 三 D. 四

26. 将投影面平行线旋转为投影面垂直线要经（　）次旋转。
A. 一 B. 二 C. 三 D. 四

27. 将一般位置平面旋转为投影面垂直面要经（　）次旋转。
A. 一 B. 二 C. 三 D. 四

28. 将投影面垂直面旋转为投影面平行面要经（　）次旋转。
A. 一 B. 二 C. 三 D. 四

29. 将一般位置平面旋转为投影面平行面要经（　）次旋转。
A. 一 B. 二 C. 三 D. 四

第 8 章 平面立体

本章学习目标

1. 掌握基本形体的概念及其分类;
2. 熟练掌握平面立体的投影特性及其作图要领;
3. 熟练掌握平面立体表面上取点、取线的作图原理和作图方法;
4. 掌握截交线的基本概念和性质;
5. 熟练掌握平面立体截交线的分析方法和作图方法;
6. 掌握相贯线的基本概念和性质;
7. 熟练掌握平面立体相贯线的分析方法和作图方法。

在工程中,经常会接触到各种形状的立体(如机器、房屋、桥梁)及其构配件(如螺丝、基础、梁、板、柱、楼梯等),它们的形状虽然复杂多样,但经过仔细分析,不难看出它们一般都是由一些简单的几何体经过叠加、切割或相交等形式组合而成。例如图 8-1 中的纪念碑,是由直棱柱、棱锥、棱台、斜棱柱等组成。在画法几何课程里,把这些具有长、宽、高三个方向尺度的简单几何体称为基本形体。

基本形体根据表面的构成情况,分为以下两大类。

(1) 平面立体:基本立体表面均由平面所围成的几何体,称为平面立体,如棱柱、棱锥、棱台等。

(2) 曲面立体:基本立体表面由平面与曲面共同围成或完全由曲面所围成的几何体,称为曲面立体,如圆柱、圆锥、圆台、圆球等。

在本章主要介绍平面立体的投影,在下一章将介绍曲面立体的投影。

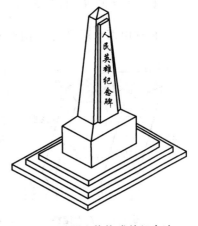

图 8-1 平面立体构成的纪念碑

8.1 平面立体的投影

平面立体的应用在各类工程设计中极为普遍。平面立体的表面都是平面多边形,称为底面或棱面。相邻棱面的交线称为棱线。棱线与棱线或底面的公共顶点称为顶点。

立体的形状、大小和位置，是由其表面所决定。而平面立体的各个表面均可看成是由若干直线段围合而成。因此，绘制平面立体的投影，只需绘出它的各个表面的投影，即绘出构成各个表面的线和顶点的投影，并区分可见性。

常见的平面立体有棱柱、棱锥、棱台等，如图 8-2 所示。

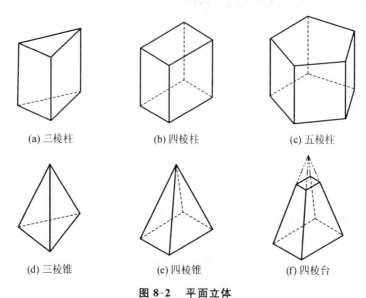

图 8-2　平面立体

8.1.1　棱柱

1. 棱柱的几何特征

棱柱由两个形状大小相同、相互平行的平面多边形底面和若干平行四边形棱面所围成。

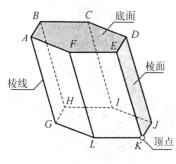

图 8-3　斜六棱柱

它所有相邻棱面的交线即棱线相互平行。根据底面多边形的顶点数目，又分为三棱柱、四棱柱……如图 8-2(a)、(b)、(c)所示。棱线垂直于底面的棱柱称为直棱柱。棱线倾斜于底面的棱柱称为斜棱柱，如图 8-3 所示。当直棱柱底面为正多边形时，称为正三棱柱、正四棱柱……

棱柱的几何特征如下（以图 8-4(a)所示正五棱柱为例）：

(1) 上、下底面是两个平行且全等的多边形，正五棱柱的上、下底面为平行且全等的水平正五边形；

(2) 各个侧面都是平行四边形，正五棱柱的各侧面均为矩形；

(3) 所有的侧棱都相互平行且长度相等，对于直棱柱侧棱还垂直于底面且长度等于棱柱的高，正五棱柱的各侧棱均平行相等且垂直于底面。

2. 棱柱的摆放位置

为了便于绘图和读图，棱柱的摆放位置应考虑如下因素：

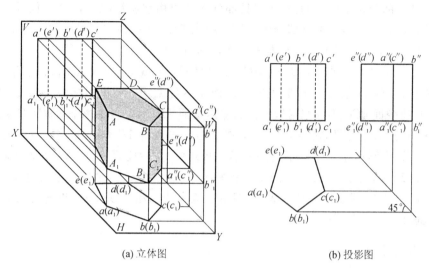

(a) 立体图　　　　　　　　　　(b) 投影图

图 8-4　五棱柱的投影

(1) 应使棱柱处于稳定状态；

(2) 应考虑棱柱的工作状态，如柱应考虑立放，梁应考虑横放；

(3) 应使棱柱的尽量多的侧面、底面和棱线平行于投影面，以便作出更多的实形投影，例如图8-4(a)中的正五棱柱在作投影图时考虑上、下底面平行于 H 面，后侧面平行于 V 面。

3. 棱柱的投影特性

如图8-4(b)所示的正五棱柱的上底面 $ABCDE$、下底面 $A_1B_1C_1D_1E_1$ 为水平面，两者的水平投影重影且反映实形，正面投影和侧面投影积聚为一条水平线段。后棱面 DEE_1D_1 为正平面，其正面投影反映实形，水平投影和侧面投影积聚为垂直于 OY 轴的直线段。左前棱面 ABB_1A_1、左后棱面 AEE_1A_1、右前棱面 BCC_1B_1、右后棱面 CDD_1C_1，其水平投影积聚为等于底面边长的线段，正面投影和侧面投影均为矩形，但不反映实形，左边的两个棱面与右边的两个棱面其侧面投影重影。棱柱在各投影面上的投影特性如下：

(1) H 投影：正五边形线框 $abcde$ 和 $(a_1b_1c_1d_1e_1)$ 是上、下水平底面重合的实形投影，其各边 $ae(a_1e_1)$、$ba(b_1a_1)$、$cb(c_1b_1)$、$dc(d_1c_1)$、$ed(e_1d_1)$ 分别是四个铅垂棱面及一个正平棱面的积聚投影，点 $a(a_1)$、$b(b_1)$、$c(c_1)$、$d(d_1)$、$e(e_1)$ 是各棱线的积聚投影。

(2) V 投影：矩形线框 $a'b'b_1'a_1'$、$b'c'c_1'b_1'$、$a'(e'e_1')a_1'$、$c'(d'd_1')c_1'$ 分别是四个铅垂的左前侧面、右前侧面、左后侧面及右后侧面的相仿投影；矩形线框 $(e'd'd_1'e_1')$ 是正平后侧面的实形投影；线段 $a'b'c'(d'e')$ 及 $a_1'b_1'c_1'(d_1'e_1')$ 分别是水平上、下底面的积聚投影。

(3) W 投影：矩形线框 $e''a''a_1''e_1''$ 及 $(d''c''c_1''d_1'')$ 分别是铅垂左后及右后侧面的重合相仿投影；矩形线框 $b''a''a_1''b_1''$ 及 $b''(c''c_1'')b_1''$ 分别是铅垂左前及右前侧面的重合相仿投影；线段 $e''(d''d_1'')e_1''$ 是正平后侧面的积聚投影；线段 $a''b''(c''d'')e''$ 及 $a_1''b_1''(c_1''d_1'')e_1''$ 分别是水平上、下底面的积聚投影。

4. 棱柱的可见性判别

由于棱柱表面是闭合且具有一定体积大小的，因此将棱柱向各投影面投影时有一部分是可见的,另一部分是不可见的。对于可见部分的棱线用粗实线表示,相应顶点用对应的小写字母表示,如 a, a', a'';不可见部分的棱线用虚线表示,相应顶点用对应的小写字母加括号表示,如 $(b), (b'), (b'')$;当粗实线与虚线重合时,应画粗实线。

从图 8-4(b) 中可以看出上底面 $ABCDE$ 的 H 投影可见,下底面 $A_1B_1C_1D_1E_1$ 的 H 投影不可见,顶点 A_1 的 H 投影由于被顶点 A 遮挡而不可见,其 H 投影标注为 (a_1)。左前棱面 ABB_1A_1、右前棱面 BCC_1B_1 的 V 投影可见,左后棱面 AEE_1A_1、右后棱面 CDD_1C_1、正后棱面 DEE_1D_1 的 V 投影不可见,棱线 EE_1 的 V 投影由于被棱面 ABB_1A_1 遮挡而不可见,其 V 投影用虚线表示,投影标注为 $(e'e_1')$。左前棱面 ABB_1A_1、左后棱面 AEE_1A_1 的 W 投影可见,右前棱面 BCC_1B_1、右后棱面 CDD_1C_1 的 W 投影不可见,棱线 CC_1 的 W 投影由于被棱线 AA_1 遮挡而不可见,其 W 投影应用虚线表示,但由于该虚线与粗实线 $a''a_1''$ 重合,因此仍用粗实线表示,投影标注为 $(c''c_1'')$。

5. 棱柱的投影画法

投影图中的各投影可采用无轴投影图表示,各投影的间隔可任意确定,但应注意保持投影关系,即应满足"长对正、高平齐、宽相等"。

根据棱柱立体图绘制三面投影图的一般步骤为:先画出反映棱柱特征的底面形状的投影,然后再按投影关系画出其余两投影。

【例 8-1】 已知图 8-5(a) 所示棱柱的立体图,试绘制其三面投影图。

解 (1)分析:图示棱柱为十二棱柱,但其底面看上去像是一个用双线绘制的"山"字,因此可将该棱柱底面摆放成平行于 V 投影面。

(2)画图步骤:先画其 V 投影图的"山"字,然后在适当位置绘制 1 条 45°斜线,再根据投影关系绘制水平投影,最后绘制侧面投影,同时应注意可见性。

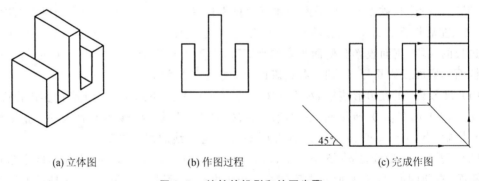

(a) 立体图　　　　　　(b) 作图过程　　　　　　(c) 完成作图

图 8-5　棱柱的投影和绘图步骤

8.1.2 棱锥

1. 棱锥的几何特征

棱锥由一多边形底面和具有公共顶点的若干三角形棱面所围成。它所有相邻棱面的交线即棱线相交于一点,该点又称为锥顶。根据底面多边形的顶点数目,可分为三棱锥、四棱锥……如图 8-2(d)、(e) 所示。当棱锥底面为正多边形,且其锥顶在底面上的投影位于正多边形的中心时,称为正棱锥。

棱锥的顶部被平行于底面的平面截切后形成棱锥台,简称棱台。棱台的两个底面为相互平行的相似多边形。所有的棱线延长后应汇交于被截切的锥顶,如图 8-2(f) 所示。

棱锥的几何特征如下(以图 8-6(a) 所示正三棱锥为例)。

(1) 棱锥底面为平面多边形。如图 8-6(a) 所示,正三棱锥的底面为等边三角形,平行于 H 面。若为四棱锥,则底面为正方形。

(2) 各侧面都是三角形,正三棱锥的各侧面均为全等的等腰三角形。

(3) 所有侧棱均相交于棱锥,对于正棱锥侧棱长度还相等,正三棱锥的各侧棱均相交于锥顶且长度相等。

2. 棱锥的摆放位置

为了便于绘图和读图,棱锥的摆放位置应考虑如下因素:

(1) 应使棱锥处于稳定状态,如常使底面平行于水平投影面;

(2) 应考虑棱锥的工作状态;

(3) 常使棱锥底面平行于投影面,以便作出其实形投影,例如图 8-6(a) 中的正三棱锥在作投影图时考虑其底面平行于 H 面,后底边线垂直于 W 面。

3. 棱锥的投影特性

如图 8-6(b) 所示的正三棱锥其底面 ABC 为水平面,所以它的水平投影反映实形,正面投影和侧面投影积聚为水平线。后棱面 SAC 为侧垂面,所以其侧面投影积聚为一条斜线段,正面投影和水平投影都是实形的相仿三角形。左、右两个棱面 SAB、SBC 均为一般位置平面,所以它们的三个投影均为三角形,其侧面投影重影。棱锥在各投影面上的投影特性如下。

(1) H 投影:等边 $\triangle abc$ 是水平下底面的实形投影,其内部包含三个等腰三角形 $\triangle sab$、$\triangle sbc$、$\triangle sac$,分别是左前、右前、正后棱面的相仿投影。

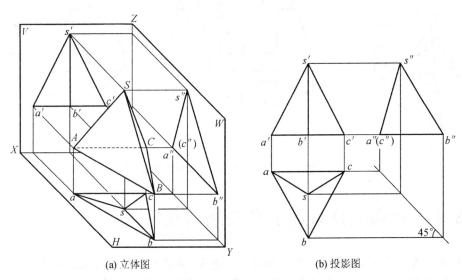

(a) 立体图　　　　　　　　　(b) 投影图

图 8-6　三棱锥的投影

(2) V 投影：等腰 △s'a'c' 是正后棱面的相仿投影，其内部包含两个三角形 △s'a'b'、△s'b'c'，分别是左前、右前棱面的相仿投影；线段 a'b'c' 是下底面的积聚投影。

(3) W 投影：△s"a"b" 和 △s"(c")b" 分别是左前棱面和右前棱面的重合相仿投影；线段 s"a"(c") 是正后棱面的积聚投影；线段 a"(c")b" 是下底面的积聚投影。

4. 棱锥的可见性判别

从图 8-6(b) 中可以看出左前棱面 SAB、右前棱面 SBC、正后棱面 SAC 的 H 投影均可见，底面 ABC 的 H 投影由于被上述三个棱面遮挡而不可见。左前棱面 SAB、右前棱面 SBC 的 V 投影可见，正后棱面 SAC 的 V 投影由于被前述两个棱面遮挡而不可见。左前棱面 SAB 的 W 投影可见，右前棱面 SBC 的 W 投影由于被左前棱面遮挡而不可见。

5. 棱锥的投影画法

根据棱锥立体图绘制三面投影图的一般步骤为：先画出底面多边形和锥顶的三面投影，然后连接锥顶和底面多边形顶点的同面投影，即得棱锥的三面投影图。

【例 8-2】 已知图 8-7(a) 四棱台的立体图，试绘制其三面投影图。

解 (1) 分析：图 8-7(a) 所示为底面为矩形的四棱台，上、下底面平行，因此可将该棱锥台摆放成底面平行于 H 投影面，且使底面的四边分别平行于 OX 轴及 OY 轴。

(2) 画图步骤：先画出棱锥台被截割前完整棱锥的三面投影图，然后根据截割位置画出上底面的投影，再画出四个棱面的投影，最后将棱锥台的投影用粗实线表示，以示与作图过程线的区别。

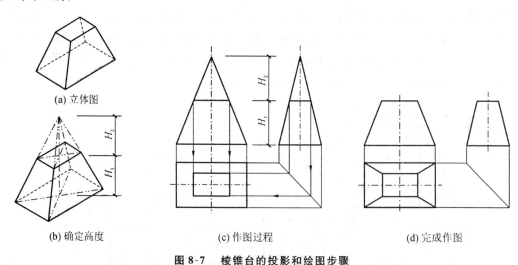

(a) 立体图 (b) 确定高度 (c) 作图过程 (d) 完成作图

图 8-7 棱锥台的投影和绘图步骤

8.2 平面立体表面上点及线的投影

平面立体可看作是由若干个平面图形所围成的，所以在平面立体表面上取点或取线时，可把属于平面立体的棱面、底面作为单独的平面来考虑。在平面立体的表面上取点、取线的方法与在平面上取点、取线的方法基本相同。由于立体是不透明的，因此还要判断所求出的投影的可见性。

1. 求解方法

根据平面立体表面上的点和线相对位置的不同,求解其投影通常有如下三种方法。

(1) 从属性法:当点位于平面立体表面的某条棱线上时,那么点的投影必定在棱线的同面投影上,即可利用线上点的"从属性"求解。

(2) 积聚性法:当点所在的平面立体表面对某投影面的投影具有积聚性时,那么点的投影必定在该表面对这个投影面的积聚投影上。

(3) 辅助线法:当点的位置不特殊时,可在棱面内过点作一辅助线,使其与棱面的棱线相交,再利用直线上点的投影性质作图。

2. 常用的辅助线

(1) 棱柱的辅助线:常用的辅助线为平行于棱柱棱线及底边线的直线段。

(2) 棱锥的辅助线:常用的辅助线为平行于棱锥棱线和底边线的直线段以及过锥顶及某已知点的直线段。

3. 连点成线的原则

不同表面上的点相连,线段将从立体内部经过。为了保证连接的线位于立体表面,则只有位于同一个棱面或底面上的点才能相连,不位于同一个面上的点不能相连。

4. 判别可见性的原则

平面立体是由若干个平面线框连续依次围成的,不论平面立体如何摆放,在每一投影图上同一封闭线框内,总有形体的两个表面重叠在一起,若某一个表面可见,则另一个不可见。凡是位于形体可见表面上的点和线,其投影是可见的;位于不可见表面上的点和线,其投影将是不可见的。因而,在确定形体表面上点和线的投影时,应首先判断它们位于哪个表面上。

若点所在平面立体表面的投影积聚为线段时,则可不判别点在投影图中的可见性。

【例 8-3】 如图 8-8(a) 所示,已知正六棱柱表面上点 A、B、C 的一个投影,求点的其余两投影。

解 (1) 分析:从图中可以看出,由于点 A 的正面投影 a' 是可见的,所以点 A 应位于正六棱柱的右前棱面上。点 B 的正面投影 (b') 是不可见的,所以点 B 应位于正六棱柱的左后棱面上。点 C 的水平投影 c 是可见的,所以点 C 应位于正六棱柱的上底面上。

(2) 作图步骤:正六棱柱的棱面及底面均具有积聚性,则可利用积聚性法作图求解。

① 如图 8-8(b) 所示,利用右前棱面的水平投影具有积聚性,可自 a' 向下引投影连线与正六棱柱的右前棱面的积聚投影相交即得点 A 的水平投影 a,同时由于点 A 所在的右前棱面的水平投影具有积聚性,因而可不判别点 A 水平投影的 a 的可见性;再根据点的投影规律由 a 及 a' 求出 a'',由于右前棱面的侧面投影不可见,故 a'' 不可见,标记为 (a'')。

② 利用左后棱面的水平投影具有积聚性可首先求出点 B 的水平投影 b;再根据 b 及 b' 求出 b''。

③ 利用上底面的正面投影具有积聚性可首先求出点 C 的正面投影 c';再根据 c 及 c' 求出 c''。

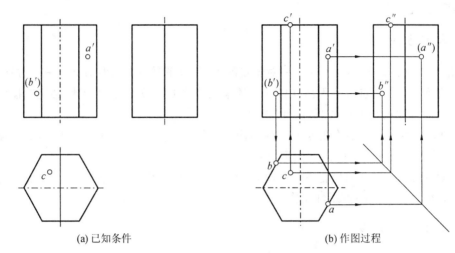

(a) 已知条件　　　　　　　　　(b) 作图过程

图 8-8　棱柱体表面取点

【例 8-4】 如图 8-9(a) 所示,已知三棱锥表面上点及线的一个投影,求其余两投影。

解 (1) 分析:从图中可以看出,点 D 的 H 投影 d 可见,所以其应位于三棱锥的后棱面上。点 E 的 V 投影 e' 可见,该点位于棱线 SB 上。点 K 的 V 投影 k' 可见,其位于左前棱面上,同样点 M 位于右前棱面上。由于点 K 与点 M 不共面,因此需补充中间点 N。

(2) 作图步骤:具体作图如图 8-9(b) 所示。

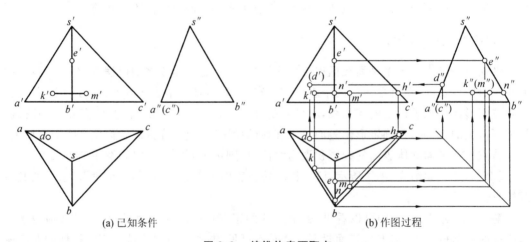

(a) 已知条件　　　　　　　　　(b) 作图过程

图 8-9　棱锥体表面取点

① 先作出 45°斜线。过点 B 的 H 投影 b 作水平线,再过其 W 投影 b'' 作竖直线,两线将交于一点,过该点作与水平方向成 45°的线段即为所求的 45°斜线。

② 求点 D 及点 E 的两投影。点 D 所在的面 SAC 的 W 投影 $s''a''(c'')$ 具有积聚性,可采用积聚性法首先求出 d'',然后利用 d 及 d'' 求出 d',由于棱面 SAC 的 V 投影不可,因而其 V 投影不可见,表示为 (d');点 E 位于棱线 SB 上,可利用从属性法首先求出 e'',然后求出 e。

③ 求线 KNM 的两投影。点 N 位于棱线 SB 上,可利用辅助线法首先求出其 H 投影 n,再利用从属性法求出 W 投影 n'';过 n 作 ab、bc 的平行线与过 k'、m' 作的 OX 轴垂直线分别相交,得 k 及 m,利用点的正投影规律可求出 k''、(m'');最后连接 kn、nm、$k''n''$、$n''(m'')$;$n''(m'')$ 所

在棱面 SBC 的 W 投影不可见,应用虚线表示,但该线段与可见的用实线表示的 $k''n''$ 重合,因此采用实线表示。

8.3 平面与平面立体相交

在工程实践和现实生活中,经常会遇到这样的一类物体,它们可以看成是由基本立体被平面切割而形成的。如图 8-10 所示的榫头,为了使构件连接紧密,利用若干平面去切割四棱柱形成榫头和孔槽,以使突出的榫头与孔槽连接紧密。要想正确地画出这类物体的投影,需熟练地掌握基本立体与平面的交线的投影分析与作图方法。

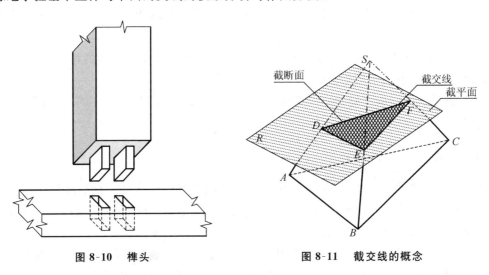

图 8-10　榫头　　　　图 8-11　截交线的概念

8.3.1 截交线基本知识

1. 截交线的概念

平面与立体相交又称立体被平面截割,在立体的表面将产生交线。这个用来截割立体的平面称为截平面,截平面与立体表面的交线称为截交线,由截交线围成的平面图形称为截断面或断面。如图 8-11 所示,三棱锥 S-ABC 被平面 R 所截割,称平面 R 为截平面,三棱锥 S-ABC 与截平面 R 的表面交线 DE、EF、FD 为截交线,截交线所围成的平面图形 △DEF 为截断面。

2. 截交线的性质

由图 8-11 可以看出,立体与平面的截交线有如下两个基本性质。

(1) 闭合性:由于立体是由它的各表面围合而成的封闭空间,所以截交线必定是闭合的图形。

(2) 共有性:截交线是截平面与立体表面的交线,它既属于截平面,又属于立体表面,截交线上的线是截平面与立体表面的共有线,截交线上的点是截平面与立体表面共有点的集合。

3. 截交线的作图方法

平面立体截交线的各顶点是平面立体的各棱线或底边线与截平面的交点,其交点数是截平面与棱线、底边线的交点数以及截平面间交线与平面立体的交点数之和;截交线的各边是平面立体的各棱面、底面与截平面的交线,以及截平面与截平面的交线,其边数是各截平面所截立体表面的数量之和,即有几个表面与截平面相交就是几边形。因此,求截交线问题的实质是求线面之交点或面面之交线,其作图时有如下两种方法。

(1) 交点法:首先利用直线与平面相交求交点的原理作出平面立体的棱线或底边与截平面的交点,然后把位于同一个面上的交点依次连成线段,各线段的组合即为截交线。

(2) 交线法:直接利用平面与平面相交求交线的原理作出平面立体的棱面、底面和截平面的交线,以及截平面与截平面的交线。

连点成线的同时应注意判别可见性:可见棱面上的点用实线连接,不可见棱面上的点用虚线连接。

4. 截交线的求解步骤

(1) 空间分析及投影分析:分析平面立体在未截割前的形状以及截平面与立体的相对位置,以便确定立体是如何被截割的以及截交线的空间形状。分析截平面与投影面的相对位置,以确定截交线的投影特性。确定截交线的已知投影,预见未知投影。

(2) 求交点或交线:利用交点法求出平面立体上的线与截平面的交点或利用交线法直接求出平面立体与截平面的交线;若立体被多个平面截割,还应求出截平面间的交线。

(3) 连点成线:若采用交点法求解还应依次连接同一形体表面及同一截平面上的点。

(4) 判别可见性:在投影图中截交线的可见性取决于平面立体各表面的可见性,位于可见表面上的交线才是可见的,应画为实线,否则交线为不可见,应画为虚线。

(5) 整理轮廓线:补全可见与不可见的平面立体轮廓线,并擦除被切割掉的轮廓线。

8.3.2　平面立体被一个截平面截割

当平面立体被一个截平面截割,截交线在单一的截平面内为平面闭合多边形,截交线与截平面具有相同的投影特性。若截平面为特殊位置平面时,它在所垂直的投影面上的投影具有积聚性。因此,截交线在该投影面上的投影被积聚在截平面的积聚投影上。

【例 8-5】　如图 8-12(a) 所示,已知正垂面 P 截切正六棱柱,试完成截切后的三面投影。

解　(1) 分析:截平面 P 是正垂面,与正六棱柱的上底面和六个棱面均相交,所以截交线的空间形状为平面七边形 $ABCDEFG$,如图 8-12(b) 所示。截交线的 V 投影与 P^v 重合,H 投影有六条边与棱面的积聚投影重合,另一条边是正垂线 DE(截平面 P 与上底面的交线)。

(2) 作图步骤:具体作图如图 8-12(c)、(d) 所示。

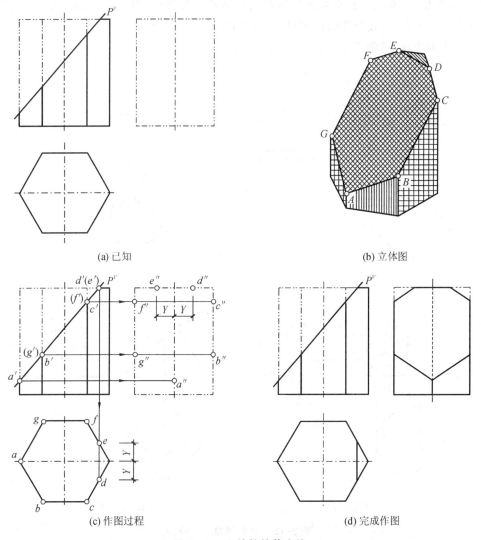

图 8-12　六棱柱的截交线

① 求转折点的投影：截交线的 V 面积聚投影 a'、b'、c'、d'、e'、f'、g' 已知，根据在立体表面定点的作图方法，分别作出其 H 投影及 W 投影。点 A、B、C、F、G 是棱线与截平面 P 的交点，分别过其 V 投影向下作投影连线与对应棱线的 H 面积聚投影重合得到 a、b、c、f、g，过其 V 投影向右作投影连线与对应棱线的 W 面投影相交得到 a''、b''、c''、f''、g''；点 D、E 为上底面与截平面 P 的交点，分别过其 V 投影向下作投影连线与上底面两底边的 H 投影相交得到 d、e，再利用宽度 Y 相等求出 W 投影 d''、e''。

② 连转折点并判别可见性：将位于同一棱面或底面上的两转折点依次连接，因正六棱柱的左、上部被截切，故截交线的 H 投影及 W 投影均可见，用粗实线表示。

③ 整理轮廓线：将 W 投影中未被截切掉的截断面以下部分轮廓线用粗实线表示，右棱线被截断面遮挡部分用虚线表示。

【例 8-6】　如图 8-13(a) 所示，已知正垂面 P 截切正四棱锥，试完成截切后的三面投影。

解　(1) 分析：截平面 R 是正垂面，与正四棱锥的四个棱面均相交，所以截断面为平面四边形ⅠⅡⅢⅣ，其四个顶点是截平面 R 与四条棱线的交点，如图 8-13(b) 所示。截交线的 V 投影与 R^V 重合，为截交线的已知投影，只需求其 H 投影及 W 投影。

(2) 作图步骤：具体作图如图 8-13(c)、(d) 所示。

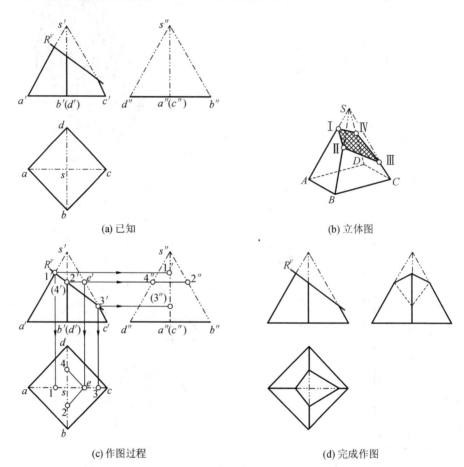

图 8-13　正四棱锥的截交线

① 求转折点的投影：截交线的 V 面积聚投影 $1'$、$2'$、$3'$、$4'$ 已知，根据在立体表面定点的作图方法，分别作出其 H 投影及 W 投影。从 $1'$ 向下作投影连线交左棱线 SA 的 H 投影 sa 得到 1，向右作投影连线交 SA 的 W 投影 $s''a''$ 得到 $1''$；同理得到 3 及 $(3'')$，点Ⅲ的侧面投影 $3''$ 由于被左棱线 SA 遮挡而不可见，表示为 $(3'')$；过 $2'(4')$ 作水平辅助线交右棱线 SC 的 V 投影 $s'c'$ 得到 e'，由 e' 向下作投影连线交 SC 的 H 投影 sc 得到 e，再过 e 作底边的平行线，交于前后棱线 SB、SD 的 H 投影 sb、sd 上分别得到 2、4，过 $2'(4')$ 向右作投影连线交 SB、SD 的 W 投影 $s''b''$、$s''d''$ 上分别得到 $2''$、$4''$。

② 连转折点并判别可见性：将位于同一棱面上的两转折点依次连接，因正四棱锥的右、上部被截切，故截交线的 H 投影 1-2-3-4-1 及左半部分的 W 投影 $4''-1''-2''$ 可见，用粗实线表示，截交线位于形体右半部分的 W 投影 $4''-(3'')-2''$ 不可见，用虚线表示。

③ 整理轮廓线：将截断面以下未被截切的轮廓线 AⅠ、BⅡ、CⅢ、DⅣ 的 H 投影 a1、b2、c3、d4 及 W 投影 $a''1''$、$b''2''$、$c''3''$、$d''4''$ 用粗实线表示。

8.3.3 平面立体被多个截平面截割

当平面立体被多个截平面截割,不仅各截平面在平面立体表面均产生截交线,而且相邻的两截平面间也要产生交线。此时,截交线为空间闭合折线。求解时,除了要逐个求出各截平面与平面立体表面交线的投影,还应画出相邻截平面之间交线的投影。

【例8-7】 如图8-14(a)所示,已知正四棱柱被两平面截切,试完成截切后的三面投影。

解 (1)分析:截平面一个为正垂面,与正四棱柱的四个棱面相交,另一个为侧平面,与两个棱面及一个底面相交,因此截交线为空间七边形 ABCDEFG,有 7 个转折点,如图 8-14(b)所示。截交线的 V 投影与两个截平面的 V 面积聚投影重合,为截交线的已知投影,只需求其 H 投影及 W 投影。

(2)作图步骤:具体作图如图 8-14(c)、(d) 所示。

① 求转折点的投影:截交线的 V 面积聚投影 a'、b'、c'、d'、e'、f'、g' 已知,根据在立体表面定点的作图方法,分别作出其 H 投影及 W 投影。点 A、B、G 是正垂截平面与棱线的交点,

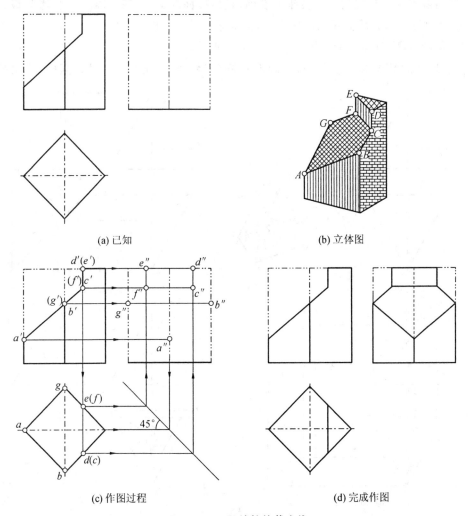

图 8-14 正四棱柱的截交线

利用"长对正"的投影规律求出 a、b、g,利用"高平齐"的投影规律求出 a''、b''、g'';点 D、E 为侧平截平面与上底面底边线的交点,利用"长对正"的投影规律求出 d、e,再利用"宽相等"及"高平齐"的投影规律求出 d''、e'';点 C、F 是两截平面的交线与棱面的交点,利用"长对正"的投影规律求出 c、f,再利用"宽相等"及"高平齐"的投影规律求出 c''、f''。

② 连转折点并判别可见性:将位于同一截平面且位于同一棱面或底面上的两转折点依次连接;两截平面交线与棱面的交点也应连接。因正四棱柱的左、上部被截切,故截交线的 H 投影及 W 投影均可见,用粗实线表示。

③ 整理轮廓线:将 W 投影中未被截切掉的截断面以下、以右部分轮廓线用粗实线表示,右棱线被截断面遮挡部分用虚线表示。

【例 8-8】 如图 8-15(a)所示,已知正三棱锥被两平面截切,试完成截切后的三面投影。

解 (1) 分析:截平面 P、Q 分别是水平面和正垂面,均与正三棱锥三个棱面相交,因此截交线为空间六边形ⅠⅡⅢⅣⅤⅥ,有6个转折点,如图 8-15(b)所示。其中交点Ⅰ、Ⅱ为水平截平面 P 与棱线 SA、SB 的交点,交点Ⅳ、Ⅴ为正垂截平面 Q 与棱线 SB、SA 的交点,交点Ⅲ、Ⅵ是两截平面的交线与正三棱锥的右前、正后棱面的交点。截交线的 V 投影与截平面的 V 面积聚投影重合,为截交线的已知投影,只需求其 H、W 投影。

(2) 作图步骤:具体作图如图 8-13(d)、(e)所示。

① 求形体的 W 投影:在适当位置画出一条 45°斜线,利用"高平齐"、"宽相等"的投影规

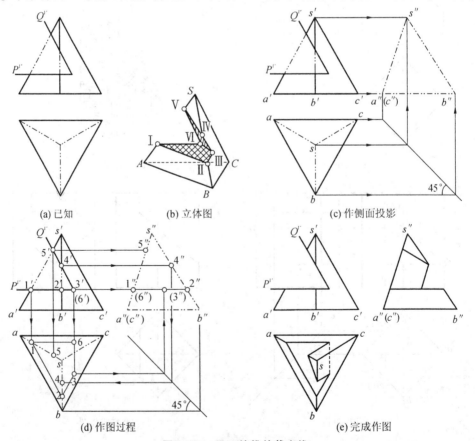

(a) 已知   (b) 立体图   (c) 作侧面投影

(d) 作图过程   (e) 完成作图

图 8-15 正三棱锥的截交线

律绘出其 W 投影。

② 求转折点的投影：截交线的 V 面积聚投影 $1'、2'、3'、4'、5'、6'$ 已知，根据在立体表面定点的作图方法，分别作出其 H 投影及 W 投影。

③ 连转折点并判别可见性：将位于同一截平面且位于同一棱面上的两转折点依次连接，截交线的 $H、W$ 投影均可见，用粗实线表示；两截平面交线与棱面的交点 Ⅲ、Ⅵ 也应连接，但由于交线 ⅢⅥ 贯穿于立体之中，所以其 H 投影不可见，用虚线表示。

④ 整理轮廓线：将 $H、W$ 投影中未被截切掉部分轮廓线用粗实线表示。

8.4 两平面立体相交

在实际工程上，有不少形体是由两个或两个以上相交的基本形体组合而成的，如图 8-16(a)、(b) 所示是房屋建筑工程上的平面立体与平面立体相交组合的情况。要想正确画出这类形体的投影，需熟练掌握基本立体间的交线的投影分析与作图方法。

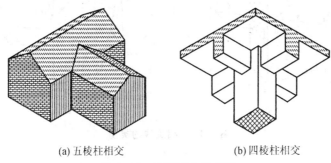

(a) 五棱柱相交　　　　(b) 四棱柱相交

图 8-16　两平面立体相贯

8.4.1　相贯线基本知识

1. 相贯线的基本概念

立体与立体相交称为立体相贯，在其表面产生的交线称为相贯线，一个立体的棱线与另一个立体表面的交点称为贯穿点。参与相贯的立体，既可以是平面立体，也可以是曲面立体。因而立体的相贯有以下三种类型：

(1) 平面立体与平面立体相贯，如图 8-17(a) 所示；

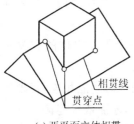 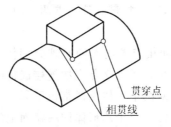 

(a) 两平面立体相贯　　　(b) 平面立体与曲面立体相贯　　　(c) 两曲面立体相贯

图 8-17　相贯线

(2) 平面立体与曲面立体相贯,如图 8-17(b) 所示;

(3) 曲面立体与曲面立体相贯,如图 8-17(c) 所示。

本章介绍两平面立体的相贯,平面立体与曲面立体相贯的知识在第 9 章中介绍。

2. 相贯线的形状

两立体相贯,当两立体的相对位置不同时,相贯线会有全贯和互贯两种不同的形状。

(1) 全贯:当一个立体上的所有棱线(或素线)全部贯穿另外一个立体时,在立体的表面形成两组相贯线,这种相贯形式称为全贯,如图 8-18(a) 所示。

(2) 互贯:当两个立体各有一部分棱线(或素线)贯穿另外一个立体时,在立体表面只形成一组相贯线,这种相贯形式称为互贯,如图 8-18(b) 所示。

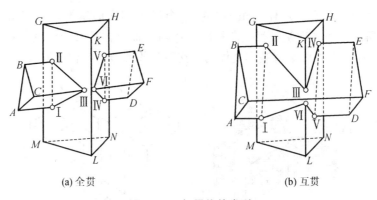

(a) 全贯   (b) 互贯

图 8-18 相贯线的类型

3. 相贯线的性质

(1) 闭合性:由于立体是由它的各表面围合而成的封闭空间,所以相贯线通常是闭合的图形。

(2) 共有性:相贯线是两立体表面的交线,它既属于第一个立体,又属于第二个立体,相贯线上的线是两立体表面的共有线,相贯线上的点是两立体表面共有点的集合。

4. 相贯线的作图方法

两平面立体的相贯线通常是闭合的空间折线或平面多边形(又称平面折线)。组成折线的每一直线段都是两平面立体表面的交线,折线的每个顶点则是一个平面立体的棱线与另一个平面立体表面的交点。因此,求解相贯线就是求两平面立体表面的交线及棱线与表面的交点。其作图方法有如下两种。

(1) 交点法:利用直线与平面相交求交点的原理分别作出每一个平面立体的有关棱线与另一个平面立体表面的交点,再将所有交点顺次连接成折线即可。

连点原则:只有当两个交点对两个立体来说都位于同一个棱面上时才能相连,否则不能相连。即同时位于甲形体同一棱面又位于乙形体同一棱面上的两点,才能依次连接。

(2) 交线法:直接利用平面与平面相交求交线的原理作出两平面立体上每两个相应棱面的交线,即可组成相贯线。

注意:两个相贯的平面立体,不一定所有的棱面都有交线,或者所有的棱线都有交点。因此,做题前首先要分析哪些棱面和棱线参与相交。

求出相贯线后,需判别投影中相贯线的可见性,其判别的原则:只有当两个立体相交的两个棱面的同面投影均可见时,其交线在该投影面上的投影才可见;若其中的一个棱面不可见,其交线在该投影面上的投影就不可见。

相贯线在投影图中的可见性应用各顶点的标记表示出来,可见的点正常表示,不可见的点加括号表示。位于立体表面或棱面积聚投影上的点一般认为其可见,但当两点重合时,相对于观察者较远的点为不可见。

5. 相贯线的求解步骤

(1) 空间分析及投影分析:分析已知条件,读懂投影图,分析相贯线的类型,确定折线的条数,每条折线的边数或顶点数。

(2) 求交点或交线:分别用交线法求相交表面的交线或用交点法求每一立体上参与相交的棱线对另一立体表面的交点。

(3) 连点成线并判别可见性:如果求的是交点,则依照一定的规则连接所求各点,并判断所连折线上各线段的可见性。

(4) 整理轮廓线:修饰整理,把投影图中未参与相贯的形体的投影轮廓线按可见性加深描黑或用虚线表示,而对于穿越形体内部的轮廓线通常应去掉。

相贯的两立体通常可视为一个整体,因而一个立体位于另一个立体内部的部分互相融为一体而不必区分,故其轮廓线不必画出。必要时,可用细实线或细双点画线表示。

8.4.2　相贯线例题

【例 8-9】　如图 8-19(a) 所示,已知两三棱柱相贯,试完成相贯线的投影。

解　(1)分析:三棱柱 GHK-MNL 的棱线 GM、HN、KL 为铅垂线,左、右两棱面为铅垂面,后棱面为正平面,其 H 投影均有积聚性,相贯线的 H 投影都重影在三棱柱的 H 投影上。三棱柱的 ABC-DEF 的棱线 AD、BE、CF 均与三棱柱 GHK-MNL 的左、右棱面相交,有 6 个贯穿点,而三棱柱 GHK-MNL 未有棱线与三棱柱 ABC-DEF 相交,两三棱柱全贯,形成两组闭合的相贯线。

(2) 作图步骤:具体作图如图 8-19(b)、(c) 所示。

① 求贯穿点:利用三棱柱 GHK-MNL 的 H 面积聚投影直接求得三棱柱 ABC-DEF 的棱线 AD、BE、CF 与三棱柱 GHK-MNL 的左、右棱面的交点的 H 投影 1、2、3、4、5、6,根据投影关系求得 V 投影 $1'$、$2'$、$3'$、$4'$、$5'$、$6'$。

② 连贯穿点:根据"同时位于甲形体同一棱面又位于乙形体同一棱面上的两点,才能依次连接"的连点原则,在 V 投影上分别连接 $1'2'3'$、$4'5'6'$。如点 Ⅰ、Ⅱ 对于三棱柱 ABC-DEF 而言属于同一个棱面 $ADEB$,而对于三棱柱 GHK-MNL 而言也属于同一个棱面 $GKLM$,因而其 V 投影 $1'$、$2'$ 可以相连。

③ 判别可见性:根据"两个立体相交的两个棱面的同面投影均可见时,其交线在该投影面上的投影才可见"的原则进行判断。在 V 投影上,三棱柱 GHK-MNL 的左右棱面及三棱

柱 ABC-DEF 的 ADFC、BEFC 棱面均可见，因而相贯线段 $1'3'$、$2'3'$ 和 $4'6'$、$5'6'$ 可见，而三棱柱 ABC-DEF 的 ADEB 棱面不可见，所以相贯线段 $1'2'$、$4'5'$ 不可见。

④ 整理轮廓线：画出相贯线后，还应按投影关系对两形体参与相贯的棱线进行整理，参与相贯棱线的投影以贯穿点为分界点，穿越棱柱内的投影按规定不应画出，如棱线 AD、BE、CF 的 ⅠⅣ、ⅡⅤ、ⅢⅥ 部分的投影均不应画出。对于两形体未参与相贯的棱线，也应按可见性画出，如棱线 GM、HN 被棱柱 ABC-DEF 遮挡部分用虚线表示，而棱线 KL 未被遮挡用实线表示。

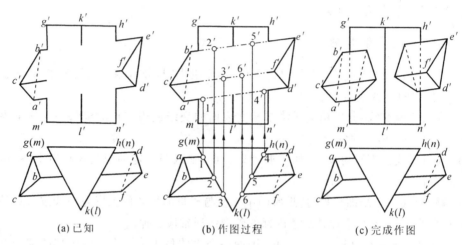

图 8-19 两三棱柱的相贯线

【例 8-10】 如图 8-20(a) 所示，已知两三棱柱相贯，试完成相贯线的投影。

解 （1）分析：三棱柱 GHK-MNL 的左、右两棱面为铅垂面，后棱面为正平面，其 H 投影均有积聚性，相贯线的 H 投影都重影在三棱柱的 H 投影上。三棱柱的 ABC-DEF 的棱线 AD、BE 均与三棱柱 GHK-MNL 的左、右棱面相交，有 4 个贯穿点；而三棱柱 GHK-MNL 的棱线 KL 与三棱柱 ABC-DEF 的上、下棱面相交，有 2 个贯穿点；因此，两三棱柱互贯，共有 6 个贯穿点，形成一组闭合的相贯线。

（2）作图步骤：具体作图如图 8-20(b)、(c) 所示。

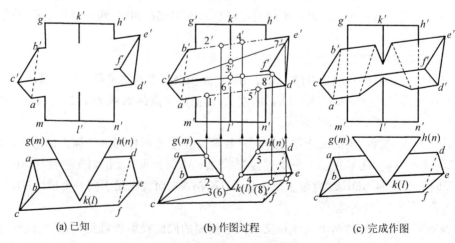

图 8-20 两三棱柱的相贯线

① 求贯穿点Ⅰ、Ⅱ、Ⅳ、Ⅴ：利用三棱柱 GHK-MNL 的 H 面积聚投影，求出三棱柱 ABC-DEF 的棱线 AD、BE 与三棱柱 GHK-MNL 的左、右棱面的交点的 H 投影1、2、5、4，根据投影关系求得 V 投影 1′、2′、5′、4′。

② 求贯穿点Ⅲ、Ⅵ：利用三棱柱 GHK-MNL 棱线 KL 的 H 面积聚投影，可得棱线 KL 与三棱柱 ABC-DEF 棱面 BEFC、ADFC 的交点Ⅲ、Ⅵ 的 H 投影3(6)。为求其 V 投影，过三棱柱 ABC-DEF 的顶点 C 作铅垂辅助平面△CⅦⅧ，与该三棱柱的底边线 ef、df 分别交于7、8，作出 c′7′、c′8′，它们与棱线 KL 的 V 投影 k′l′ 分别交于 3′、6′ 即为所求。

③ 连贯穿点：根据前述的连点原则，在 V 投影上分别连接 1′2′3′4′5′6′。

④ 判别可见性：根据前述判别可见性的原则对所连相贯线的可见性进行判别，在 V 投影上，三棱柱 GHK-MNL 的左、右棱面及三棱柱 ABC-DEF 的 ADFC、BEFC 棱面均可见，因而相贯线段 1′6′、2′3′ 和 5′6′、4′3′ 可见，而三棱柱 ABC-DEF 的 ADEB 棱面不可见，所以相贯线段 1′2′、5′4′ 不可见。

⑤ 整理轮廓线：根据前述整理轮廓线的方法对参与相贯的棱线以及未参与相贯的棱线按可见性加深描黑或用虚线表示。如棱线 AD、BE、KL 的 AⅠ、VD、BⅡ、ⅣE 及 KⅢ、ⅥL 部分因未被遮挡应用粗实线表示，而Ⅳ、ⅢⅣ、ⅢⅥ 部分的投影因穿入形体内部不应画出；棱线 GM、HN 被棱柱 ABC-DEF 遮挡部分应用虚线表示；而棱线 CF 未被遮挡应用实线表示。

【例 8-11】 如图 8-21(a) 所示，已知三棱柱与三棱锥相贯，试完成相贯线的投影。

解 （1）分析：从 V 投影可知，三棱锥 S-ABC 的左棱线 SA 分别与三棱柱 DEF-GHI 的左、下棱面相交，有2个贯穿点（Ⅰ、Ⅴ）；三棱锥前棱线 SB 分别与三棱柱的上棱线 EH、下棱面相交，有2个贯穿点（Ⅱ、Ⅳ）。三棱柱的上棱线 EH 分别与三棱锥的前棱线 SB、后棱面相交，有2个贯穿点（Ⅱ、Ⅶ）；三棱柱的右棱线 FI 分别与三棱锥的右、后棱面相交，有2个贯穿点（Ⅲ、Ⅵ）。因此，两形体互贯，共有7个贯穿点，形成一组闭合的相贯线。三棱柱的左、右两棱面为正垂面，下棱面为水平面，其 V 投影均有积聚性，相贯线的 V 投影都重影在三棱柱的 V 投影上。三棱柱下棱面、三棱锥后棱面（为侧垂面）的 W 投影也具有积聚性，因而相贯线的 W 投影部分重影在这些积聚投影上。

（2）作图步骤：具体作图如图 8-21(b)、(c) 所示。

① 求贯穿点：利用三棱柱的 V 面积聚投影，直接求出相贯线上各贯穿点的 V 面投影 1′、2′、3′、4′、5′、6′、7′。利用从属性法直接求出 1、(5) 以及 1″、2″、4″、5″；利用积聚性法直接求出 (6″)、7″；利用辅助线法作辅助线 (5)(4) // ab、(4)3 // bc、(5)6 // ac、2″(3″) // s″c″ 求出 (4)、3、6 及 (3″)；利用"宽相等"通过 45°斜线求出 2、7。

② 连贯穿点：根据前述的连点原则，在 H 投影上连接 1234567，在 W 投影上连接 1″2″3″4″5″6″7″。

③ 判别可见性：根据前述判别可见性的原则对所连相贯线的可见性进行判别。在 H 投影上，三棱柱的左、右棱面及三棱锥左、右、后棱面均可见，因而相贯线段 12、23、67、71 可见，而三棱柱的下棱面不可见，所以相贯线段 34、45、56 不可见。在 W 投影上，因三棱柱及三棱锥左棱面可见，同时三棱柱的下棱面及三棱锥的后棱面具有积聚性，因而相贯线段 1″2″、3″4″、4″5″、7″1″ 可见，5″6″ 积聚为一点；而三棱柱及三棱锥的右棱面不可见，所以相贯线段 2″3″、6″7″ 不可见。

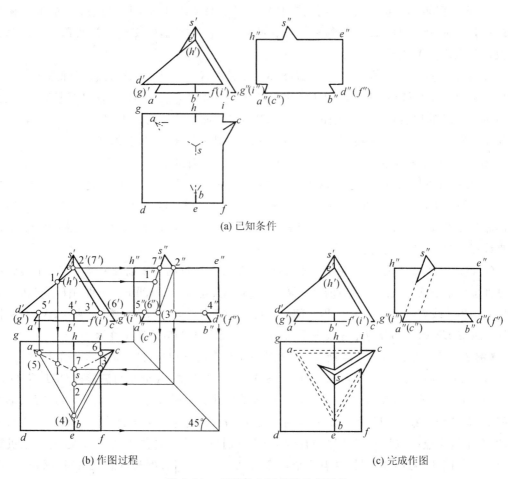

(a) 已知条件

(b) 作图过程　　　　　　　　　　　　　　　(c) 完成作图

图 8-21　三棱柱与三棱锥的相贯线

④ 整理轮廓线:根据前述整理轮廓线的方法对参与相贯的棱线以及未参与相贯的棱线按可见性加深描黑或用虚线表示。如 H 投影上棱线 SA 的 SⅠ 部分因未被遮挡应用粗实线表示,而 ⅠⅣ 部分的投影因穿入形体内部不应画出;棱线 AB、BC、AC 被棱柱遮挡的部分用虚线表示。

小　结

1. 工程中的最简单几何体就是基本形体,根据表面的构成情况,可分为平面立体与曲面立体。常见的平面立体有棱柱、棱锥及棱锥台,常见的曲面立体有圆柱、圆锥、圆台及圆球。

2. 平面立体是表面均由平面所围成的几何体,绘制其投影图时应使形体处于稳定的工作状态,同时应使投影面尽量平行于形体的主要棱面和棱线,以便作出更多的实形投影。因立体是闭合的,在向投影面投影时,将有一部分是可见的,另一部分是不可见的,可见的轮廓线用实线表示,不可见的轮廓线用虚线表示。在绘制平面立体的投影图时,各投影图的间隔可任意确定,但应满足"长对正、高平齐、宽相等"的九字投影关系。

3. 平面立体表面上取点、取线的方法与在单独平面上取点、取线的方法基本相同。根据平面立体表面上点及线的一个投影求作其余投影的方法有从属性法、积聚性法及辅助线法。

采用辅助线法时常用的辅助线有平行于棱线和底边线的线段；如果是棱锥，过锥顶及已知点的线段也较常用。连点成线时，只有同一个平面上的点才能相连，否则所连线段将从立体内部经过，与所求线为"立体表面上的线"这一前提相矛盾。由于立体是不透明的，因此还要判断所求出的投影的可见性。位于形体可见表面上的点和线，其投影是可见的；否则是不可见的。

4. 平面与立体相交又称立体被平面截割，立体与平面公共部分的轮廓线称为截交线。截交线具有闭合性与共有性的性质。求解平面立体截交线的实质是求解截平面与立体轮廓线的交点或截平面与立体表面的交线。截交线转折点数量是截平面与棱线、底边线的交点数以及截平面间交线与平面立体的交点数之和；截交线的边数是各截平面所截立体表面的数量之和。鉴于截交线的性质，其作图方法有交点法及交线法，求出截交线后还应判别截交线的可见性及整理轮廓线。当平面立体被一个平面所截时，截交线为平面闭合折线；当被多个平面所截时，截交线为空间闭合折线。

5. 立体与立体相交称为相贯，在立体表面的交线称为相贯线。根据参与相贯立体的不同，可以是两平面立体相贯、平面与曲面立体相贯、两曲面立体相贯。立体相贯时，根据两立体相对位置的不同，又有全贯与互贯之分。相贯线也具有闭合性与共有性的性质。两平面立体的相贯线通常是闭合的空间或平面折线。组成折线的每一直线段都是两平面立体表面的交线，折线的每个顶点则是一个平面立体的棱线与另一个平面立体表面的交点。因此，求解相贯线就是求两平面立体表面的交线及棱线与表面的交点。其作图方法常用有交点法及交线法。求出相贯线后还应判别相贯线的可见性及整理轮廓线。

思 考 题

1. 基本形体的概念及分类？
2. 如何在三面投影体系中表示平面立体？其摆放位置如何确定？可见性怎样判别？
3. 如何在平面立体表面上定点及定线？如何判别立体表面上线段的可见性？怎样将单一的点连接成线段？
4. 利用辅助线法求解平面立体表面上点的其余投影时，有哪些常用的辅助线？
5. 试简述平面立体截交线的求解方法及求解步骤？
6. 如何确定平面立体截交线转折点的数量？
7. 平面立体被一个平面或多个平面所截时，求解有何异同？
8. 简述两平面立体相贯时求解贯穿点的方法？
9. 如何确定平面立体相贯时贯穿点的数量？
10. 如何区分相贯线的形状？
11. 如何判别相贯线的可见性？
12. 简述相贯线的求解步骤？

习　题

1. 下列立体中不属于基本立体的是（　　）。
   A. 平面立体　　　　B. 曲面立体　　　　C. 圆柱体　　　　D. 切割立体
2. 立体按照其表面的性质，可分为（　　）。

A. 平面立体及曲面立体　　　　　　　　B. 波浪立体及平面立体
C. 不规则面立体及规则立体　　　　　　D. 球面立体及平面立体

3. 以下立体中属于平面立体的是(　　)。
A. 圆球体　　　　B. 棱台体　　　　C. 圆环体　　　　D. 圆台体

4. 下列关于棱柱体几何特征的说法,正确的是(　　)。
A. 棱柱体上下底面投影重合　　　　　B. 棱柱体前后侧面投影重合
C. 棱柱体各棱线相互平行　　　　　　D. 棱柱体各侧面均为矩形

5. 下列关于棱锥体几何特征的说法,错误的是(　　)。
A. 顶点在底面的投影位于底面的形心　B. 底面是平面多边形
C. 各棱线相交为一点　　　　　　　　D. 各侧面均为三角形

6. 下列关于正三棱锥作投影图时安放位置的说法,错误的是(　　)。
A. 使正三棱锥处于稳定状态　　　　　B. 应考虑正三棱锥的工作状态
C. 应使正三棱锥的底面平行于 H 投影面　D. 使一个侧面平行于 V 投影面

7. 下列关于正三棱锥(高线垂直 H 面,后侧面垂直 W 面)投影特性,错误的是(　　)。
A. H 投影为 3 个三角形　　　　　　B. V 投影为 2 个三角形
C. W 投影为 2 个三角形　　　　　　D. 底面的 H 投影反映实形

8. 求解平面立体表面上点的投影时,下列方法不适用的是(　　)。
A. 从属性法　　　B. 积聚性法　　　C. 辅助线法　　　D. 素线法

9. 如图 8-22 所示,已知正五棱柱及其表面上 A、B、C 的 V、W 投影,下列结论正确的是(　　)。
A. A 点位于正五棱柱的左前侧面　　B. B 点位于正五棱柱的右后侧面
C. C 点位于正五棱柱的左前侧面　　D. 以上均不正确

10. 图 8-22 中点点 B 位于正五棱柱的(　　)。
A. 右前侧面　　　B. 右后侧面　　　C. 正后侧面　　　D. 下底面

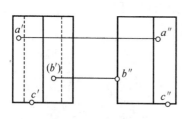

图 8-22　第 9 题图

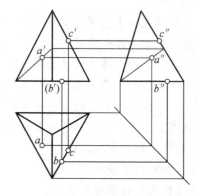

图 8-23　第 11 题图

11. 如图 8-23 所示,已知正三棱锥表面点 A、B、C 的 V 投影,下列结论正确的是(　　)。
A. 求作 A 点 H、W 投影的过程正确　　B. 求作 B 点 H、W 投影的过程正确
C. 求作 C 点 H、W 投影的过程正确　　D. 求作三点 H、W 投影的过程均正确
E. 求作三点 H、W 投影的过程均不正确

12. 立体被平面截割,截割立体的平面称为(　　)。
    A. 截交线　　　　B. 截平面　　　　C. 截断面　　　　D. 一般面
13. 截交线的基本性质是(　　)。
    A. 闭合性　　　　B. 共有性　　　　C. 平行性　　　　D. 闭合性及共有性
14. 下列关于平面立体的截交线求解方法正确的是(　　)。
    A. 素线法　　　　B. 线面交点法　　C. 交点法　　　　D. 三面共点法
15. 某三棱柱与一正垂面相交,其截交线的顶点数目最多可能有(　　)。
    A. 3个　　　　　B. 4个　　　　　C. 5个　　　　　D. 6个
16. 关于棱柱体的截交线,下列说法错误的是(　　)。
    A. 直接求出各棱线与截平面的交点,再依次连接同棱面上的点
    B. 截交线所在棱面投影可见,则截交线可见
    C. 若截交线被多个平面所截,还应求出截平面间的交线
    D. 求解截交线的方法有交点法、交线法及三面共点法
17. 某三棱锥与一正垂面相交,其截交线的顶点数目最多可能是(　　)。
    A. 3个　　　　　B. 4个　　　　　C. 5个　　　　　D. 6个
18. 正四棱锥被一正垂面所截,其截交线应为(　　)。
    A. 正四边形　　　　　　　　　　　B. 四个顶点的空间闭合折线
    C. 平面四边形　　　　　　　　　　D. 可能为平面五边形
19. 正四棱锥被两个平面所截,其截交线不可能为(　　)。
    A. 四边形　　　　B. 五边形　　　　C. 六边形　　　　D. 八边形
20. 立体与立体相交称为(　　)。
    A. 截交　　　　　B. 重叠　　　　　C. 相贯　　　　　D. 相交
21. 两平面立体相交时,一个形体的棱线与另一形体表面相交的交点称为(　　)。
    A. 相交点　　　　B. 重合点　　　　C. 截交点　　　　D. 贯穿点
22. 两平面立体互相贯穿,其交线是(　　)。
    A. 平面折线　　　　　　　　　　　B. 空间折线
    C. 平面直线与曲线的组合　　　　　D. 空间直线与曲线的组合
23. 两平面立体相交,其相贯线的转折点是(　　)。
    A. 贯穿点　　　　　　　　　　　　B. 两平面立体棱线的交点
    C. 棱线与投影面的交点　　　　　　D. 以上均不是
24. 当一个平面立体全部贯穿另一个平面立体时,下列说法错误的是(　　)。
    A. 一个立体所有棱线均与另一个立体相交
    B. 贯穿点数目等于其中一个立体棱线的数目
    C. 称之为全贯
    D. 相贯线为两组空间闭合折线
25. 当两个平面立体互相贯穿时,下列说法错误的是(　　)。
    A. 两个立体均有棱线与另一个立体相交
    B. 贯穿点数目等于两个立体棱线的数目
    C. 称之为互贯
    D. 相贯线为一组空间闭合折线

26. 关于平面立体的全贯与互贯的区别,错误的是( )。
 A. 相贯线折线的数量不一样　　　　　B. 相交的棱线不一样
 C. 相交的棱面不一样　　　　　　　　D. 求解方法一样

27. 关于平面立体相贯线问题求解的本质是( )。
 A. 求贯穿点的问题　　　　　　　　　B. 求截交线的问题
 C. 连贯穿点的问题　　　　　　　　　D. 求贯穿点及截交线的问题

28. 两平面立体相交,其交线常用的求解方法是( )。
 A. 换面法　　　B. 三面共点法　　　C. 交线法　　　D. 交点法

29. 求解两平面立体相交的交点后,连点的原则是( )。
 A. 位于某一形体同一棱面上的点可以连接　　B. 位于同一棱线的点可以连接
 C. 对于两个形体均共面的点可以连接　　　　D. 以上均可以

30. 平面立体相贯线可见性判断的原则是( )。
 A. 当相贯线所属的某一形体的棱面可见时,该段相贯线即可见
 B. 当相贯线所属的两形体的棱面均可见时,该段相贯线才可见
 C. 当相贯线所属的某一形体的棱面不可见时,该段相贯线仍为可见
 D. 当相贯线所属的两形体的棱面均不可见时,该段相贯线才不可见

31. 下列对于求解平面立体相贯线的步骤,正确的是( )。
① 分析相贯线的类型;② 用交点法求出交点并连线;③ 用交线法求出交线;④ 判别可见性;⑤ 整理轮廓线
 A. ①②③④⑤　　B. ①②④⑤　　C. ①③⑤　　D. ③④⑤

32. 若某三棱锥与三棱柱全贯,则贯穿点的数量最接近于( )。
 A. 3个　　　B. 4个　　　C. 5个　　　D. 6个

33. 已知两三棱柱相贯的轴测图,如图 8-24 所示,图中的两平面立体相贯,其相贯线的类型是( )。
 A. 互贯　　　B. 全贯　　　C. 半贯　　　D. 无法确定

34. 图 8-24 中的两平面立体相贯,其贯穿点的数量有( )。
 A. 3个　　　B. 4个　　　C. 5个　　　D. 6个

35. 图 8-24 中的两平面立体相贯,构成相贯线的截交线的数量有( )。
 A. 3条　　　B. 4条　　　C. 5条　　　D. 6条

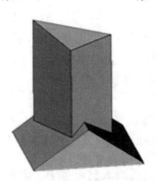

图 8-24　第 33—35 题图

第 9 章　曲线、曲面及曲面立体

本章学习目标

1. 了解曲线、曲面的形成、分类及其一般画法；
2. 熟练掌握各种位置圆的投影作图方法；
3. 了解回转体的形成；掌握圆柱、圆锥、圆球体的投影特性及其画法；
4. 熟练掌握圆柱、圆锥、圆球体表面上取点、线的作图原理及其画法；
5. 掌握曲面立体截交线的基本概念和性质；
6. 熟练掌握曲面立体截交线的形状和作图方法；
7. 熟练掌握曲面立体相贯线的基本概念和性质；
8. 熟练掌握曲面立体相贯线的分析方法和作图方法。

在工程实践中，会遇到各种各样由曲线、曲面或曲面与平面围成的曲面立体。如图 9-1 所示为 2008 年北京奥运会主体育场鸟巢的外观图，其主要支承体系是由不同的曲线组合而成，曲线与曲线间的屋面板为不规则曲面。

图 9-1　鸟巢

在建筑工程中，还经常遇到由曲面立体构成的复杂建筑物。如图 9-2 所示的中央电视塔、图 9-3 所示的水塔，其外观虽然复杂，但经仔细分析，不难看出它们是由简单的曲面立体——圆柱、圆锥、圆台、圆球等构成。

工程实践中常涉及的曲线、曲面及曲面立体，由于它们的空间形象相对比较复杂，一般难以根据它们的外观形象直接作图，但它们存在一定的形成规律。因此，在投影作图过程中要反映出形成曲线、曲面及曲面立体的各种要素,才能将它们表达清楚。

本章主要介绍工程上常用的曲线、曲面及曲面立体的形成规律、投影特征及投影画法。

图 9-2　中央电视塔

图 9-3　水塔

9.1　曲线的投影

9.1.1　曲线的形成

曲线的形成有如下三种方式:

(1) 一个动点连续运动的轨迹,如图 9-4(a) 所示;

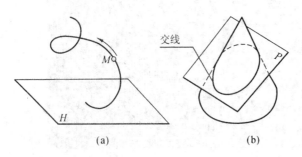 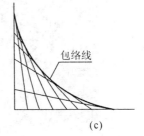

图 9-4　曲线的形成

(2) 两曲面相交或曲面与平面相交所获得的交线,如图 9-4(b) 中的曲线为平面与圆锥面相交所成;

(3) 直线运动时所得线簇的包络线,如图 9-4(c) 所示。

曲线可用一个字母或其上若干点的字母来标注,如图 9-5 中的曲线可用一个字母 L 或用字母 A、I、II 等标注。

9.1.2 曲线的分类

曲线有多种分类方式,其分类标准不同,分类方式也不一样。

1. 根据曲线形状是否规则分类

(1) 规则曲线:曲线的形状有规则,能用数学表达式精确描述,如圆、椭圆、抛物线、双曲线、正弦曲线、余弦曲线、圆柱螺旋线等。

(2) 不规则曲线:曲线的形状没有规则,具有很大的随意性,无法用数学表达式精确描述,如等高线、海岸线等。

2. 根据曲线上各点是否共面分类

(1) 平面曲线:曲线上所有点均属于同一个平面,如圆、椭圆、等高线等。

(2) 空间曲线:曲线上任意连续四点不从属于同一个平面,如圆柱螺旋线、相贯曲线等。

9.1.3 曲线的投影

由于曲线是点的集合,因此只要画出曲线上一系列点的投影,并将各点的同面投影依次光滑连接,就可得到曲线的投影。但为了准确绘制曲线的投影,应先画出控制曲线形状的转向点、反曲点、切点及端点等特殊点,再画出若干一般点,最后依次光滑连接。如图 9-5 所示,欲绘制曲线 L 的 H 投影,在其上取特殊点 A、B、Ⅰ、Ⅳ 及一般点 Ⅱ、Ⅲ、Ⅴ,作出它们在 H 面上的投影,并依次光滑连接,即得曲线的 H 投影 l。

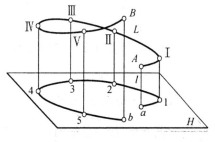

图 9-5 曲线的投影

依据曲线的投影,可知其投影特性如下:

(1) 曲线的投影一般仍为曲线,如图 9-5 所示,曲线 L 向 H 面进行投射时,形成一个投射柱面,该柱面与 H 面的交线也为一曲线;

(2) 曲线上的点,其投影必在该曲线的同面投影上,如图 9-5 所示,点 A 属于曲线 L,其投影 a 必属于曲线的投影 l;

(3) 当平面曲线所在的平面垂直于某投影面时,曲线在该投影面上的投影积聚为一直线段,如图 9-6(a) 所示;

(4) 当平面曲线所在的平面平行于某投影面时,曲线在该投影面上的投影反映实形,如图 9-6(b) 所示;

(5) 若直线与曲线相切,则其同面投影仍然相切,切点是原切点的投影,如图 9-6(c) 所示;

(6) 二次曲线的投影一般仍为二次曲线,如圆、椭圆的投影一般仍为椭圆。

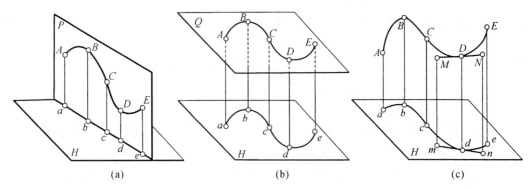

图 9-6 曲线的投影特性

9.1.4 圆的投影

1. 圆的投影特征

圆是工程中最为常用的平面曲线,根据圆所在平面与投影面相对位置的不同,其投影可分为如下三种情况:

(1)当圆所在平面与投影面垂直时,在该投影面上的投影为一直线段,长度等于圆的直径,如图 9-7(a) 中的 H 投影;

(2)当圆所在平面与投影面平行时,在该投影面上的投影反映实形,为一同样直径的圆,如图 9-7(a) 中的 V_1 投影;

(3)当圆所在平面与投影面倾斜时,在该投影面上的投影为一椭圆,如图 9-7(a) 中的 V 投影。

2. 投影面垂直圆的投影

如图 9-7 所示,已知圆 O 所在平面 $P \perp H$ 面,面 P 对 V 面的倾角为 β,圆心为 O,直径为 D。

(1)圆的直径 $CD \perp H$ 面,H 投影积聚为一点 $c(d)$;直径 $AB \perp CD$,因而 $AB // H$ 面,H 投影反映实长,即 $ab = AB = D$,与 OX 轴的倾角为 β;因此该圆 H 投影为长度等于直径 D 的线段。

(2)因为 $CD // V$ 面,V 投影 $c'd'$ 反映直径实长,即 $c'd' = CD = D$,是椭圆最长的一根直径——椭圆长轴;AB 倾斜于 V 面,其 V 投影 $a'b' = D\cos\beta$,$a'b'$ 是椭圆最短的一根直径(直径 AB 为对 V 面的最大斜度线,与 V 面所成的角度最大,因而 $a'b' = D\cos\beta$ 最短),且 $a'b' \perp c'd'$,为椭圆的短轴。因此该圆 V 投影为一椭圆,其长轴等于直径,短轴等于水平直径在 V 面上的投影长。

【例 9-1】 已知位于铅垂面 P 内的圆的圆心 $O(o,o')$,直径为 D,如图 9-7(b) 所示,试作出该圆的两面投影。

解 (1)分析:该圆所在平面垂直于 H 面,倾斜于 V 面,因而其 H 投影为长度等于直径 D 的直线段;V 投影为椭圆,长轴等于直径 D,短轴垂直于长轴,长度根据水平投影确定。长短轴端点均为特殊点,为准确画出 V 投影椭圆,需利用换面法求出一般点。

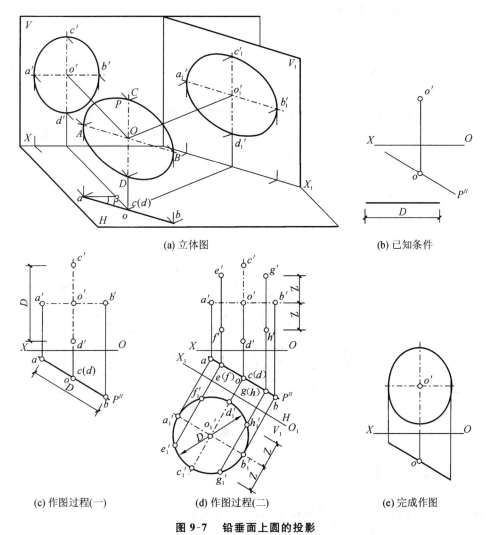

图 9-7　铅垂面上圆的投影

(2) 作图步骤:具体作图如图 9-7(c)、(d)、(e) 所示。

① 在铅垂面 P 的 H 面积聚投影 P^H 上作以点 o 为中心的直线段 ab,长度为 D;c、d 两点与圆心 o 重影。

② 在 V 投影面上,过 o′ 用细点画线画出它的一对中心线,一条水平,另一条竖直;在竖直中心线上,以 o′ 为中心量取长轴 $c'd' = D$;由已作出的 ab 根据投影关系在水平中心线上作出短轴 a′b′。

③ 利用换面法画出圆的实形,求出圆上对称点 E、F、G、H 等的 H 投影 e、f、g、h 及 V 投影 e′、f′、g′、h′,然后用光滑的曲线将 V 投影面上的投影 a′、e′、c′、g′、b′、h′、d′、f′ 等依次连成椭圆。

注意:对于圆或椭圆的投影,规定要用细点画线画出它的一对中心线或长、短轴,表示出它的中心位置。

9.2 曲面的投影

9.2.1 曲面的形成

曲面是直线或曲线在一定约束条件下运动的轨迹。运动的直线或曲线称为曲面的母线。母线运动到曲面上任一位置,称为曲面的素线。约束母线运动状态的直线或曲线称为曲面的导线。约束母线运动状态的平面称为曲面的导平面。

如图 9-8(a) 所示的曲面为直母线 AB 沿着曲导线 L_1 运动,并始终平行于直导线 CD 而成,该曲面为柱面。如图 9-8(b) 所示的曲面为直母线 SE 沿着曲导线 L_2 运动,并始终通过顶点 S 而成,该曲面为锥面。如图 9-8(c) 所示的曲面为直母线 MN 沿着与其平行的旋转轴 OO_1 旋转而成,该曲面为圆柱面。

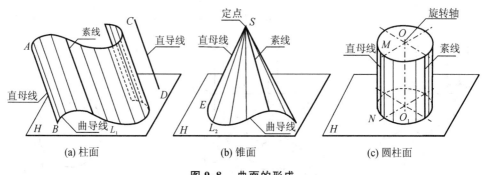

图 9-8 曲面的形成

9.2.2 曲面的分类

曲面有多种分类方式,其分类标准不同,分类方式也不一样。

1. 根据曲面的形成是否有规律分类

(1) 规则曲面:母线按一定规律运动而形成的曲面,或由一些线有规律地组合而形成的曲面,如柱面、锥面等。本章只讨论规则曲面。

(2) 不规则曲面:母线任意运动而形成的曲面,或由一些线无规律地组合而形成的曲面,如树木外表面、山坡外表面等。

2. 根据母线的形状分类

(1) 直纹曲面:可以由直母线运动而形成的曲面,又称直线面,如圆柱面、圆锥面等,直纹曲面上布满了直的素线。

(2) 曲纹曲面:只能由曲母线运动而形成的曲面,又称双向曲面、曲曲面,如圆球面、圆环面等,在曲纹曲面上不能作出直的素线。

同一个曲面,可以看成是由不同方法形成的。如圆柱面可以看成如图 9-8(c) 所示由直

母线 MN 沿着与其平行的旋转轴 OO_1 旋转而成,还可以看成是如图 9-9 所示由曲母线圆 O_1 沿通过其圆心 O_1 的直导线 OO_1 移动,并始终平行于与 OO_1 垂直的平面 H 而形成。

因此,直纹曲面也可按如下定义:过曲面上任意一点在曲面上至少可以作出一条直线的曲面。

3. 根据母线的运动方式分类

(1) 回转面:由直母线或曲母线绕一轴线旋转而形成的曲面。由直母线旋转而成的称为直纹回转面,如圆柱面;只能由曲母线旋转而成的称为曲纹回转面,如圆球面。该轴线称为旋转轴。

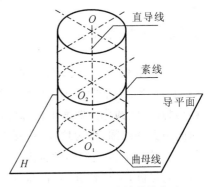

图 9-9 圆柱面形成的其他方法

(2) 非回转面:由直母线或曲母线根据其他约束条件运动而形成的曲面,如柱面、锥面。

4. 根据曲面是否能展开成平面分类

(1) 可展曲面:能展开为平面的曲面,如圆柱面。

(2) 不可展曲面:不能展开成平面的曲面,如圆球面。

只有直纹曲面才有可展与不可展之分,所有的曲纹曲面都是不可展的。

5. 根据曲面的母线运动时是否变形分类

(1) 定线曲面:母线运动过程中形状或长度等没有发生变化而形成的曲面,如圆球面、圆柱面。

(2) 变线曲面:母线运动过程中形状或长度等发生了变化而形成的曲面,如椭圆抛物面。

在工程实践中,应用广泛的是回转面,包括直纹回转面和曲纹回转面。研究这些曲面的形成和分类,目的在于掌握这些常见曲面的性质和特点,这不但有利于准确地画出它们的投影图,更重要的是有利于将这些曲面应用到工程实践中。

9.2.3 曲面表示方法

要用投影图表示一个曲面,原则上只要画出形成曲面的几何要素如母线、导线、导平面等的投影就可以了。因为上述几何要素确定后,形成的曲面将具有唯一性。但在实际作图时,为了形象直观和便于识别,一般还应画出曲面的外形轮廓线的投影,对于复杂的曲面还需画出一系列素线的投影。所谓曲面的外形轮廓线,是指作投影图时平行于某个投射方向且与曲面相切的投射线形成的投射柱面与曲面相切的切线。显然,同一曲面对于不同的投射方向,将有不同的外形轮廓线,这些外形轮廓线可能是曲面边界线,也可能是曲面在该投射方向下可见与不可见的分界线。如图 9-10 所示,回转曲面的投影图,在每个投射方向都有各自的外形轮廓线,外形轮廓线在 H、V 投影图中的投影既为曲面边界线的投影,又为可见与不可见分界线的投影。

9.2.4 回转曲面

由直母线或曲母线绕一轴线旋转而成的曲面,称为回转曲面,简称回转面。如图9-10(a)所示,曲母线 ABCD 绕轴线 OO_1 旋转时,母线上每一个点(如 A、B、C、D)的运动轨迹均为圆,此圆称为曲面上的纬圆。纬圆所在平面与回转面的轴线垂直。其中纬圆 A 是位于曲面顶面的纬圆,称为顶圆,纬圆 D 是位于曲面底面的纬圆,称为底圆。当曲母线光滑时,纬圆 C 比它相邻两侧的纬圆都大,称为曲面的赤道圆。纬圆 B 比它相邻两侧的纬圆都小,称为曲面的喉圆,又称颈圆。当曲母线 ABCD 旋转到不同位置时,称为曲面的素线,该素线也是过轴线的平面与曲面的交线,又称子午线。

如图9-10(b)所示,当回转面的轴线垂直于 H 投影面时,其 H 投影为一组同心圆,反映各纬圆的实形,其外轮廓线为曲面上最大赤道圆 C 的投影,内轮廓线是曲面上最小喉圆 B 的投影。V 投影图中,由于轴线与纬圆平面垂直,纬圆均积聚为直线段,且与轴线的投影垂直;V 投影图中的上下轮廓线分别为顶圆 A、底圆 D 的积聚投影,其左右轮廓线为平行于 V 面的子午线的实形投影,该子午线又称为主子午线。

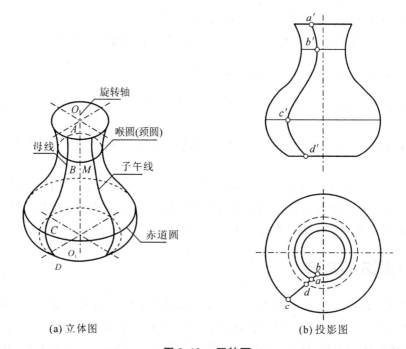

图 9-10 回转面

9.3 曲面立体的投影

曲面立体是由曲面与平面或者完全由曲面围成的基本立体。常用的基本曲面立体有圆柱体、圆锥体、圆台体、圆球体等。这些基本曲面立体都是由回转面与平面或者单纯由回转面围成的,称之为回转体。

9.3.1 圆柱体

1. 圆柱体的形成

圆柱体(简称圆柱)是由两个垂直于旋转轴的平面截切圆柱面而形成,如图 9-11 所示。其中,圆柱面可认为是由直母线 MN 绕与其平行的旋转轴(又称轴线)OO_1 旋转一周而形成,直母线 MN 旋转到圆柱面上任意位置时均称之为圆柱面的素线,因此,圆柱面上各素线均平行相等且与轴线等距;圆 O、圆 O_1 称为圆柱体的上、下底面。

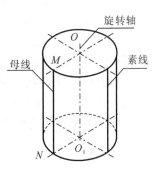

图 9-11　圆柱面的形成

2. 圆柱的投影画法

圆柱是由圆柱面及上、下底面构成,因此绘制其投影图就是绘制圆柱面及上、下底面的投影图。其投影表示时,除外形轮廓素线的投影外,其余素线在投影图中不予画出,投影图中对称的部分应用点画线表示其中心线。

画投影图时,首先用细点画线画出各投影的中心线、轴线,然后画出投影为圆的那个面的投影,最后根据圆柱的高度及"长对正、高平齐、宽相等"的投影关系绘出其余投影。

3. 圆柱的投影分析

如图 9-12 所示,当圆柱轴线垂直于 H 面时,其 H 投影为一个圆。圆柱面上所有素线均为铅垂线,所有素线在 H 面上的投影均积聚一点,因而整个圆柱面的 H 投影积聚为一圆周,其半径等于圆柱的半径;圆柱面轴线的投影积聚在圆周的圆心上,规定用相互垂直且平行于

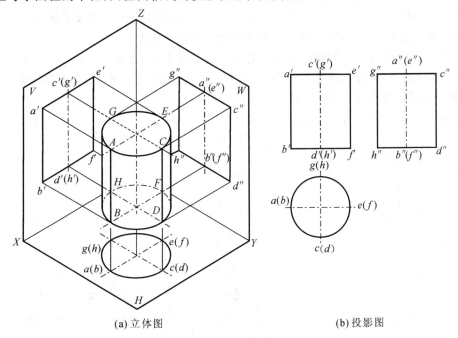

(a) 立体图　　　　　　　　　　　　(b) 投影图

图 9-12　圆柱体的投影分析

投影轴的细点画线画出该圆的中心线,交点为圆心。上、下底面为水平面,其 H 投影与圆柱面的积聚投影重合。

圆柱的 V 投影为矩形,是圆柱的前半个圆柱面与后半个圆柱面的重合投影。矩形的左、右边线 $a'b'$、$e'f'$ 分别是圆柱面的最左、最右轮廓素线 AB、EF 的实形投影,亦是垂直于 V 面的投射线形成的投射柱面与圆柱面相切所得切线的投影。矩形的上、下边线 $a'e'$、$b'f'$ 分别是圆柱上、下底圆的积聚投影。矩形的中心线为轴线的实形投影,用点画线绘制。

圆柱的 W 投影同样为矩形,是圆柱的左半个圆柱面与右半个圆柱面的重合投影。矩形的左、右边线 $g''h''$、$c''d''$ 分别是圆柱面的最后、最前轮廓素线 GH、CD 的实形投影。矩形的上、下边线 $g''c''$、$h''d''$ 分别是圆柱上、下底圆的积聚投影。矩形的中心线为轴线的实形投影,用点画线绘制。

4. 圆柱可见性的判别

如图 9-12 所示,圆柱的 H 投影是一个圆,该圆既是圆柱面的积聚投影,又是上、下底面的重合投影。因此,严格地讲,圆柱的 H 投影仅上底面及其上的点和线可见,其余表面及其上的点和线均为不可见。但通常将位于圆柱面积聚投影上的点及线认为可见,当两点重合时,相对于观察者较远的点为不可见。圆柱的 V 投影为前半个圆柱面与后半个圆柱面的重合投影,其前半个圆柱面及其上的点和线可见,后半个圆柱面及其上的点和线不可见。圆柱的 W 投影为左半个圆柱面与右半个圆柱面的重合投影,其左半个圆柱面及其上的点和线可见,右半个圆柱面及其上的点和线不可见。

5. 圆柱表面上点及线的投影

圆柱表面上取点的作图原理与平面上取点的作图原理相似,即过圆柱表面上的点作辅助线,点的投影必在辅助线的同面投影上。素线是圆柱表面上最为常用的辅助线,利用圆柱表面上的素线来求点的投影的作图方法称为辅助素线法,简称素线法。当圆柱的轴线垂直于某投影面时,圆柱面在该投影面的投影积聚为一圆周,其上所有素线的投影都积聚在这个圆上。因此,在圆柱表面定点,可直接利用素线的积聚投影来作图。

如图 9-13(a) 所示,已知圆柱表面上的点 A 的 V 投影 a',要求其 H 投影 a 及 W 投影 a''。

如图 9-13(b) 所示,可过点 A 作素线 BC 交圆柱上、下底圆于 B、C 两点,分别作出素线 BC 的 V、H、W 三投影,则点 A 的 H、W 投影即可求得。

如图 9-13(c) 所示,首先过点 A 的 V 投影 a' 作素线 $b'c'$ 交圆柱上、下底圆于 b'、c';由于

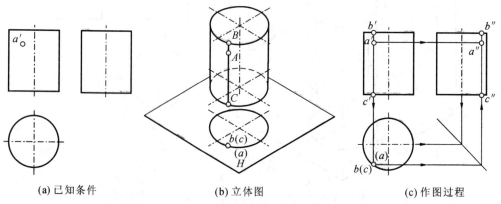

(a) 已知条件　　　　(b) 立体图　　　　(c) 作图过程

图 9-13　用素线法在圆柱表面取点

a' 未加括号,点 A 位于圆柱面的左前方,点 A 的 H 投影 a 应位于圆柱面 H 面积聚投影圆周的左前部分,即素线 BC 的 H 面积聚投影 $b(c)$ 及其上的 a 均位于圆周的左前部分,由于点 A 位于点 B 的下方,因而其 H 投影表示为 (a);最后作出素线 BC 的 W 投影 $b''c''$,点 A 的 W 投影 a'' 在 $b''c''$ 上,点 A 属于圆柱表面的左半部分,因而 a'' 可见。

在圆柱表面上定线,只要定出若干个特殊点(如线的端点、转向点等)及一般点的投影,再用光滑的曲线连接即可。

【例 9-2】 如图 9-14(a)所示,已知圆柱的三面投影及其表面上线 AB 的 V 投影 $a'b'$,试作出 AB 的 H、W 投影。

解 (1)分析:由于 A、B 两点均位于圆柱表面,且点 A 位于左、下、前方,点 B 位于右、上、前方,故其连线为曲线。该曲线可视为由无数多个点组成,分别求出其端点 A、B,转向点 C 及一般点 D、E 的 H、W 投影,在判别可见性后,再用光滑的曲线连接即为所求线的另外两投影。

(2)作图步骤:该圆柱的轴线垂直于 W 面,圆柱面的 W 投影具有积聚性,因而可利用素线法定点,具体作图如图 9-14(b)所示。

① 求曲线端点 A、B 的 H、W 投影:利用素线法求出 a''、b'',再根据点的三面投影规律求出 (a)、b。

② 求曲线在上、下转向轮廓素线上的转向点 C 的 H、W 投影:点 C 位于圆柱最前素线上,直接由 c' 求出 c'' 及 c。

③ 求曲线一般点 D、E 的 H、W 投影:在 $b'c'$、$a'c'$ 中部取 d'、e',然后利用素线法求出 d''、e'',再根据点的三面投影规律求出 d、(e)。

④ 判别可见性并连线:将以上求出的 H 投影和 W 投影中各点光滑连接;点 C 在圆柱面的上、下转向轮廓素线上,因此其 H 投影 c 是曲线的 H 投影可见与不可见的分界点,其中 aec 段不可见,应用虚线表示,而 cdb 段可见,用实线表示。

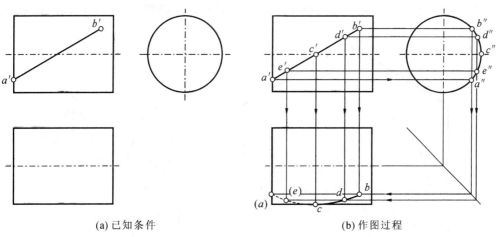

(a) 已知条件　　　　　　　　　　(b) 作图过程

图 9-14　在圆柱表面上取线

9.3.2 圆锥体

1. 圆锥体的形成

圆锥体(简称圆锥)是由一个垂直于旋转轴的平面截切圆锥面而形成,如图 9-15(a)所

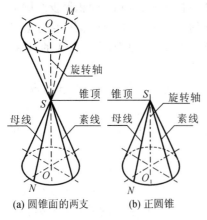

图 9-15 圆锥面的形成

示。其中,圆锥面可认为是由直母线 MN 绕与其相交的旋转轴(又称轴线) OO_1 旋转一周而形成,直母线 MN 旋转到圆锥面上任意位置时均称之为圆锥面的素线。圆锥面通常有上、下两支,形成倒圆锥面和正圆锥面两部分。MN 与旋转轴 OO_1 的交点 S,称为圆锥的锥顶。圆锥面上各素线均相交于点 S,圆 O_1 称为圆锥的底面,如图 9-15(b) 所示。

2. 圆锥的投影画法

圆锥是由圆锥面及底面构成,因此绘制其投影图就是绘制圆锥面及底面的投影图。表示其投影时,除外形轮廓素线的投影外,其余素线在投影图中不予画出,投影图中对称的部分应用点画线表示其中心线。

与绘制圆柱投影图一样,画圆锥投影图时,首先用细点画线画出各投影的中心线、轴线,然后画出投影为圆的那个面的投影,最后根据圆锥的高度及"长对正、高平齐、宽相等"的投影关系绘出其余投影。

3. 圆锥的投影分析

如图 9-16 所示,当圆锥轴线垂直于 H 面时,其 H 投影为一个圆,该圆既是圆锥底圆的实形投影,又是圆锥面的投影,其半径等于圆锥底面的半径;圆锥面轴线的投影积聚在该圆的圆心上,规定用相互垂直且平行于投影轴的细点画线画出该圆的中心线,交点为圆心,锥顶 S 的 H 投影也与圆心重合。

圆锥的 V 投影和 W 投影是两全等的等腰三角形,底边是圆锥底圆的积聚投影,其长度

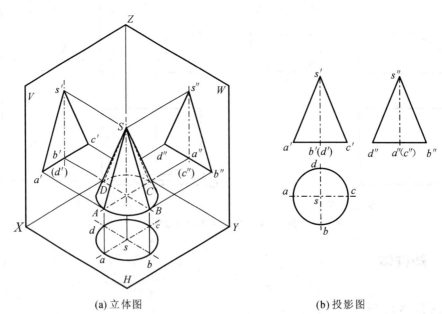

(a) 立体图   (b) 投影图

图 9-16 圆锥体的投影分析

等于底圆的直径,其高等于圆锥的高,中心线为轴线的实形投影,用点画线绘制。圆锥的 V 投影是圆锥的前半个圆锥面与后半个圆锥面的重合投影,等腰三角形的左、右边线 $s'a'$、$s'c'$ 分别是圆锥面的最左、最右轮廓素线 SA、SC 的实形投影。圆锥的 W 投影是圆锥的左半个圆锥面与右半个圆锥面的重合投影,等腰三角形的左、右边线 $s''d''$、$s''b''$ 分别是圆锥面的最后、最前轮廓素线 SD、SB 的实形投影。

4. 圆锥可见性的判别

如图 9-16 所示,圆锥的 H 投影是一个圆,该圆是圆锥面与底圆投影的重合投影,圆锥面及其上的点和线可见,底圆及其上的点和线不可见。圆锥的 V 投影为前半个圆锥面与后半个圆锥面的重合投影,其前半个圆锥面及其上的点和线可见,后半个圆锥面及其上的点和线不可见。圆锥的 W 投影为左半个圆锥面与右半个圆锥面的重合投影,其左半个圆锥面及其上的点和线可见,右半个圆锥面及其上的点和线不可见。

5. 圆锥表面上点及线的投影

在圆锥表面上取点与在圆柱表面取点一样,其作图原理与平面上取点的作图原理相似,即过圆锥表面上的点作辅助线,点的投影必在辅助线的同面投影上。圆锥表面上素线和纬圆是常用的辅助线,采用这两种辅助线来求点的投影的作图方法分别称为辅助素线法和辅助纬圆法。

如图 9-17(a) 所示,已知圆锥表面上的点 M 的 V 投影 m',求作其余两投影,下面采用两种方法分别作图。

(1) 素线法。如图 9-17(b) 所示,因点 M 处于圆锥表面的一般位置上,为确定该点位置,可连接点 M 与锥顶 S,并将其延长交底圆于点 A,则点 M 位于素线 SA 上。作图时,首先将 m' 与 s' 连接并延长交底圆的积聚投影于 a',由于 m' 可见,则过 m' 的素线的投影 $s'a'$ 亦可见,素线 SA 位于圆锥面左前部分,点 A 位于底圆的左前部分;然后过 a' 向下作投影连线交底圆的 H 投影于 a,连接 sa 为素线 SA 的 H 投影;再过 m' 向下作投影连线与 sa 相交于 m,即为所求点 M 的 H 投影;最后根据点的投影规律作出 m'',作图过程如图 9-17(c) 所示。

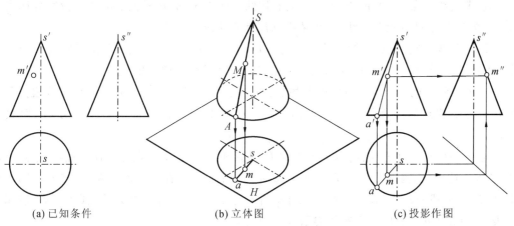

(a) 已知条件　　　　(b) 立体图　　　　(c) 投影作图

图 9-17　用素线法在圆锥体表面取点

(2) 辅助纬圆法(简称纬圆法)。如图 9-18(a) 所示,为确定点 M 位置,可过该点作一个辅助纬圆,该纬圆将与最右轮廓素线交于点 B,则点 M 位于该纬圆上。作图时,首先过 m' 作水平纬圆的正面积聚投影交圆锥最右素线于 b';然后过 b' 向下作投影连线交圆锥最右素线的 H 投影于 b,以 sb 为半径作出该纬圆;再过 m' 向下作投影连线交纬圆的 H 投影于 m,即为所求点 M 的 H 投影;最后根据点的投影规律作出 m'',作图过程如图 9-18(b) 所示。

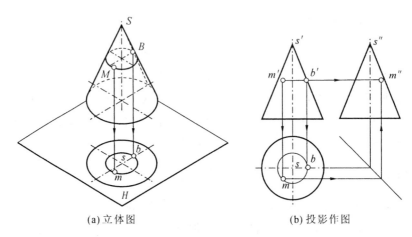

(a) 立体图　　　　　(b) 投影作图

图 9-18　用纬圆法在圆锥体表面取点

在圆锥表面上定线,只要定出若干个特殊点(如线的端点、转向点等)及一般点的投影,再用光滑的曲线连接即可。

【例 9-3】　如图 9-19(a) 所示,已知圆锥的三面投影及其表面上线 MN 的 V 投影 $m'n'$,试作出 MN 的 H、W 投影。

解　(1) 分析:由于 M、N 两点均位于圆锥表面上,且点 M 位于左、前、下方,点 N 位于右、上、前方,故其连线为曲线。该曲线可视为由无数多个点组成,分别求出其端点 M、N,转向点 A 及中间点 B、C 的 H、W 投影,在判别可见性后,再用光滑的曲线连接即为所求线的另外两投影。

(2) 作图步骤:具体作图如图 9-19(b)、(c)、(d) 所示。

① 求曲线端点 M、N 的 H、W 投影:利用纬圆法求出 m,再根据点的三面投影规律求出 m'';因点 N 位于最右轮廓素线上,可依据从属性直接求出 n、(n'')。

② 求曲线在左、右转向轮廓素线上的转向点 A 的 H、W 投影:点 A 位于圆柱最前素线上,直接由 a' 求出 a'',再利用纬圆法或根据点的三面投影规律求出 a。

③ 求曲线中间点 B、C 的 H、W 投影:在 $m'a'$、$a'n'$ 中部取 b'、c',然后利用素线法分别求出 b、c,再根据点的三面投影规律求出 b''、(c''),点 C 位于圆锥面的右半部分,因而表示为 (c'')。

④ 判别可见性并连线:将以上求出的 H 投影和 W 投影中各点光滑连接;因整个圆锥面的 H 投影均可见,因而曲线的 H 投影 mbacn 可见;而点 A 在圆柱面的左、右转向轮廓素线上,因此其 W 投影 a'' 是曲线 W 投影的可见与不可见的分界点,其中 $a''c''n''$ 段不可见,应用虚线表示,而 $m''b''a''$ 段可见,用实线表示。

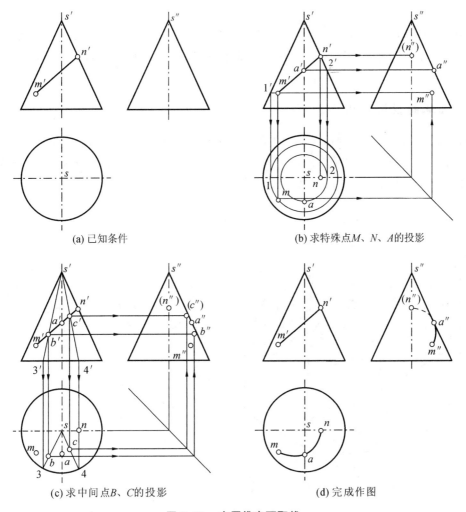

(a) 已知条件　　　　　　　　(b) 求特殊点 M、N、A 的投影

(c) 求中间点 B、C 的投影　　　(d) 完成作图

图 9-19　在圆锥表面取线

9.3.3　圆球体

1. 圆球体的形成

圆球体(简称圆球)是由圆球面围成的封闭立体,如图 9-20 所示。其中,圆球面是由一圆周(曲母线)以它的任意一条直径为旋转轴(又称轴线)旋转一周而形成的。

2. 圆球的投影画法

圆球是由圆球面围成,因此绘制其投影图就是绘制圆球面的投影图。圆球面的三个投影是三个投影面平面圆的实形投影,该三个投影面平行圆的其余两个投影积聚为过球心的水平线或竖直线,但在投影表示时,不绘出这两条直线,而保留球的中

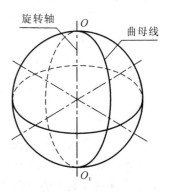

图 9-20　圆球面的形成

心线。

与绘制圆柱及圆锥投影图一样,画圆球投影图时,首先用细点画线画出各投影的中心线,然后逐个画出各投影图中外形轮廓纬圆的投影,各投影应满足"长对正、高平齐、宽相等"的投影关系。

3. 圆球的投影分析

如图 9-21 所示,不论圆球在三面投影体系中如何放置,它的三个投影均为直径等于圆球直径的圆。但这三个圆并不是圆球上同一个圆的三个投影,而是三个过球心,在球面上互相垂直且平行于对应投影面的最大赤道圆的实形投影。

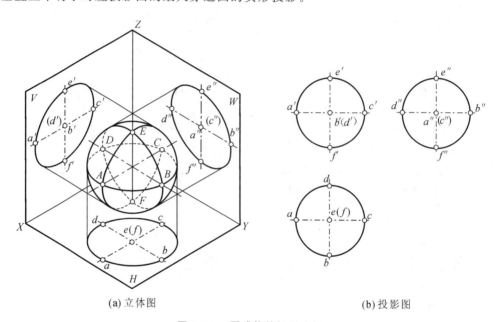

(a) 立体图　　　　　　　　　　(b) 投影图

图 9-21　圆球体的投影分析

圆球的 H 投影轮廓圆 abcd 是球面上平行于 H 面的最大赤道圆 ABCD 的实形投影,其中心线 aec(f) 是正平赤道圆 AECF 的积聚投影,而其另一条中心线 bed(f) 是侧平赤道圆 BEDF 的积聚投影;圆球的 V 投影轮廓圆 a'e'c'f' 是球面上平行于 V 面的最大赤道圆 AECF 的实形投影,其中心线 a'b'c'(d') 是水平赤道圆 ABCD 的积聚投影,而其另一条中心线 b'e'(d')f' 是侧平赤道圆 BEDF 的积聚投影;圆球的 W 投影轮廓圆 b″e″d″f″ 是球面上平行于 W 面的最大赤道圆 BEDF 的实形投影,其中心线 a″b″(c″)d″ 是水平赤道圆 ABCD 的积聚投影,而其另一条中心线 a″e″(c″)f″ 是正平赤道圆 AECF 的积聚投影。

4. 圆球的可见性判别

如图 9-21 所示,圆球的 H 投影是一个圆,该圆是上半个球面与下半个球面的重合投影,其上半个球面及其上的点和线可见,下半个球面及其上的点和线不可见。圆球的 V 投影也是一个圆,该圆是前半个球面与后半个球面的重合投影,其前半个球面及其上的点和线可见,后半个球面及其上的点和线不可见。圆球的 W 投影也是一个圆,该圆是左半个球面与右半个球面的重合投影,其左半个球面及其上的点和线可见,右半个球面及其上的点和线不可见。

5. 圆球表面上点及线的投影

由于球面是曲纹曲面，表面不可能有直线，因而球面上定点时常采用纬圆法，即以过该点并与某投影面平行的纬圆为辅助线，先求出辅助纬圆的其他投影，然后根据"位于纬圆上的点，其投影必在纬圆的同面投影上"，求纬圆上点的投影。该纬圆在其所平行的投影面上的投影反映实形，在其他投影面上的投影积聚为线段。

如图 9-22(a) 所示，已知圆球表面上的点 M 的 V 投影 m'，要求其 H 投影 m 及 W 投影 m''。如图 9-22(b) 所示，可过点 M 作平行于 H 面的纬圆交平行于 V 面的赤道圆 $AECF$ 于点 I，求出该纬圆 H 投影，则点 M 的 H、W 投影即可求得。

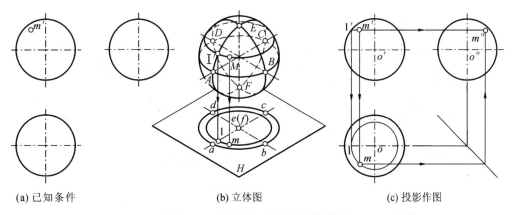

(a) 已知条件　　　　(b) 立体图　　　　(c) 投影作图

图 9-22　用纬圆法在圆球体表面取点

如图 9-22(c) 所示，首先过点 m' 作平行于 H 面纬圆的 V 面积聚投影与平行于 V 面赤道圆的实形投影交于点 $1'$；然后过点 $1'$ 向下作投影连线交平行于 V 面赤道圆的 H 面积聚投影于 1；以 o 为圆心，$o1$ 为半径，作出该纬圆的 H 面实形投影；再过 m' 向下作投影连线交纬圆的 H 投影于两点，因点 m' 可见，取前半圆上的一点 m，即为所求点 M 的 H 投影；最后根据点的投影规律作出点 m''。

在圆球表面上定线，只要定出若干个特殊点（如线的端点、转向点等）及一般点的投影，再用光滑的曲线连接即可。

【例 9-4】　如图 9-23(a) 所示，已知圆球的三面投影及其表面上线 MN 的 V 投影 $m'n'$，试作出 MN 的 H、W 投影。

解　(1) 分析：由于 M、N 两点均位于圆球表面上，因而其连线是一条平面曲线，而圆球上的平面曲线都是圆或圆弧，所以 $m'n'$ 是圆弧 MN 的投影，由于 MN 所处平面倾斜于 H、W 投影面，因而其投影均为椭圆弧。分别求出其端点 M、N，转向点 A、B 及中间点 C 的 H、W 投影，在判别可见性后，再用光滑的曲线连接即为所求线的另外两投影。

(2) 作图步骤：具体作图如图 9-23(b)、(c)、(d) 所示。

① 求曲线端点 M、N 的 H、W 投影：因点 M 位于平行于 V 面的赤道圆上，可依据从属性直接求出 (m)、m''；然后利用纬圆法求出 n，再根据点的三面投影规律求出 (n'')；因点 M 位于圆球面的下半部分，因而 H 投影表示为 (m)；点 N 位于圆球面的右半部分，因而 W 投影表示

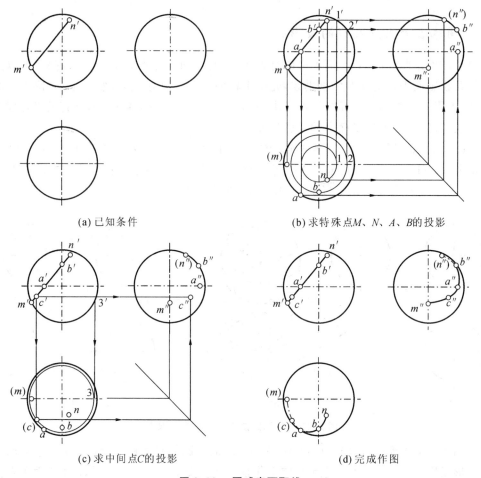

图 9-23　圆球表面取线

为 (n'')。

② 求曲线在平行于 H 面、W 面赤道圆上的转向点 A、B 的 H、W 投影：点 A 位于平行于 H 面的赤道圆上，直接由 a' 求出 a，再利用点的三面投影规律求出 a''；点 B 位于平行于 W 面的赤道圆上，直接由 b' 求出 b''，再利用纬圆法或根据点的三面投影规律求出 b。

③ 求曲线中间点 C 的 H、W 投影：在 $m'a'$ 部分取 c'，然后利用纬圆法求出 (c)，再根据点的三面投影规律求出 c''；点 C 位于圆球面的下半部分，因而 H 投影表示为 (c)。

④ 判别可见性并连线：将以上求出的 H 投影和 W 投影中各点光滑连接；因 mca 位于圆球面的下半部分，因而其 H 投影不可见；而 $b''n''$ 位于圆球面的右半部分，因而其 W 投影不可见。

9.4　平面与曲面立体相交

实际工程中有些工程形体是由曲面立体被平面截割而形成的，如图 9-24 所示。与平面体被切割一样，曲面立体被截平面截割，在曲面立体表面将产生交线，称为曲面立体的截交线。本节主要介绍曲面立体被平面截割的截交线的作图原理及方法。

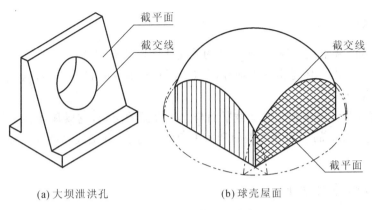

(a) 大坝泄洪孔　　　　　　(b) 球壳屋面

图 9-24　曲面体截交线的应用

9.4.1　截交线基本知识

1. 截交线的形状

平面截割曲面立体的截交线的形状取决于曲面立体表面的性质和截平面与曲面立体的相对位置。通常是封闭的平面曲线,如图 9-24(a) 中圆柱的截交线;有时可能是由平面曲线与直线组成的图形,如图 9-24(b) 中半球的截交线;特殊情况下为一个平面多边形,如表 9-1 中圆柱被平行于轴线的平面所截的截交线等。

表 9-1　圆柱的截交线

截平面位置	垂直于轴线	平行于轴线	倾斜于轴线
截交线形状	圆周	矩形	椭圆
立体图			
投影图			

2. 截交线的性质

与平面立体的截交线一样，曲面立体的截交线同样具有闭合性与共有性。

（1）闭合性：曲面立体是由曲面或曲面与平面共同围成的封闭空间，因而其与截平面的交线必定是闭合的图形。

（2）共有性：曲面立体截交线是截平面与立体表面的交线，它既属于截平面又属于曲面立体的表面，截交线上的点为立体表面和截平面的共有点，截交线是曲面立体与截平面共有点的集合。

3. 截交线的作图方法

（1）辅助素线法：在曲面立体表面取若干条素线，并求出这些素线与截平面的交点，然后将其依次光滑连接即得所求的截交线，如图9-25(a)所示。

（2）辅助纬圆法：在曲面立体表面取若干个纬圆，并求出这些纬圆与截平面的交点，然后将其依次光滑连接即得所求的截交线，如图9-25(b)所示。

（3）辅助平面法：用三面共点的原理作适当数量的辅助平面，并求出辅助平面与立体表面以及截平面的交线，则这两条交线的交点就是截交线上的点，然后将其依次光滑连接即得所求的截交线。如图9-25(c)所示，首先求出辅助平面Q与截平面P的交线AB，接着求出辅助平面Q与圆锥面的交线圆C，线AB与圆C将有交点Ⅰ、Ⅱ，点Ⅰ、Ⅱ即为圆锥截交线上的点，再设立其他辅助平面求出交点Ⅲ、Ⅳ等，最后将所求的交点依次光滑连接即得所求的截交线。

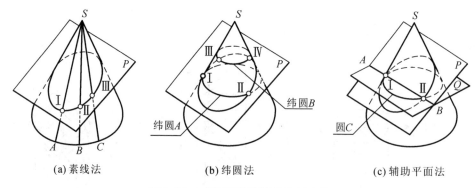

(a) 素线法　　　　　　　　(b) 纬圆法　　　　　　　　(c) 辅助平面法

图 9-25　曲面体截交线的作图方法

选取辅助平面时应使它与曲面体的交线的投影为简单而又易于绘制的直线或圆。因此，辅助平面往往选择投影面平行面或投影面垂直面。

本书所讨论的立体与平面的截交线仅限于截平面为特殊位置的情况，故截交线的投影至少有一个具有积聚性，而截交线的其他投影可能具有实形性、积聚性或类似性。

4. 截交线的求解步骤

（1）空间分析及投影分析：分析曲面立体在未截割前的形状以及截平面与曲面立体轴线的相对位置，以便确定立体是如何被截割的以及截交线的空间形状。分析截平面与投影面的相对位置，以明确截交线的投影特性，如实形性、积聚性或相仿性等。确定截交线的已知投影,预见未知投影。

(2) 求点的投影:利用在曲面立体表面定点的方法,首先求出截交线上特殊点的投影,再求出适量一般点的投影。

(3) 判别可见性并连点:根据"位于曲面立体表面可见部分的截交线的投影是可见的,否则为不可见"的原则判断截交线投影的可见性,并将上述各点依次光滑连线。

(4) 整理轮廓线:对截切后的曲面立体轮廓线进行分析,补全可见与不可见的曲面立体轮廓线,并擦除被截切掉的轮廓线。

若截交线的投影为圆或直线时,可直接求出,再判别可见性和整理轮廓线即可。

5. 截交线上的特殊点

(1) 极限位置点:确定曲线范围的最上、最下、最前、最后、最左、最右点。

(2) 转向轮廓点:曲线上处于曲面投影转向轮廓线上的点,是区分曲线可见与不可见部分的分界点。

(3) 特征点:曲线本身具有特征的点,如椭圆长短轴的端点,抛物线顶点,双曲线顶点等。

(4) 结合点:当截交线由几部分不同线段组成时结合处的点,如相邻截平面所截截交线的交点或相邻截平面的交线与曲面立体表面的交点,如图9-26 中的点 C、D。

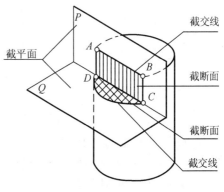

图 9-26 圆柱被两个平面截切

9.4.2 圆柱的截交线

平面截割圆柱,可因截平面与圆柱轴线相对位置的不同而有不同的形状,如表 9-1 所示。当截平面与圆柱轴线垂直时,截交线的空间形状是一个圆,该圆的直径与圆柱的直径相同;当截平面与圆柱轴线平行时,截交线的空间形状是一个矩形;当截平面与圆柱轴线倾斜时,截交线的空间形状是一个椭圆,其短轴与圆柱的直径相同,而长轴随截平面对圆柱轴线的倾角变化而变化。椭圆的投影一般情况仍为椭圆,其形状、大小和长短轴的方向与截平面和圆柱轴线的夹角有关,作投影图时,可利用在圆柱表面取点的方法(即辅助素线法)求出一系列共有点,再依次光滑连接各点的同面投影即可。

【例 9-5】 如图 9-27(a)所示,已知圆柱被正垂面 P 截切后的 V 投影,试求截交线的其余投影和断面的实形。

解 (1) 分析:圆柱轴线垂直于 H 面,截平面 P 垂直于 V 面,与圆柱轴线斜交,截交线的空间形状为椭圆。如图 9-27(b)所示,椭圆的长轴 AC 平行于 V 面,短轴 BD 垂直于 V 面。椭圆的 V 投影积聚为一直线段与截平面 P 的 V 面积聚投影 P^V 重影,椭圆的 H 投影落在圆柱面的 H 面积聚投影上而成为一个圆,因此只需求出椭圆的 W 投影。

(2) 作图步骤:具体作图如图 9-27(c)所示。

① 求作特殊点的投影:点 A、C、B、D 为椭圆长、短轴的端点,P^V 与圆柱最右、最左素线的 V 投影的交点 a'、c' 为长轴端点 A、C 的 V 投影,P^V 与圆柱最前、最后素线的 V 投影的交

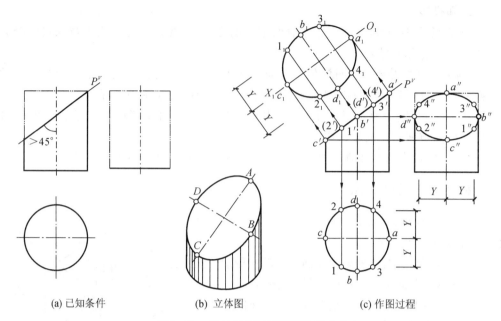

图 9-27 圆柱被正垂面截切的截交线

点 b'、(d') 为短轴端点 B、D 的 V 投影,由此可求得 a''、c''、b''、d''。

② 求作一般点的投影:为准确作出椭圆的 W 投影,还应作出若干个一般点 Ⅰ、Ⅱ、Ⅲ、Ⅳ,首先在 P^V 上取对称点 $1'(2')$、$3'(4')$,然后利用在圆柱表面定点的素线法求出其 H 投影 1、2、3、4,再根据 V 投影及 H 投影求出其 W 投影 $1''$、$2''$、$3''$、$4''$。

③ 判别可见性并连点:由于圆柱的左上部分被截切,因而其 W 投影均可见,应用实线表示,在 W 投影上用光滑的曲线顺次连接 a''-$3''$-b''-$1''$-c''-$2''$-d''-$4''$-a''。

④ 整理轮廓线:由于圆柱的最前、最后素线只有位于 B、D 以上部分被截,因而 W 投影图中最前、最后素线的 W 投影位于 b''、d'' 以上部分不应画线,而其下应用粗实线表示;圆柱上底面已被截割,因而 W 投影图中表示上底面的积聚投影的线也不应画出。

⑤ 求断面实形:用一次换面法求得断面实形,设立新投影面 H_1 平行于截平面 P,新投影轴 O_1X_1 平行于 P^V,分别作出 A、C、B、D、Ⅰ、Ⅱ、Ⅲ、Ⅳ 等点在 H_1 面上的新投影 a_1、b_1、c_1、d_1、1_1、2_1、3_1、4_1,顺次光滑连接 a_1-3_1-b_1-1_1-c_1-2_1-d_1-4_1-a_1,即得所求断面的实形。

从本例可知,轴线垂直于 H 投影面的圆柱被正垂面所截切,截交线椭圆的 W 投影一般仍是椭圆。当截平面与圆柱轴线的夹角 $\alpha > 45°$ 时,空间椭圆长轴的 W 投影,变为 W 投影椭圆的短轴;当截平面与圆柱轴线的夹角 $\alpha < 45°$ 时,空间椭圆长轴的 W 投影仍为 W 投影椭圆的长轴;当截平面与圆柱轴线的夹角 $\alpha = 45°$ 时,空间椭圆长轴的 W 投影成为一个与圆柱底圆相等的圆。

【例 9-6】 如图 9-28(a)所示,已知半圆柱的三面投影及被水平面 P、正垂面 R 截切的 V 投影,试求半圆柱被截切后的 H、W 投影。

解 (1)分析:由所给的 V 投影可知,正垂截平面 R 与圆柱的轴线斜交,与圆柱面的截交线是椭圆,但截平面 R 未与圆柱上所有素线相交,因此截交线为不完整的椭圆(即椭圆弧),其 V 投影积聚在 R^V 上,H 面投影为相仿形,W 投影重合在圆柱面的积聚投影圆周上;水平截平面 P 与圆柱的轴线平行,与圆柱面的截交线为矩形,其 V 投影积聚在 P^V 上,H 投影反映实形，W 投影积聚为直线段。如图 9-28(b) 所示，要作出矩形需定 4 个点 A、B、D、E，要作出椭圆弧，需定 5 个点 B、C、D、Ⅰ、Ⅱ，其中 B、D 为结合点。

(2) 作图步骤：具体作图如图 9-28(c)、(d) 所示。

① 求作水平面 P 与圆柱面的截交线：水平面 P 与圆柱面的交线为 ABDE，其中点 A、E 为截平面 P 与圆柱左底面的交点，点 B、D 为两截平面的交线与圆柱面的交点，AB、ED 为圆柱素线的一部分。由截交线的 V 投影 a'-b'-(d')-(e') 可直接求出 W 投影 a''-(b'')-(d'')-e''，然后根据点的投影关系求出 H 投影 a-b-d-e。

② 求作正垂面 R 与圆柱面的截交线：正垂面 R 与圆柱面的交线为 BⅠCⅡD，其中点 C 为截平面 R 与圆柱最上素线的交点，可直接由 c' 求出 c 及 c''；点 Ⅰ、Ⅱ 为椭圆弧的中间点，根据素线法，由 $1'$、($2'$) 求出 $1''$、$2''$，再根据点的投影关系求出 1、2；点 B、D 为结合点，其投影在第 ① 步已作出。

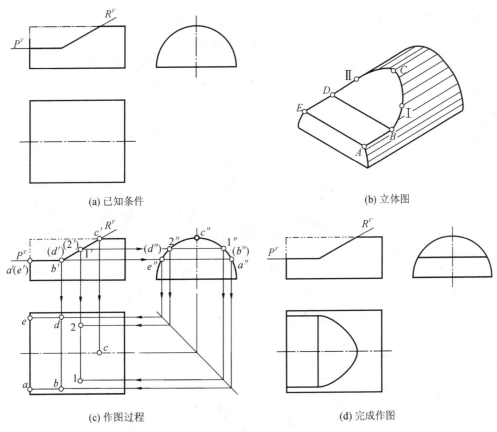

图 9-28　圆柱被两个平面截切的截交线

③ 判别可见性并连点：由于圆柱的左上部分被截切，因而其 H、W 投影均可见，应用粗实线表示，在 H 投影上用光滑的曲线顺次连接 a-b-1-c-2-d-e-a，bd 为两截平面的交线也应连接。由于圆柱面 W 投影具有积聚性，椭圆弧与圆柱面积聚投影重合，矩形积聚为一直线段，因而截交线的 W 投影只需连接 a''(b'')-e''(d'')。

④ 整理轮廓线：将圆柱被截切部分的投影轮廓线擦除，本例中被截切部分对剩余形体的投影轮廓线没有影响，因而在 H、W 投影中没有要擦除的轮廓线。

9.4.3 圆锥的截交线

平面截割圆锥，截平面与圆锥底面的交线为直线段，截平面与圆锥面的交线根据截平面与圆锥轴线相对位置的不同，而可能为圆、椭圆、抛物线、双曲线和相交两直线段等五种情况。因而，平面截割圆锥体，截交线的空间形状如表9-2所示，有如下五种情况：

① 当截平面与圆锥轴线垂直时，截交线的空间形状是一个圆周；

② 当截平面与圆锥轴线倾斜且与所有素线相交时，截交线的空间形状是一个椭圆；

③ 当截平面与圆锥轴线倾斜且平行于任一条素线时，截交线的空间形状为抛物线和直线围成的图形；

④ 当截平面与圆锥轴线平行且平行于任两条素线，截交线的空间形状为双曲线和直线围成的图形；

⑤ 当截平面与圆锥轴线倾斜且通过锥顶，截交线的空间形状为等腰三角形。

表 9-2 圆锥的截交线

截平面位置	垂直于轴线 ($\alpha=90°$)	倾斜于轴线且与所有素线相交 ($\alpha>\beta$)	倾斜于轴线且平行于任一素线 ($\alpha=\beta$)	平行于轴线且平行于任两条素线 ($\alpha<\beta$)	倾斜于轴线且通过锥顶 ($\alpha<\beta$)
截交线形状	圆	椭圆	抛物线和直线围成的图形	双曲线和直线围成的图形	等腰三角形
立体图					
投影图					

注：表中 α 为截平面与圆锥轴线的夹角，β 为半锥顶角。

平面截割圆锥面所得的截交线圆、椭圆、抛物线、双曲线，统称为圆锥曲线。当截平面倾斜于投影面时，圆、椭圆、抛物线和双曲线的投影，一般仍为相仿形，其投影分别为椭圆、椭圆、抛物线和双曲线，椭圆的投影在特殊情况下亦可能为圆。作投影图时，可利用在圆锥表面取点的方法（即辅助素线法或辅助纬圆法）求出一系列公共点，再依次光滑连接各点的同面投影即可。

【例 9-7】 如图 9-29(a) 所示,已知圆锥被正垂面 P 截切后的 V 投影,试完成它被截切后的 H、W 投影,并求作断面实形。

解 (1) 分析:截平面 P 与圆锥轴线斜交且与所有素线均相交,截交线的空间形状为椭圆。如图 9-29(b) 所示,正垂面 P 与最左、最右素线的交点,分别为椭圆长轴的端点 C、A,其连线 AC 平行于 V 面。短轴 BD 垂直于 V 面,且垂直平分长轴 AC。截交线椭圆的 V 投影积聚为一直线段与截平面 P 的 V 面积聚投影 P^V 重影,其 H、W 投影仍为椭圆。由于短轴 BD 垂直于 V 面,必平行于 H、W 面,故 AC 和 BD 的 H、W 投影 ac、bd 和 $a''c''$、$b''d''$ 亦分别垂直,为 H、W 投影椭圆的长、短轴。

(2) 作图步骤:具体作图如图 9-29(c)、(d)、(e) 所示。

① 求作椭圆长短轴端点的投影:点 A、C、B、D 为椭圆长、短轴的端点,P^V 与圆锥最右、最左素线的 V 投影的交点 a'、c' 为长轴端点 A、C 的 V 投影,根据 a'、c' 可直接求出 a、c 及 a''、c'',分别为 H、W 投影椭圆的长轴端点。$a'c'$ 的中点 $b'(d')$ 为短轴端点 B、D 的 V 投影,由纬圆

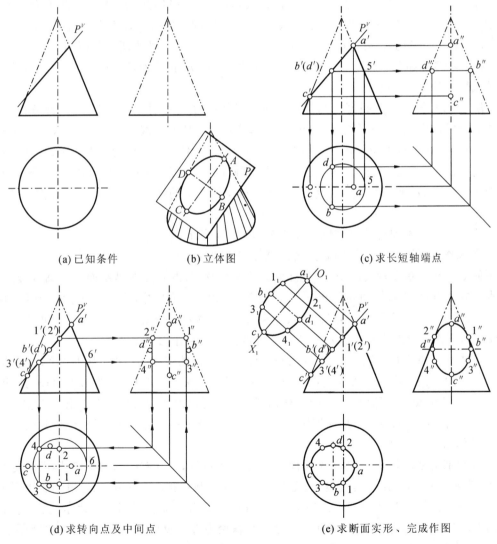

(a) 已知条件　　(b) 立体图　　(c) 求长短轴端点

(d) 求转向点及中间点　　(e) 求断面实形、完成作图

图 9-29　圆锥被正垂面截切的截交线

法或素线法可求出 B、D 的 H、W 投影 b、d 及 b''、d''，即为 H、W 投影椭圆的短轴端点。

② 求作转向轮廓点的投影：点 Ⅰ、Ⅱ 为圆锥最前、最后素线上的点，也是 W 投影轮廓线上的点，还是 W 投影椭圆与轮廓线的切点。圆锥最前、最后素线的 V 投影与 P^V 交点 $1'(2')$ 即为转向轮廓点的 V 投影，由此可先作出 W 投影 $1''$、$2''$，然后根据点的投影关系求出 H 投影 1、2。

③ 求作一般点的投影：为准确作出椭圆的 H、W 投影，还应作出若干个一般点 Ⅲ、Ⅳ，首先在 P^V 上取 $1'(2')$ 的对称点 $3'(4')$，然后利用在圆锥表面定点的纬圆法或素线法求出其 H 投影 3、4，再根据 V 投影及 H 投影求出其 W 投影 $3''$、$4''$。

④ 判别可见性并连点：由于圆锥的左上部分被截切，因而其 H、W 投影均可见，用实线表示，在 H、W 投影上用光滑的曲线顺次连接 A-Ⅰ-B-Ⅲ-C-Ⅳ-D-Ⅱ-A 各点的对应投影，即得投影椭圆的 H、W 投影。

⑤ 整理轮廓线：由于圆锥最前、最后素线位于 Ⅰ、Ⅱ 以上部分被截，因而 W 投影图中最前、最后素线位于 $1''$、$2''$ 以上部分不应画线，而其下仍用粗实线表示。

⑥ 求断面实形：用一次换面法求得断面实形，设立新投影面 H_1 平行于截平面 P，新投影轴 O_1X_1 平行于 P^V，分别作出 A、B、C、D、Ⅰ、Ⅱ、Ⅲ、Ⅳ 等点在 H_1 面上的新投影 a_1、b_1、c_1、d_1、1_1、2_1、3_1、4_1，顺次光滑连接 a_1-1_1-b_1-3_1-c_1-4_1-d_1-2_1-a_1，即为所求断面的实形。

【例 9-8】 如图 9-30(a) 所示，已知圆锥被水平面 P、正垂面 Q 截切后的 V 投影，试完成它被截切后的 H、W 投影。

解 (1) 分析：由 V 投影可知，圆锥被两个截平面 P 和 Q 截切，截交线由两部分构成，截交线应分段作出。水平截平面 P 与圆锥轴线垂直但未与所有素线相交，其截交线为不完整圆周（即圆弧），其 V 投影积聚在 P^V 上，H 投影反映实形，W 投影积聚为一直线段；正垂截平面 Q 与圆锥轴线倾斜且平行于一条素线，但未与圆锥底面相交，其截交线为抛物线，其 V 投影积聚在 Q^V 上，H、W 投影均为相仿形。两部分截交线之间的结合点为点 D、E，如图 9-30(b) 所示。

(2) 作图步骤：具体作图如图 9-30(c)、(d)、(e) 所示。

① 求作水平面 P 与圆锥的截交线：水平面 P 与圆锥的交线为圆弧 $ECABD$，其中点 A 为截平面 P 与圆锥最左素线的交点，直接由 a' 作出 a 及 a''；点 B、C 为截平面 P 与圆锥最前、最后素线的交点，由 $b'(c')$ 直接作出 b'' 及 c''，再在 H 面上以底圆中心为圆心包含 a 作圆，其与最前、最后素线 H 投影的交点即为 b、c；点 D、E 为两截平面的交线与圆锥面的交点，由 $d'(e')$ 向下作投影连线可作出 d、e，再根据点的投影关系作出 d''、e''。

② 求作正垂面 Q 与圆锥的截交线：正垂面 Q 与圆锥的交线为 DⅣ Ⅱ Ⅰ Ⅲ VE，其中点 Ⅰ 为截平面 Q 与圆锥最左素线的交点，可直接由 $1'$ 作出 1 及 $1''$；点 Ⅱ、Ⅲ 为截平面 Q 与圆锥最前、最后素线的交点，可直接由 $2'(3')$ 作出 $2''$ 及 $3''$，再根据点的投影关系作出 2、3；点 Ⅳ、Ⅴ 为抛物线曲线的中间点，根据纬圆法可先后求出 4、5 及 $4''$、$5''$。点 D、E 为结合点，其投影在第 ① 步已作出。

③ 判别可见性并连点：由于圆锥面的 H 投影均可见，且其左中部被截切，因而截交线的 H、W 投影均可见，应用粗实线表示，在 H 投影上用圆弧连接 e-c-a-b-d，用光滑的曲线顺次连接 d-4-2-1-3-5-e，de 为两截平面的交线也应连接，但由于被遮挡用虚线表示。由于水平截平面 P 的 W 投影具有积聚性，因而其上截交线积聚为直线段 $b''c''$，再用光滑的曲线顺次连接 d''-$4''$-$2''$-$1''$-$3''$-$5''$-e''。

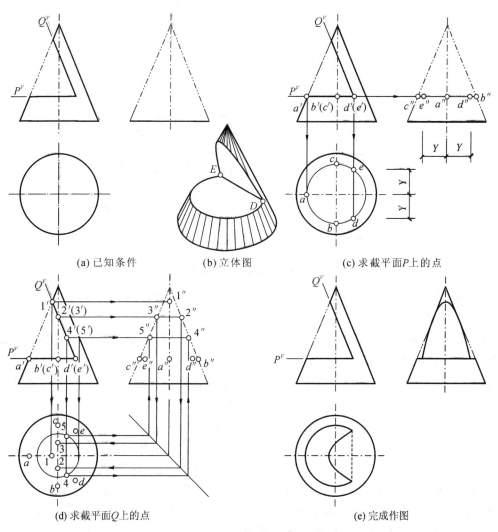

(a) 已知条件　　(b) 立体图　　(c) 求截平面P上的点

(d) 求截平面Q上的点　　(e) 完成作图

图 9-30　圆锥被两个平面截切的截交线

④ 整理轮廓线：将圆锥被截切部分的投影轮廓线擦除，由于圆锥的最前、最后素线位于ⅡB、ⅢC部分被截，因而W投影图中最前、最后素线位于$2''b''$、$3''c''$之间部分不应画线，而$2''$、$3''$以上部分、b''、c''以下部分应用粗实线表示。

9.4.4　圆球的截交线

平面截割圆球，不论截平面的位置如何，截交线的空间形状总是圆。根据截平面对投影面相对位置的不同，截交线的投影可能反映圆的实形，也可能积聚为直线段，还可能为椭圆。当截平面为投影面平行面时，截交线在它所平行的投影面上的投影反映圆的实形，其余投影积聚为直线段，直线段的长度等于圆的直径；当截平面为投影面垂直面时，截交线在它所垂直的投影面上的投影积聚为直线段，其长度等于圆的直径，其余投影为椭圆。

如图 9-31 所示截平面 P 为水平面，截交线的 H 投影反映圆的实形，圆的直径可在 V 投影或 W 投影中量出，为 $a'c'$ 或 $b''d''$。圆的 V、W 投影分别与 P^V、P^W 重合。

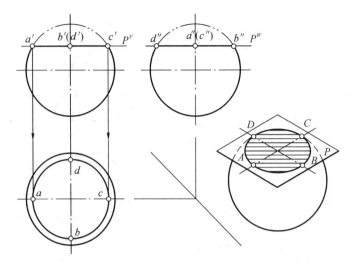

图 9-31 圆球被水平面截割

【例 9-9】 如图 9-32(a) 所示,已知圆球被正垂面 P 截切后的 V 投影,试完成它被截切后的 H、W 投影。

解 (1)分析:截平面 P 为正垂面,截交线的空间形状为圆。截交线圆的 V 投影与截平面 P 的 V 面积聚投影 P^V 重合,为已知投影,而其 H、W 投影均为椭圆。如图 9-32(b) 所示,可首先求出椭圆的长、短轴端点 A、B、C、D,再求出中间点 Ⅰ、Ⅱ、Ⅲ、Ⅳ,最后用光滑曲线连接即可。

(2)作图步骤:具体作图如图 9-32(c)、(d)、(e) 所示。

① 求作投影椭圆长短轴端点的投影:点 A、B、C、D 为截交线圆两根相互垂直平分的直径,AB 平行于 V 面,CD 垂直于 V 面,AB、CD 在 H、V 面上依然相互垂直平分,并且分别成为投影椭圆的短轴和长轴。由 V 投影可知,a'、b' 为 P^V 与正平赤道圆 V 投影的交点,可直接由此作出 a、b 及 a''、b'',分别为 H、W 投影椭圆短轴的端点;线段 $a'b'$ 的中点为 $c'(d')$,可根据纬圆法求出 c、d 及 c''、d'',为 H、W 投影椭圆长轴的端点。

② 求作投影椭圆中间点投影:点 Ⅰ、Ⅱ、Ⅲ、Ⅳ 为截交线圆上的中间点,也为截交线 H、W 投影椭圆的中间点,其中点 Ⅰ、Ⅱ 为水平赤道圆上的点,点 Ⅲ、Ⅳ 为侧平赤道圆上的点。因而可由 P^V 与圆球 V 投影水平中心线的交点 $1'(2')$ 直接作出 1、2,同样由 P^V 与圆球 V 投影竖直中心线的交点 $3'(4')$ 直接作出 $3''$、$4''$,再根据点的投影关系分别作出 $1''$、$2''$ 及 3、4。1、2、3、4 及 $1''$、$2''$、$3''$、$4''$ 分别为 H、W 投影椭圆的中间点。

③ 判别可见性并连点:由于圆球的左上部分被截切,因而其 H、W 投影均可见,用实线表示,在 H、W 投影上用光滑的曲线顺次连接 A-Ⅰ-C-Ⅲ-B-Ⅳ-D-Ⅱ-A 各点的对应投影,即得投影椭圆的 H、W 投影。

④ 整理轮廓线:由 V 投影可知,圆球的水平赤道圆 Ⅰ、Ⅱ 之左部分被截去,且截交线投影椭圆的 H 投影与该部分轮廓圆弧相切于 1、2,故在 H 投影中 1、2 之左部分轮廓线不再绘线,只将 1、2 之右部分轮廓线用实线绘出;同理,圆球的侧平赤道圆 Ⅲ、Ⅳ 之上部分被截去,且截交线投影椭圆的 W 投影与该部分轮廓圆弧相切于 $3''$、$4''$,故在 W 投影中 $3''$、$4''$ 之上部分轮廓线不再绘线,只将 $3''$、$4''$ 之下部分轮廓线用实线绘出。

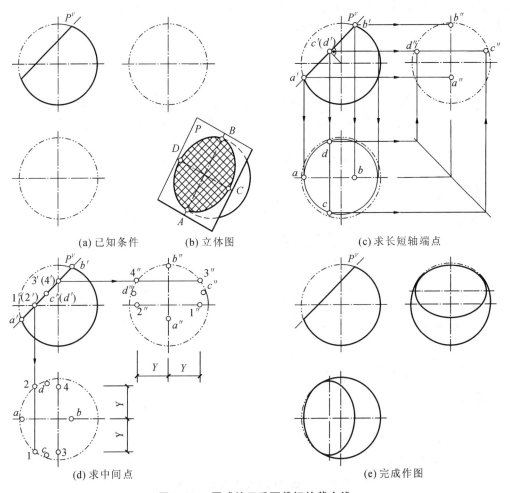

图 9-32 圆球被正垂面截切的截交线

【例 9-10】 如图 9-33(a) 所示，已知半球被正垂面 P 及水平面 Q 截切后的 V 投影，试完成它被截切后的 H、W 投影。

解 (1) 分析：半球被正垂截平面 P 和水平截平面 Q 截切，其空间形状都是圆弧，截交线由两部分构成，截交线应分段作出。水平截平面 Q 与半球的截交线为水平圆弧，其 V 投影积聚在 Q^V 上，H 投影反映实形，W 投影积聚为水平直线段；正垂截平面 P 与半球的截交线为正垂圆弧，其 V 投影积聚在 P^V 上，H 投影和 W 投影均为椭圆弧。两部分截交线之间的结合点为点 B、C，如图 9-33(b) 所示。

(2) 作图步骤：具体作图如图 9-33(c)、(d)、(e) 所示。

① 求作水平面 Q 与半球的截交线：水平面 Q 与半球的交线为圆弧 CAB，其中点 A 为截平面 Q 与半球正平赤道圆的交点，可直接由 a' 作出 a 及 a''；点 B、C 为截平面 Q 及 P 的交线与半球面的交点，从 $b'(c')$ 向 H 面引投影连线与半球过 A 点的水平纬圆的 H 投影的交点即为 b、c，再根据点的投影关系作出 b''、c''。

② 求作正垂面 P 与半球的截交线：正垂面 P 与半球的交线为 BⅡⅠⅢC，其中点 Ⅰ 为截平面 P 与半球正平赤道圆的交点，可直接由 $1'$ 作出 1 及 $1''$；点 Ⅱ、Ⅲ 为截平面 P 与半球侧平

赤道圆的交点,可直接由 $2'(3')$ 作出 $2''$ 及 $3''$,再根据点的投影关系作出 2、3;点 B、C 的投影在第 ① 步已作出。由于 $b'(c')$ 为过球心所作 P^V 垂线的垂足点,因而 b、c 及 b''、c'' 分别为 H、W 面投影椭圆弧的长轴端点,H、W 面椭圆弧均为半个椭圆。

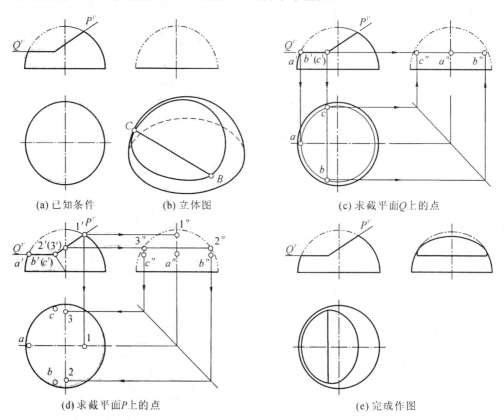

图 9-33　圆球被两个平面截切的截交线

③ 判别可见性并连点:由于半球的 H 投影均可见,且其左上部被截切,因而截交线的 H、W 投影均可见,应用粗实线表示,在 H 投影上用圆弧连接 c-a-b,用光滑的曲线顺次连接 b-2-1-3-c,bc 为两截平面的交线,其 H 投影可见,也应用粗实线连接。由于水平截平面 Q 的 W 投影具有积聚性,因而其上截交线的 W 投影积聚为直线段 $b''c''$,再用光滑的曲线顺次连接 b''-$2''$-$1''$-$3''$-c''。

④ 整理轮廓线:因半球平行 H 面赤道圆未被截切,因而半球 H 投影轮廓线均用粗实线表示。而半球平行 W 面赤道圆在 Ⅱ、Ⅲ 之上部分被截切,且截交线投影椭圆弧的 W 投影与该部分轮廓圆弧相切于 $2''$、$3''$,故在 W 投影中 $2''$、$3''$ 之上部轮廓线不再绘线,只将 $2''$、$3''$ 之下部分轮廓线用粗实线绘出。

9.5　平面立体与曲面立体相交

平面立体与曲面立体相交,在立体表面产生的交线,称为平面立体与曲面立体的相贯线。平、曲面立体相交的相贯线一般由若干个部分的平面曲线或平面曲线与直线段所构成。各段平面曲线或直线段,就是平面立体上的各表面(棱面或底面)切割曲面立体所得的截交线;每一段平面曲线或直线段的转折点,是平面立体的棱线与曲面立体表面的交点,即贯穿点,如图 9-34 所示。因此,求作平面立体与曲面立体相贯线的实质是求作贯穿点及曲面立体的截交线。作图时,首先求出各贯穿点的投影,再根据求曲面立体截交线的方法,求出每一段曲线或直线段。

平面立体与曲面立体相交的相贯线与两平面立体相交的相贯线具有相类似的性质,即共有性和闭合性。

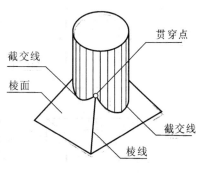

图 9-34　圆柱与四棱锥的相贯线

(1) 共有性:相贯线是平面立体表面与曲面立体表面的交线,因而相贯线既属于平面立体,又属于曲面立体。

(2) 闭合性:由于平面立体及曲面立体均为由其各自表面围合而成的封闭空间,因而相贯线通常是闭合的图形。

要注意的是,在求解相贯线时,相贯线也有不闭合的情形。如图 9-35 所示为土木工程中的圆截面柱与矩形截面梁相贯的情况,矩形梁贯穿圆柱,为全贯,有两组相贯线,其中一组为 A-D-C-(B),另一组与其对称,但两组相贯线均不闭合。其中 AD、BC 为矩形梁的前、后表面与圆柱面的交线,而圆弧 CD 为矩形梁的下表面与圆柱面的交线,但矩形梁的上表面因正好与圆柱的顶面平齐,因而没有交线。

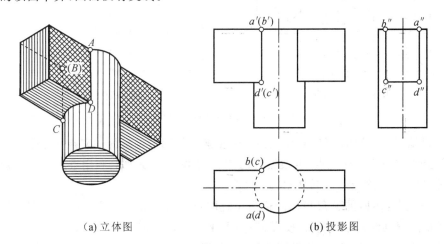

(a) 立体图　　　　　　　　(b) 投影图

图 9-35　圆柱与四棱柱的相贯线

【例 9-11】　如图 9-36(a) 所示,已知圆柱与四棱锥相贯,试求相贯线的各投影。

解　(1) 分析:四棱锥的锥顶 S 位于圆柱的轴线上,其四个棱面均与圆柱的轴线倾斜,因而相贯线为棱锥的四个棱面截切圆柱面所得的四段椭圆弧。四条棱线与圆柱面的交点 Ⅰ、Ⅱ、Ⅲ、Ⅳ 为贯穿点,也是四段椭圆弧的结合点,如图 9-36(b) 所示。圆柱与四棱锥前后、左右对称,相贯线也前后、左右对称。由于圆柱的轴线垂直于 H 面,因而相贯线的 H 投影积聚在圆柱面的积聚投影上,相贯线 H 投影已知,V、W 投影未知。

(2) 作图步骤:具体作图如图 9-36(c)、(d)、(e) 所示。

① 求贯穿点:四棱锥与圆柱的贯穿点(也是最高点)Ⅰ、Ⅱ、Ⅲ、Ⅳ 分别为四棱锥的棱线 SA、SB、SC、SD 与圆柱面的交点,可根据其已知的 H 投影 1、2、3、4,利用在平面立体表面定点的重属性法分别求出其 V、W 投影 1′、2′、3′、4′ 及 1″、2″、3″、4″。

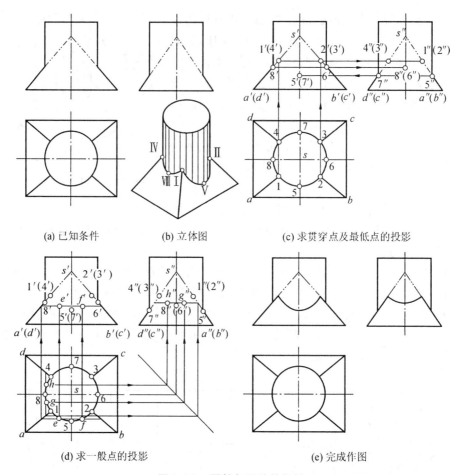

(a) 已知条件　　(b) 立体图　　(c) 求贯穿点及最低点的投影

(d) 求一般点的投影　　(e) 完成作图

图 9-36　圆柱与四棱锥相贯

② 求最低点：圆柱的最前、最右、最后、最左素线与四棱锥棱面的交点 Ⅴ、Ⅵ、Ⅶ、Ⅷ 分别为四段截交线椭圆弧的最低点，可根据其已知 H 投影 5、6、7、8，利用重属性法分别求出其 V、W 投影 $5'、6'、7'、8'$ 及 $5''、6''、7''、8''$。

③ 求一般点：在相贯线 H 投影的适当位置取对称的一般点 e、f 及 g、h，分别利用在平面立体表面定点辅助线法求出其 V 投影 e'、f' 及 W 投影 g''、h''。

④ 连点并判别可见性：该相贯体前后、左右都对称，故属于四棱锥前侧面的相贯线的 V 投影和属于四棱锥左侧面的相贯线的 W 投影都可见。在 V 投影中用光滑的曲线顺次连接 $1'-e'-5'-f'-2'$，用直线段连接 $8'-1'$ 及 $6'-2'$，由于四棱锥及圆柱前后对称，其相贯线也前后对称，故以上相贯线分别与 $4'-7'-3'$、$8'-4'$ 及 $6'-3'$ 重合。在 W 投影中用光滑的曲线顺次连接 $4''-h''-8''-g''-1''$，用直线段连接 $7''-4''$ 及 $5''-1''$，由于四棱锥及圆柱左右对称，其相贯线也左右对称，故以上相贯线分别与 $3''-6''-2''$、$7''-3''$ 及 $5''-2''$ 重合。

【例 9-12】　如图 9-37(a) 所示，已知圆锥与正四棱柱相贯，试求相贯线的各投影。

解　(1) 分析：正四棱柱的四个侧面均平行于圆锥的轴线，所以相贯线为四段双曲线组合而成的空间闭合线。四条棱线与圆锥面的交点 $A、B、C、D$ 为贯穿点，也是四段双曲线的结合点，如图 9-37(b) 所示。圆锥与正四棱柱前后、左右对称，相贯线也前后、左右对称。由于正四棱柱的 H 面投影具有积聚性，因而相贯线的 H 投影积聚在正四棱柱的积聚投影上，相贯线 H 投影已知，V、W 投影未知。

（2）作图步骤：具体作图如图 9-37(c)、(d)、(e) 所示。

① 求贯穿点：正四棱柱与圆锥的贯穿点（也是最低点）A、B、C、D 分别为正四棱柱的棱线与圆锥特殊位置素线（最左、最前、最右、最后素线）的交点，可根据其已知的 H 投影 a、b、c、d，利用重属性法求出其 V 投影 a′、b′、c′、d′ 及 W 投影 a″、b″、c″、d″。

② 求最高点：正四棱柱各棱面的竖向对称线与圆锥面的交点 E、F、G、H 分别为四段截交线（双曲线）的最高点，可根据其已知的 H 投影 e、f、g、h，利用纬圆法或素线法求出其 V 投影 e′、f′、g′、h′ 及 W 投影 e″、f″、g″、h″。

③ 求一般点：在相贯线 H 投影的适当位置取对称的一般点 1、2、3、4、5、6、7、8，使其在圆锥的一个纬圆上，利用在圆锥表面上定点的辅助纬圆法求出其 V 投影 1′、2′、3′、4′、5′、6′、7′、8′ 及 W 投影 1″、2″、3″、4″、5″、6″、7″、8″。

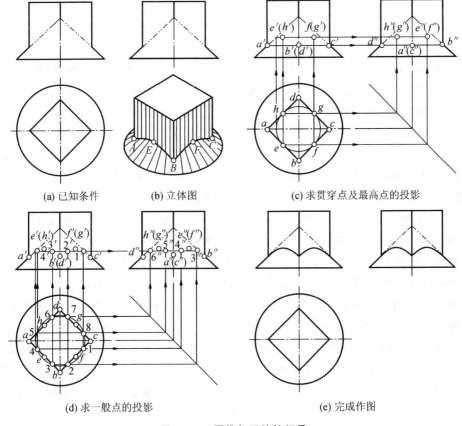

图 9-37　圆锥与四棱柱相贯

④ 连点并判别可见性：该相贯体前后、左右都对称，故属于圆锥前半部分相贯线的 V 投影和属于圆锥左半部分相贯线的 W 投影都可见。在 V 投影中用光滑的曲线顺次连接 a′-4′-e′-3′-b′-2′-f′-1′-c′，由于正四棱柱及圆锥前后对称，其相贯线也前后对称，故以上相贯线与 a′-5′-h′-6′-d′-7′-g′-8′-c′ 重合。在 W 投影中用光滑的曲线顺次连接 d″-6″-h″-5″-a″-4″-e″-3″-b″，由于正四棱柱及圆锥左右对称，其相贯线也左右对称，故以上相贯线分别与 d″-7″-g″-8″-c″-1″-f″-2″-b″ 重合。

小　结

1. 一个动点连续运动的轨迹、两曲面相交或曲面与平面相交所获得的交线、直线运动时所得线簇的包络线均为曲线。根据曲线形状是否有规则分为规则曲线和不规则曲线，根据曲线上各点是否共面又可分为共面曲线和不共面曲线。曲线的投影一般仍为曲线，由于曲线是点的集合，因此作曲线的投影只需作出其上一系列点的投影，并将各点的同面投影依次光滑连接即可。圆是最常见的平面曲线，根据圆所在的平面与投影面相对位置的不同，其投影可能为圆、椭圆、直线段。

2. 曲面是直线或曲线在一定约束条件下运动的轨迹。根据曲面的形成是否有规律分为规则曲面和不规则曲面；根据在曲面上能否作出直线分为直纹曲面和曲纹曲面；根据母线的运动方式分为回转面和非回转面；根据曲面是否能展开成平面分为可展曲面和不可展曲面；根据曲面的母线运动时是否变形分为定线曲面和变线曲面。曲面通常采用其外形轮廓线的投影表示。工程上常用的回转曲面如圆柱面、圆锥面、圆球面等是由直母线或曲母线绕一轴线旋转而成。

3. 曲面立体是由曲面与平面或者完全由曲面围成的基本立体。工程上常用的基本曲面立体有圆柱体、圆锥体、圆台体、圆球体等，由于其对称性，绘制其投影图时需首先用细点画线画出各投影的中心线、轴线，再根据"长对正、高平齐、宽相等"的投影关系绘制其各面投影。

4. 在曲面立体表面上取点的作图原理与平面上取点的作图原理相似，需过曲面立体表面上的点作辅助线，点的投影必在辅助线的同面投影上。常用的辅助线有素线及纬圆，根据曲面立体表面可作辅助线的不同而有不同的方法，在圆柱表面取点的辅助方法为辅助素线法，在圆球表面取点的方法为辅助纬圆法，在圆锥表面取点的方法采用辅助素线法及辅助纬圆法均可。在曲面立体表面上定线，只要定出若干个特殊点（如线的端点、转向点等）及一般点的投影，再用光滑的曲线连接即可。由于曲面立体的前后、上下、左右的对称性，因而在曲面立体表面所取点及线的投影需判别可见性。在判别可见性时，通常无须判别位于曲面积聚投影上的点及线的可见性，但当两点重合时，相对于观察者较远的点为不可见。

5. 曲面立体被截平面截割，在曲面立体表面产生的交线称为曲面立体的截交线。与平面立体的截交线一样，曲面立体的截交线同样具有闭合性及共有性的性质。截交线的形状取决于曲面立体表面的性质和截平面与曲面立体的相对位置。通常是封闭的平面曲线，有时可能是由平面曲线与直线组成的图形，特殊情况下为一个平面多边形。截交线的作图方法有辅助素线法、辅助纬圆法、辅助平面法。求解时，只需求出截交线上特殊点及若干一般点的投影，再判别可见性并连点，最后整理轮廓线即可。

6. 平面立体与曲面立体相交，在立体表面产生的交线，称为平面立体与曲面立体的相贯线，相贯线一般由平面曲线或平面曲线与直线段所构成。各段平面曲线或直线段，即为平面立体上的各表面切割曲面立体所得的截交线；每一段平面曲线或直线段的转折点，是平面立体的棱线与曲面立体表面的交点，即贯穿点，因此，求作平面立体与曲面立体相贯线的实质是求作贯穿点及曲面立体的截交线。作图时，首先求出各贯穿点的投影，再根据求曲面立体截交线的方法，求出每一段曲线或直线段。

思 考 题

1. 曲线是如何形成的,其分类方式有哪些?
2. 简述平面曲线及空间曲线的投影特性的异同。
3. 简述圆的投影特性。如何求解投影面垂直圆的投影?
4. 空间曲线投射后,它的投影是否能反映实形?能否成为一直线?
5. 如何根据平面曲线的投影,求解它的实长?
6. 曲面的分类方式有哪些,各有哪些类别?
7. 要用投影图表示曲面,需表示曲面上的哪些要素?
8. 什么是回转曲面,工程上常用的回转曲面有哪些?
9. 为什么圆柱面上的直线的投影必然与其轴线平行?
10. 为什么圆锥面上的直线的投影必然过锥顶的投影?
11. 如何在三面投影图中表示曲面立体,如何判别其可见性?
12. 常见回转立体有哪些,它们的投影图各有哪些特性?
13. 在圆柱、圆锥、圆球上取点有哪些简单易画的辅助线?其作图步骤各是怎样的?
14. 如何判别回转面上点的可见性?当点位于回转面的积聚投影上时,可见性如何判别?
15. 圆球三面投影图上平行于三个投影面的赤道圆的含义是怎样的?
16. 如何求解圆球上平行于三个投影面的赤道圆的三面投影?
17. 什么是赤道圆?在圆球面上可以作出多少个赤道圆?其中有多少个赤道圆是与投影面平行的?
18. 过圆球面上的一点能作出多少个圆?其中过该点且与投影面平行的圆有多少个?
19. 在圆球面上能否作出直线段?若能,如何作出直线段?
20. 试简述平面与曲面立体相交,其截交线的构成、作图方法及求解步骤。
21. 什么是曲面立体截交线上的特殊点?
22. 试简述圆柱被平面所截切,其截交线的各种形状。
23. 试简述圆锥被平面所截切,其截交线的各种形状。
24. 试简述圆球被平面所截切,其截交线的各种形状。
25. 试简述平面与曲面立体相交的相贯线的构成、性质及求解步骤。
26. 如何确定平面与曲面立体相交的相贯线的贯穿点的数量?如何求解?

习 题

1. 下列关于曲线的形成说法正确的是( )。
A. 一个动点连续运动所形成的轨迹
B. 直线运动所得线簇的包络线
C. 两曲面相交或曲面与平面相交所获得的交线
D. 以上三种方法均能形成曲线

2. 下列关于曲线的分类,错误的是( )。

A. 规则曲线及不规则曲线　　　　　B. 平面曲线及空间曲线
C. 回转曲线及非回转曲线　　　　　D. 二维曲线及三维曲线

3. 以下选项中,不属于平面曲线的有(　　)。
A. 椭圆　　　　B. 双曲线　　　　C. 抛物线　　　　D. 螺旋线

4. 以下选项中,属于空间曲线的有(　　)。
A. 抛物线　　　B. 双曲线　　　　C. 圆　　　　　　D. 两球面的交线

5. 下列关于曲线投影的作图及特性,说法错误的是(　　)。
A. 作图时,应先求出曲线上一系列点的投影,然后用曲线板将各个点的同面投影光滑顺序连接
B. 无论是平面曲线还是空间曲线,其投影仍是曲线
C. 应求出特殊点的投影包括转向点、反曲点、切点及端点等
D. 直线在空间与曲线相切,在投影图中仍然相切

6. 关于圆的投影特性,说法错误的是(　　)。
A. 若圆所在的平面平行于投影面时,圆的投影反映实形
B. 若圆所在的平面倾斜于投影面时,圆的投影不反映实形
C. 若圆所在的平面垂直于投影面时,圆的投影积聚为一条直线
D. 若圆所在的平面与投影面的倾角为45°时,圆的投影为圆

7. 直线或曲线在一定约束条件下运动而形成的图形称为(　　)。
A. 曲面　　　　　　　　　　　　　B. 曲面体
C. 规则曲面　　　　　　　　　　　D. 不规则曲面

8. 下列关于曲面的分类,错误的是(　　)。
A. 回转面及非回转面　　　　　　　B. 规则曲面及不规则曲面
C. 双曲面及抛物面　　　　　　　　D. 直纹曲面及双向曲面

9. 下列曲面是双向曲面的是(　　)。
A. 圆柱面　　　　　　　　　　　　B. 双曲抛物面
C. 圆环面　　　　　　　　　　　　D. 圆锥面

10. 下列曲面中,属曲线面的有(　　)。
A. 圆锥面　　　　　　　　　　　　B. 双曲抛物面
C. 球面　　　　　　　　　　　　　D. 圆柱面

11. 一直母线沿着一曲导线运动且始终平行于直线而形成的曲面称为(　　)。
A. 立面　　　　B. 平面　　　　　C. 斜面　　　　　D. 柱面

12. 下面关于曲面立体的说法,错误的是(　　)。
A. 表面全部由曲面围成的称为曲面立体
B. 表面部分由曲面围成的称为曲面立体
C. 表面由曲面和平面共同围成的称为曲面立体
D. 曲面立体的投影,归根结底就是作曲面的投影

13. 下面关于圆柱体形成的说法,正确的是(　　)。
A. 由两平行直线,以一条为母线另一条为轴线旋转而成

B. 由矩形绕其一边旋转而成

C. 由圆沿通过其圆心的轴线平移而成

D. 由圆柱螺旋线绕轴线旋转而成

14. 当圆锥体轴线垂直于 H 面时，下列对其投影特性说法错误的是(　　)。

A. 水平投影为一个圆

B. 正面投影和侧面投影为全等的等腰三角形

C. 正面投影和侧面投影含义相同

D. 素线的 H 投影长度均相等

15. 下列关于圆球投影特性的说法不正确的是(　　)。

A. 三个投影均为大小相等的圆

B. 平行于 W 面的赤道圆将球体分为上、下两部分，上半部分可见

C. 平行于 V 面的赤道圆将球体分为前、后两部分，前半部分可见

D. 球体水平投影上半部分可见

16. 在曲面立体表面定点时，只能采用纬圆法的是(　　)。

A. 圆柱体　　　　　　　　　　B. 圆锥体

C. 圆台体　　　　　　　　　　D. 圆球体

17. 在图 9-38 中，点 A 在圆柱表面上，正确的投影图是(　　)。

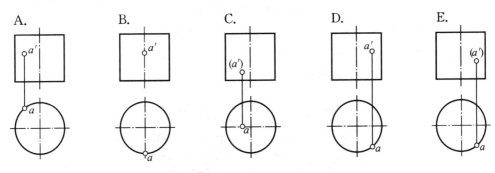

图 9-38　第 17 题图

18. 如图 9-39 所示，在圆柱表面上的点的投影正确的是(　　)。

A. A 点　　　B. B 点　　　C. C 点　　　D. D 点

E. 都不正确

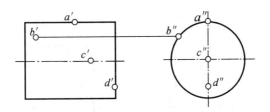

图 9-39　第 18 题图

19. 如图 9-40 所示，已知点 A 在圆锥表面上，正确的投影图是(　　)。

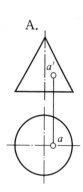 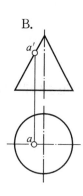 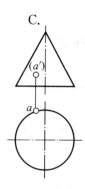 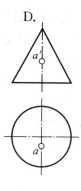 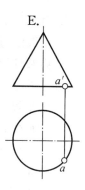

图 9-40　第 19 题图

20. 在图 9-41 中,已知线段 AB 在圆锥表面上,根据其 V 投影判断 AB 是直线的投影图是(　　)。

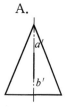  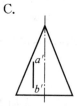 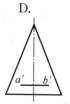

图 9-41　第 20 题图

21. 在图 9-42 中,圆球表面上 A 点正确的空间位置是(　　)。

A. 左、前、下方　　B. 右、前、下方　　C. 左、后、下方

D. 右、后、上方　　E. 都不正确

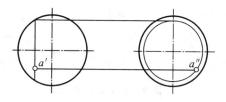

图 9-42　第 21 题图

22. 在图 9-43 中,已知圆弧在半圆球表面上,下列正确的一组投影图是(　　)。

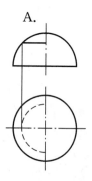 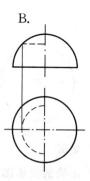 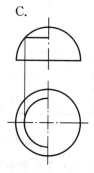 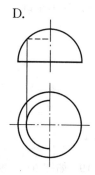

图 9-43　第 22 题图

23. 在图 9-44 中,已知基本立体表面上点 A 的 V 投影 a',求作其 H 投影 a 及 W 投影 a'',

下列作图方法正确的是（　　）。

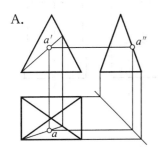
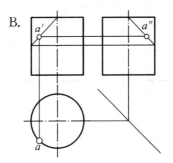
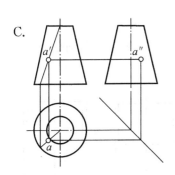
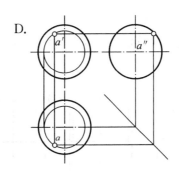

图 9-44　第 23 题图

24. 下列不是求作曲面立体截交线常用方法的是（　　）。
    A. 线面交点法　　　　　　　　B. 辅助素线法
    C. 辅助纬圆法　　　　　　　　D. 辅助平面法
25. 求作曲面立体截交线时，应首先求出特殊点的投影，下列选项中不是特殊点的是（　　）。
    A. 极限位置点　　　　　　　　B. 转向轮廓点
    C. 曲线特征点　　　　　　　　D. 线面之交点
26. 截平面倾斜于圆柱的轴线，截平面与圆柱的交线是（　　）。
    A. 圆　　　　　B. 直线　　　　　C. 双曲线　　　　D. 椭圆
27. 截平面垂直于圆柱的轴线，截平面与圆柱的交线是（　　）。
    A. 圆　　　　　B. 直线　　　　　C. 双曲线　　　　D. 椭圆
28. 截平面平行于圆柱的轴线，截平面与圆柱的交线是（　　）。
    A. 圆　　　　　B. 矩形　　　　　C. 双曲线　　　　D. 椭圆
29. 截平面与圆柱的顶面及圆柱面相交，截交线是（　　）。
    A. 圆　　　　　　　　　　　　B. 矩形
    C. 椭圆　　　　　　　　　　　D. 部分椭圆与直线段的组合
30. 圆柱被一个截平面所截，截交线可能的形状有（　　）。
    A. 2 种　　　　B. 3 种　　　　C. 4 种　　　　D. 5 种
31. 已知圆柱截割体的 V 投影图和 H 投影图如图 9-45 所示，正确的 W 投影图是（　　）。

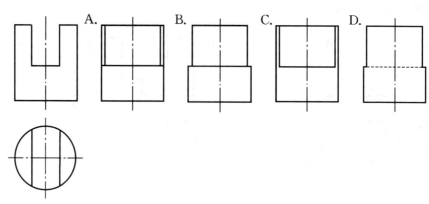

图 9-45　第 31 题图

32. 已知圆柱截割体的 V 投影图和 H 投影图如图 9-46 所示,正确的 W 投影图是(　　)。

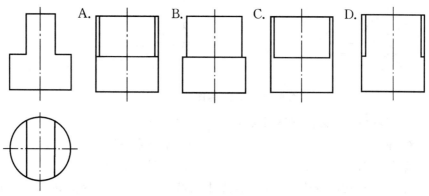

图 9-46　第 32 题图

33. 平面与圆锥面斜交,平面与锥面上所有素线相交时截交线为(　　)。

A. 抛物线　　　　　　　　　　B. 直线

C. 椭圆　　　　　　　　　　　D. 双曲线

34. 平面与正圆锥面正交,平面与锥面上所有素线相交时截交线为(　　)。

A. 椭圆　　　　　　　　　　　B. 直线

C. 圆　　　　　　　　　　　　D. 双曲线

35. 平面与正圆锥面截交,平面平行锥面上两条素线时截交线为(　　)。

A. 抛物线　　　B. 直线　　　C. 椭圆　　　D. 双曲线

36. 平面与圆锥面截交,当截交线为抛物线时,截平面的位置为(　　)。

A. 平行于圆锥面上一条素线

B. 平行于圆锥面上两条素线

C. 与圆锥面上所有素线相交

D. 垂直于圆锥轴线

37. 已知立体截切后的两个投影如图 9-47 所示,关于它的侧面投影,下列选项中正确的是(　　)。

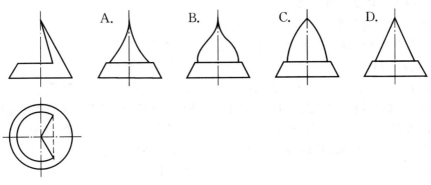

图 9-47　第 37 题图

38. 平面与圆球相交,其截交线的空间形状是(　　)。
A. 圆　　　　　　B. 直线　　　　　　C. 双曲线　　　　　　D. 椭圆

39. 某侧平面与圆球相交,下列说法正确的是(　　)。
A. H 投影是圆　　B. V 投影是直线段　　C. W 投影是椭圆　　D. 以上都不正确

40. 已知立体截切后的两个投影如图 9-48 所示,关于它的侧面投影,下列选项中正确的是(　　)。

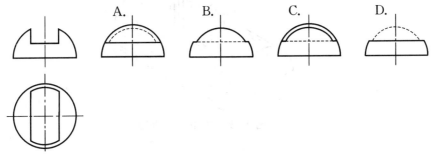

图 9-48　第 40 题图

41. 平面立体与曲面立体相交,交线是(　　)。
A. 直线段　　　　　　　　　　　　B. 平面曲线
C. 直线段与平面曲线所构成　　　　D. 以上均有可能

42. 平面立体与曲面立体相交,交线的基本性质是(　　)。
A. 闭合性　　　　B. 共有性　　　　C. 平行性　　　　D. 闭合性及共有性

43. 平面立体与曲面立体相交,其交线的转折点是(　　)。
A. 曲面立体的素线与平面立体表面的交点
B. 曲面立体的素线与平面立体棱线的交点
C. 平面立体的棱线与曲面立体表面的交点
D. 平面立体的棱线与曲面立体转向轮廓素线的交点

44. 平面立体与曲面立体相交,其可见性判别的原则是(　　)。
A. 交线所属的平面立体的棱面某投影可见,则交线的该面投影可见
B. 交线所属的曲面立体的表面某投影可见,则交线的该面投影可见
C. 交线所属的两个立体表面的某投影均为可见,则交线的该面投影可见

D. 以上三种情况都可见

45. 平面立体与曲面立体相贯线的求解步骤是（　　）。
①求出平面立体上各平面截割曲面立体的截交线；②求出平面立体棱线与曲面立体表面的交点；③判别可见性；④分析相贯线的类型；⑤整理轮廓线。

　A. ①②③④⑤　　　B. ④②①③⑤　　　C. ②①③⑤④　　　D. ④①②③⑤

46. 已知四棱柱与半圆柱相贯的轴测图如图9-49所示，其相贯线的类型是（　　）。

　A. 互贯　　　　　B. 全贯　　　　　C. 半贯　　　　　D. 无法确定

47. 图9-49中的四棱柱与半圆柱相贯，其贯穿点的数量是（　　）。

　A. 3个　　　　　B. 4个　　　　　C. 6个　　　　　D. 8个

48. 图9-49中相贯线的构成是由（　　）。

　A. 线段构成　　　　　　　　　　　B. 平面曲线构成

　C. 线段与平面曲线构成　　　　　　D. 无法确定

49. 在图9-49中，构成相贯线的截交线的数量是（　　）。

　A. 2条　　　　　B. 3条　　　　　C. 4条　　　　　D. 6条

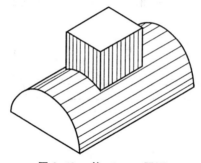

图 9-49　第46—49题图

第 10 章 组合形体

本章学习目标
1. 了解组合形体的概念及其分类;
2. 熟练掌握组合形体的组合方式;
3. 熟练掌握形体分析法及线面分析法;
4. 熟练掌握组合形体投影图的绘图方法;
5. 熟练掌握组合形体投影图的读图方法。

前面两章分别介绍了平面立体及曲面立体,但实际工程中的各种形体,通常不是简单的平面立体或曲面立体,而是结构更为复杂的组合形体。由若干个基本形体经过叠加、切割或既有叠加又有切割而成的形体称为组合形体,简称组合体,如图 10-1 所示。本章主要介绍组合体的组成分析、组合体投影图的绘制和读图方法等内容。

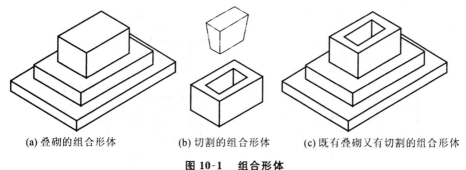

(a) 叠砌的组合形体　　(b) 切割的组合形体　　(c) 既有叠砌又有切割的组合形体

图 10-1　组合形体

10.1　组合形体的形体分析

10.1.1　形体分析法

认真观察复杂的组合体,不难发现它们都是由许多基本形体,按照一定的组合方式组成的。如图 10-1(a) 所示的组合体可视为由三个四棱柱叠加而成;图 10-1(b) 所示的组合体可视为一个四棱柱被挖去一个倒置的四棱台而形成;图 10-1(c) 所示的组合体首先由三个四棱柱叠加,再在最上一个四棱台上挖去一个倒置的四棱台而形成。

这种将组合体假想分解为若干基本形体的叠加和切割,然后一一弄清它们的形状、相对位置及连接方式,从而得出整个组合体的形状和结构,以便顺利地进行绘制和阅读组合体的投影图,这种思考和分析的方法称为形体分析法。

在绘制组合体投影图的时候,运用形体分析法,可以将复杂的形体简化为比较简单的基本形体(如棱柱、棱锥、圆柱、圆锥、圆球等)来完成;而阅读组合体投影图的时候,运用形体分析法,就能从基本形体着手,看懂复杂的组合体。

10.1.2 组合体的组成分析

组合体的组成方式可以分为叠加、切割和综合三种形式。

1. 叠加

叠加是基本形体通过一个或几个表面的连接而形成组合体。叠加方式包括平齐叠加、不平齐叠加、相切叠加及相交叠加四种。

(1) 平齐叠加:两基本形体的表面除结合面外还有相邻的表面平齐共面。由于相接处不存在分界线,在绘制投影图时,两面相接处不应有分界线,如图 10-2(a) 所示。

(2) 相错叠加:两基本形体的表面除结合面外再无其他公共表面,相邻表面相互错开。投影图中的结合处存在分界线,如图 10-2(b) 所示。

(3) 相切叠加:两基本形体的表面除结合面外相邻表面(平面与曲面或曲面与曲面)相切。由于相切处是光滑过渡的,在两个基本形体表面相切的地方没有轮廓线,因而在投影图中不应该有线,如图 10-2(c) 所示。

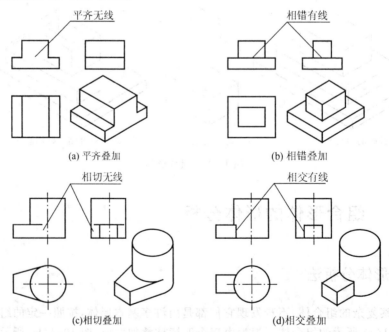

图 10-2　叠加组成方式

(4) 相交叠加：两个基本形体除结合面外有相邻表面相交。此时，相交处产生截交线或相贯线等交线，在绘制投影图时，必须正确画出交线的投影，如图 10-2(d) 所示。

2. 切割

切割是指基本形体被平面或曲面截切后而形成的组合体，在绘制投影图时，应绘出切割处的截交线或相贯线。如图 10-3 所示的组合体可视为一四棱柱的左上方被切去一个三棱柱后，再在剩余形体的上前方切去一个四棱柱而形成的。

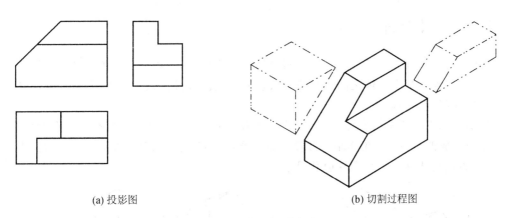

(a) 投影图　　　　　　　　　　　(b) 切割过程图

图 10-3　切割组成方式

3. 综合

工程上复杂的组合体的构成大都兼具叠加和切割两种组合方式，即由基本形体以叠加和切割两种方式混合组合。如图 10-4 所示的组合体可视为一竖放四棱柱的上表面相切叠加一半圆柱，接着与一平放四棱柱后表面平齐叠加，再在平放四棱柱的上前方切去一小四棱柱，最后在竖放四棱柱与半圆柱的中间开一圆柱形通孔贯通前后。

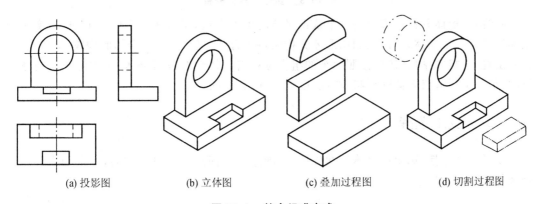

(a) 投影图　　(b) 立体图　　(c) 叠加过程图　　(d) 切割过程图

图 10-4　综合组成方式

要注意的是，在许多情况下叠加方式与切割方式并无明显的界限，同一组合体既可以按叠加方式进行分析，也可以按切割方式去理解，应根据组合体的具体特征进行分析，以便于作图和读图。

10.2 组合形体投影图的画法

工程上的所有由基本形体构成的形体均可称之为组合体,为表达其构成及形状需绘制其投影图。画组合体投影图时,通常应先对组合体的组成进行分析,选择最能反映其形状特征的方向作为正面投影图的投射方向,再确定比例画出正面投影图,最后按投影关系画出组合体的其余投影图。

10.2.1 形体分析

在画组合体多面投影图之前,应对组合体进行组成分析,弄清楚该组合体是由哪些基本形体组成的,各个基本形体之间的组成方式、相对位置、连接关系是怎样的,从而弄清楚它们的形状特征和投影图画法。

如图 10-5(a) 所示组合体,可以将其分解为如下四个基本形体,如图 10-5(b) 所示:主要形体为竖放四棱柱Ⅰ,在其左上方及右前方分别平齐叠加了三棱柱Ⅱ、四棱柱Ⅲ,再在四棱柱Ⅰ的左侧开有一个小圆柱通孔Ⅳ。

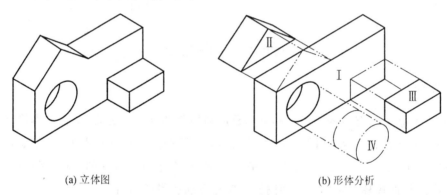

(a) 立体图　　　　　　　　　　(b) 形体分析

图 10-5　组合体形体分析

应注意,形体分析法仅仅是一个认识对象的思维方法,组合体的分解是假想的,实际上立体仍然是一个整体。因而在利用形体分析法将组合体分解,弄清组合体的构成、组成方式、相对位置、连接关系后,还应按照原来的组合方式将立体组合成组合体。采用形体分析法的目的,是为了弄清组合体的形状、构成,以便于画图、看图。

10.2.2 投影选择

投影选择包括:选定组合体的摆放位置,确定其正面投影的投射方向,确定用来表示组合体的投影图数量。

1. 确定组合体的摆放位置

确定组合体的摆放位置一般要考虑使组合体处于自然的稳定位置或工作位置,并使其尽量多的表面平行于投影面,以便作出更多的实形投影。如图 10-5 的组合体,应按图 10-5(a) 位置摆放,即使组合体的底面平行于 H 面摆放。

2. 确定正面投影的投射方向

确定投射方向对组合体形状特征的表达效果和图样的清晰程度都有比较明显的影响，由于正面投影是三面投影图中的主要投影，因此首先要确定正面投影的投射方向。

在确定正面投影图的投射方向时，通常应使组合体的主要表面放置平行于正投影面的位置，同时应对各投射方向（前、后、左、右）所得的正面投影图进行比较，选择最能反映组合体形状特征的正面投影图所对应的投射方向作为绘制组合形体多面投影图的正面投影的投射方向。此外，还应尽量避免投影图中出现虚线。

从图 10-6 可以看出，若以 A 向投影所得作为正面投影图，它的主要表面与正立投影面平行，能较好地反映出该组合体是由四棱柱、三棱柱叠加而成，并被切割圆柱通孔等部分的形状特征；若以 B 向投影所得作为正面投影图，它的特点只能说明反映了该组合体各组成部分叠加后下表面及后表面的平齐，以及用虚线表示了被挖切的深度，但它的 W 投影图中将出现较多的虚线，如图 10-6(d) 所示，且主要表面未能与正立投影面平行；若以 C、D 向投影所得作为正面投影图将出现较多的虚线，不便于读图。经全面分析比较，最后选定把从 A 向投射得到的视图作为正面投影图。

由于组合体的形状多种多样，在选择正面投影时，有时不能全部满足上述要求，这时要根据具体情况，全面分析，权衡轻重，决定取舍。

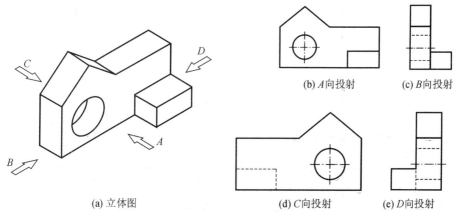

图 10-6　组合体各投射方向正面投影图比较

3. 确定投影数量

在正面投影确定后，组合体的水平投影图、侧面投影图随之确定，但投影的数量最终应根据组合体的复杂程度而定。确定投影图数量的基本原则：在保证能完整清晰地表达出形体各部分形状和位置的前提下，投影图的数量应尽可能少。图 10-5 中的形体 Ⅳ 可只用 V 投影及 H 投影表示即可，但形体 Ⅰ、Ⅱ、Ⅲ 均需用三面投影表示，因此对该组合体应采用三个投影图表示。

10.2.3　确定比例

在正面投影图的投射方向及投影数量确定了之后，便要根据组合体各投影的大小和复杂程度以及所给绘图用纸的大小，确定绘图比例。

10.2.4 画投影图

1. 图面布置

图面布置即确定各投影图在所给绘图用纸上的位置,使之在绘图用纸上均匀排列、疏密得当。

2. 画底稿

先画出各投影图中的主要中心线和定位线的位置,然后按照形体分析法分析的结果用细线按"先大后小,先里后外"的顺序逐个画出各基本形体的各面投影图,从而完成组合体的投影。在画基本形体的投影图时,应先画出其最具特征的投影,再根据"长对正、高平齐、宽相等"的投影关系画出其他投影,同时应注意各基本形体之间的相对位置及组成方式。

3. 加深图线

认真检查底稿,确定无误之后,擦去多余的图线,再按规定对细线加深,对粗线在底稿的基础上加粗。

图 10-5 所示组合体的详细画图步骤如图 10-7 所示。

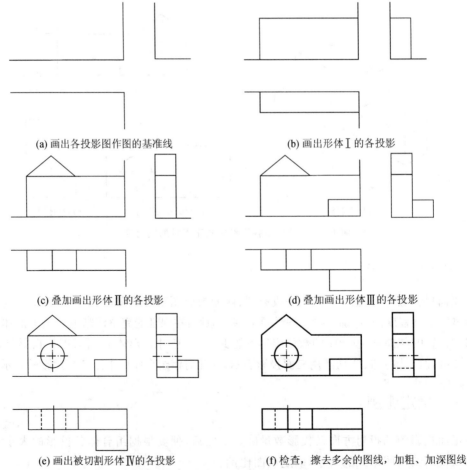

(a) 画出各投影图作图的基准线　　(b) 画出形体Ⅰ的各投影

(c) 叠加画出形体Ⅱ的各投影　　(d) 叠加画出形体Ⅲ的各投影

(e) 画出被切割形体Ⅳ的各投影　　(f) 检查,擦去多余的图线,加粗、加深图线

图 10-7　画组合体三面投影图的作图过程

10.2.5 读图复核

复核有无错漏和多余的图线,并借以提高画图与读图能力。

从空间立体图到投影图的检查:用形体分析法逐个检查每个基本形体的各面投影图是否完整,相对位置、组成方式是否正确。

从投影图到空间立体图的检查:根据所画的多面投影图想象组合体的空间形状,看看与所给的组合体是否相符,若相符,说明所绘多面投影图正确,否则还需进一步修改完善。

坚持从三维到二维,再从二维到三维的画图与读图的结合,有利于不断提高画图与读图能力。

综上所述,在绘制组合体投影图时需注意以下几点:

(1) 组合体投影图的画图顺序应先画各个投影图的对称线、定位线和主要部分,后画次要部分,先画完整的外形,后画细节;

(2) 对每一个基本形体而言,应先画最具形状特征的投影,再根据投影关系完成它的其余投影,以提高绘图速度和保持投影关系;

(3) 要注意正确保持各组成部分之间的相对位置及组成方式,且符合 10.1.2 小节的要求;

(4) 各基本形体投影图绘制完毕之后,需从整体上仔细检查,擦去多余的图线,确认无误后再加深、加粗图线。

10.3 组合体形投影图的读法

读图是画图的逆过程,是根据组合体的多面投影图想象其空间形状的过程。读图不仅在工程上有重要作用,随着读图能力的提高,还有利于更好地画图。读图是工程技术人员必须掌握的知识。在掌握读图方法的同时,要求特别熟悉各种位置直线、平面及基本形体的投影特征。这是读图的基本知识。

读图的基本方法与画图方法类似,也是采用形体分析法,一般从反映形体形状的正面投影图出发,根据投影图的特点将组合体分为几个基本形体,对照其他投影图,将各基本形体的空间形状想象出来,再分析各个基本形体之间的组合方式与相对位置,从而正确地得出组合体的形状。对一些比较复杂的组合体投影图的局部,还要采用线面分析法,通过分析面的形状、面的相对位置以及面与面的交线等来帮助想象出物体的形状。

10.3.1 读图的基本要领

1. 将几个投影图联系起来读

由正投影理论可知,形体的一个投影图或两个投影图有着形状的不确定性,每个投影图只能表达形体一个方面的形状,它不能确定形体的全部形状,故其形状应由几个投影图来表达。因此,读图时要将几个投影图联系起来。

如图 10-8 所示的五个组合体的 H 投影相同,但 V 投影不同,这五组投影图表达了五个不同的组合体。

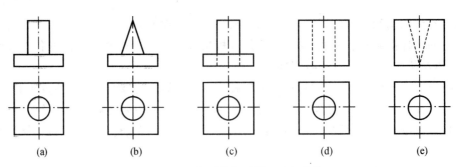

图 10-8　H 投影图相同的不同组合体

如图 10-9 所示的五个组合体的 V 投影相同,但 H 投影不同,这五组投影图也表达了五个不同的组合体。

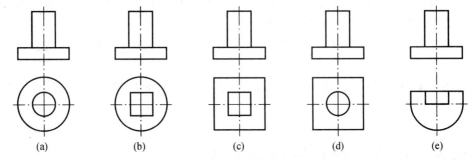

图 10-9　V 投影图相同的不同组合体

如图 10-10 所示的三个组合体的 H、V 投影相同,但 W 投影不同,这三组投影图也表达了三个不同的组合体。

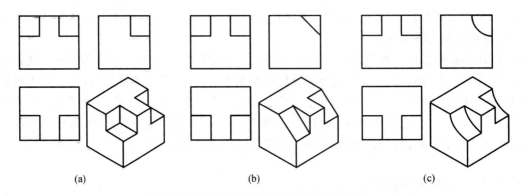

图 10-10　H、V 投影图相同的不同组合体

由此可见,只知道组合体的一个投影图,有时甚至知道两个投影图也不能完全确定组合体的唯一形状。

2. 抓住形状特征投影来构思形体的形状

同一形体在不同的投射方向上,可画出不同的投影图。对所有投影图而言,总有某个方向能最清楚地表示出组合体某个组成部分的形状特征,如圆柱的形状特征投影是圆,三棱柱的形状特征投影为三角形等。若能抓住形状特征投影,根据其构思出形状的几种可能,再对照其他投影图,最终得出物体的正确形状。

通常 V 投影图最能反映形体的形状特征,因而一般情况下,应该从 V 投影图入手,但是,组合体的所有组成部分的特征投影不一定全部在 V 投影图上。如图 10-11 所示,底板 Ⅰ 在 H 投影图中反映其形状特征,背板 Ⅱ 在 V 投影图中反映其形状特征,斜撑 Ⅲ 在 W 投影图中反映其形状特征。读图过程中,先根据这些形状特征作设想,然后把这种设想在其他投影图上作验证,如果验证不出现矛盾,则设想成立;否则再作另一设想,直到想象出来的物体形状与已知的投影图完全相符为止。

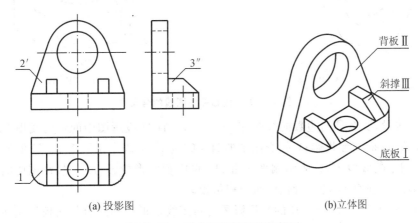

图 10-11　组合体的形状特征投影

3. 明确投影图中线段和线框的含义

形体的投影图往往是由线段和线框所构成,读图时应根据投影原理和三投影关系,正确分析投影图中的每条图线、每个线框所表示的投影含义。

(1) 投影图中的每一条线段可能具有如下的含义。

① 平面或曲面的积聚投影:图 10-12(a) 的 H 投影图中的线段 a、b、c 表示平面 A、B、C 的 H 面积聚投影; V 投影图中的线段 d'、e' 表示平面 D、E 的 V 面积聚投影; W 投影图中的线段 c''、d''、e'' 表示平面 C、D、E 的 W 面积聚投影。

② 两个面(两平面、两曲面或平面与曲面)相交的交线的投影:图 10-12(a) 的 V 投影图中的线段 f'、g' 分别表示两铅垂面 A 与 B 相交及铅垂面 B 与正平面 C 相交的交线的 V 投影; W 投影图中的线段 f'' 表示两铅垂面 A 与 B 相交的交线的 W 投影。

③ 曲面转向轮廓线的投影:图 10-12(a) 的 V 投影图中的线段 i'、j'、k'、l' 分别表示圆柱及圆锥台在 V 面投影方向上的转向轮廓素线的投影。

④ 回转体轴线或对称图形中心线的投影:图 10-12(a) 的 H 投影图中的线段 n、o 分别表示圆柱及圆锥台底圆中心线的 H 投影; V 投影图中的线段 m' 及 W 投影图中的线段 m'' 分别表示圆柱轴线的 V 及 W 投影。

(2) 投影图中的每一个封闭的线框一般是形体表面的投影,可能具有如下的含义。

① 平面的投影:可能是实形投影也可能是相仿投影,它在其他投影图上的对应投影要

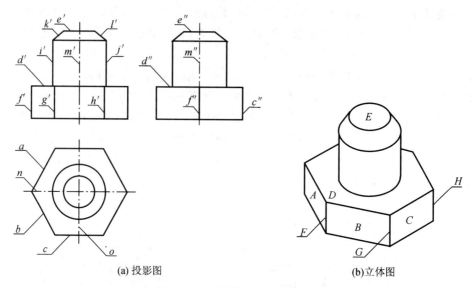

(a) 投影图   (b)立体图

图 10-12 投影图中图线的含义

么是一条直线段,要么是同边数的线框;图 10-13(a) 的 H 投影图中的封闭线框 3、5 表示水平面 Ⅲ、Ⅴ 的 H 面实形投影;V 投影图中的封闭线框 $1'$、$6'$ 表示正平面 Ⅰ、Ⅵ 的 V 面实形投影;W 投影图中的线段 $2''$、$4''$ 表示侧平面 Ⅱ、Ⅳ 的 W 面实形投影;H、V 投影图中的封闭线框 7、$7'$ 分别表示侧垂面 Ⅶ 的 H 面、V 面的相仿投影。

② 曲面的投影:图 10-13(a) 的 V 投影图的封闭线框 $9'$ 表示组合体底板的左前方圆柱通孔的圆柱面的 V 面投影。

③ 平面与曲面相切所组成的组合表面的投影:当平面平滑过渡到曲面时,由于它们之间没有分界线,组合表面的周边将形成一个封闭的线框;图 10-13(a) 的 H、W 投影图的封闭线框 8、$8''$ 分别表示平面与圆柱面相切所组成的组合表面 Ⅷ 的 H 面、W 面的投影。

④ 形体上通孔的投影:图 10-13(a) 的 H 投影图的封闭线框 10 表示组合体底板的左前方圆柱通孔的 V 面投影。

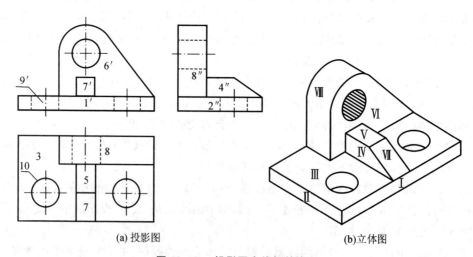

(a) 投影图   (b)立体图

图 10-13 投影图中线框的含义

4. 明确相邻线框的关系

(1) 投影图中任何相邻的封闭线框,可能是两个平行面的投影,也可能是两个相交的表面(两平面、两曲面或平面与曲面)的投影。图 10-14(a) 的 H 投影图的相邻封闭线框 a 与 b 为两水平面 A 与 B 的 H 面投影,V 投影图的相邻封闭线框 c' 与 d' 为两正平面 C 与 D 的 V 面投影;图 10-14(a) 的 V 投影图的相邻封闭线框 e' 与 c'、c' 与 f' 分别为两相交面 E 与 C、C 与 F 的 V 面投影,W 投影图的相邻封闭线框 g'' 与 e'' 为两相交面 G 与 E 的 W 面投影。

(2) 投影图中两相邻线框的分界线可能是第三表面的积聚投影,也可能是两表面交线的投影。图 10-14(a) 的 H 投影图两相邻线框 a 与 b 的分界线 e、c、f 分别为第三表面 E、C、F 的 H 面积聚投影,V 投影图两相邻线框 e'、c'、f' 与 d' 的分界线 b' 为第三表面 B 的 V 面积聚投影;V 投影图两相邻线框 e' 与 c'、c' 与 f' 的分界线 h'、i' 分别为两相交面 E 与 C、C 与 F 的交线 H、I 的 V 面投影。

(3) 一封闭线框中包含另一封闭线框,可能是凸起的表面的投影,也可能是凹进去的表面的投影,还有可能是通孔的投影。图 10-15(a) 的 V 投影图 $1'$ 线框包含 $2'$、$3'$ 线框,其中 $2'$ 线框表示凸起的三棱柱的 V 面投影,$3'$ 线框表示圆柱通孔的投影,$4'$ 线框包含的 $5'$ 线框,表示凹进去的四棱柱的 V 面投影。图 10-15(a) 的 H 投影图 6 线框包含 7、8 线框,分别表示凸起的三棱柱、凹进去的四棱柱的 H 面投影。

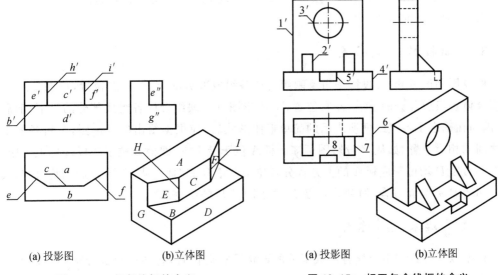

图 10-14　相邻线框的含义　　　　　图 10-15　相互包含线框的含义

10.3.2 用形体分析法读图

利用形体分析法读图是组合体读图的最基本的方法,其关键是在投影图上将组合体分解成几个基本形体的组成部分,并找出它们相应的各投影。由于空间组合形体的封闭性,不论形状如何,其各投影轮廓线总是封闭的线框,而组合体的每一基本组成部分,其投影轮廓线也是封闭线框。反之,在投影图上的每一封闭线框也一定是组合体或其组成部分的轮廓投影。因此,在组合体的读图时,通常从反映组合体形状特征较多的投影图出发,通过划分线框,初步分析组合体是由几个基本形体构成以及组成的方式;然后按照"长对正、高平齐、宽相等"的投影规律逐个找出基本形体在其他投影图中的投影,并确定各基本体的形状和相对位置;最后综合想象组合体的整体形状。

下面以图 10-16 所示组合体的三面投影图为例,说明用形体分析法读图的具体方法与步骤。

1. 划分线框,找其余投影

从图 10-16(a) 可见,该组合体的 V 面投影图中投影重叠较少,结构关系明确,因而可将它划分为四个封闭的线框 a'、b'、c'、d',然后根据"长对正、高平齐、宽相等"的投影规律分别找出这些线框在 H 及 W 投影图中的对应投影 a、b、c、d 及 a''、b''、c''、d'',如图 10-16(b) 所示。

2. 根据投影,想象形体

划分线框后,根据每一部分的三面投影图,对照各种基本形体的投影特征,想象各组线框所代表的简单形体的空间形状。如线框 a、a'、a'' 所代表的形体为八棱柱的槽形底板 A,如图 10-16(c) 所示;封闭线框 b' 内还包含另外一个封闭线框,依据前述相互包含线框的含义,再根据 b 可知,b、b'、b'' 所代表的形体为凹槽 B,是由四棱柱的上部被切割一半圆柱而形成,如图 10-16(d) 所示;线框 c、c'、c'' 及 d、d'、d'' 所代表的形体为两个相同的三棱柱加劲肋 C 及 D,如图 10-16(e) 所示。

3. 分析投影,确定位置

由投影理论可知,V 投影图可反映组合体各组成部分的上下、左右位置,H 投影图可反映组合体各组成部分的前后、左右位置,W 投影图可反映组合体各组成部分的上下、前后位置。因而在确定了各组线框所表示的简单形体形状后,应根据给出的投影图,分析各简单形体之间的相对位置。如从 V 投影图可知底板 A 位于最下方,凹槽 B 位于底板 A 的上方中部,加劲肋 C 及 D 均位于底板 A 的上方且分别位于凹槽 B 的两侧。从 H、W 投影图均可知,底板 A 与凹槽 B 后侧面重合,加劲肋 C 及 D 位于凹槽 B 的中央。

4. 综合起来,想象整体

根据以上分析的组合体各组成部分的形状及相对位置,将各组成部分按相对位置组合即为组合体的整体形状,如图 10-16(f) 所示。

5. 检查复核,确定整体

最后应根据想象出的组合体整体形状,想象其三面投影图或绘制其三面投影草图,若与所给投影图一致,说明所想象形体的空间整体形状正确,否则还需进行修改完善。

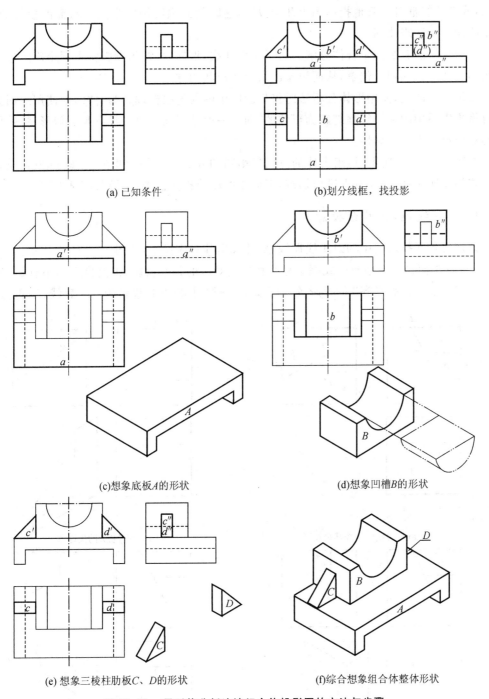

图 10-16　用形体分析法读组合体投影图的方法与步骤

10.3.3　用线面分析法读图

一般情况下,对于构成清晰的组合体,其各组成部分的三面投影很容易找到,适合于采用形体分析法来读图。但是对于局部较为复杂的组合体,它的各组成部分的各面投影不容易找到，或有的线框对应其他投影图上几个投影，这时就必须利用所学点、线、面的投影规律，采用线面分析法来读图。

线面分析法就是把组合体分解为若干个面和线，根据面、线的投影特点逐个确定这些面与线的空间形状和相对位置，从而想象出组合体形状的方法。

必须注意的是，使用形体分析法时将投影图中的封闭线框理解为"体"，而使用线面分析法时将投影图中的封闭线框理解为形体的"面"，一般位置面的对应投影是类似形，特殊位置面的对应投影具有积聚性。

如图10-17(a)所示，该组合体的三面投影图的外轮廓线均为矩形线框，可知其原始基本形体为直四棱柱，再在其上进行切割，下面用线面分析法读图，读懂其细部形状。

1. 划分线框，找其余投影

分别将各面投影图中的封闭线框编号，并找出其对应投影，如图10-17(a)所示。

(1) 将正面投影图中封闭线框编号并找出其对应的其余投影：正面投影图中有 a'、b'、c' 三个封闭线框，由"高平齐"的投影关系可知，a' 线框对应的 W 投影为一竖直线 a''，再由"长

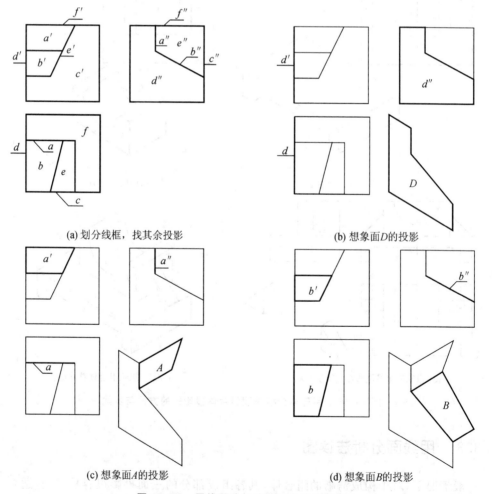

图 10-17　用线面分析法读组合体投影图

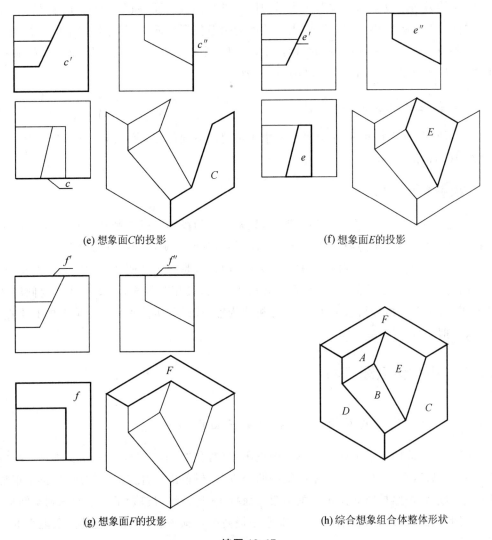

(e) 想象面C的投影　　　　　　　　(f) 想象面E的投影

(g) 想象面F的投影　　　　　　　　(h) 综合想象组合体整体形状

续图 10-17

对正"的投影关系可知,其水平投影为水平线 a;按"高平齐"的投影关系,b' 线框对应的 W 投影为一斜线 b'',再由"长对正、宽相等"的投影关系可知,其水平投影为封闭线框 b;c' 线框为六边形,在水平投影图中虽然有 c' 的类似形 f,但不能满足长对正的投影关系,而 c' 又可见,因而只能对应 c,再由 c'、c 确定 c''。

(2) 将侧面投影图中的封闭线框编号并找出其对应的其余投影:侧面投影图中有 d''、e'' 两个封闭线框,分别根据投影关系确定其正面投影及水平投影 d'、e' 及 d、e。

(3) 将水平投影图中的剩余封闭线框编号并找出其对应的其余投影:水平投影图中还剩余有 f 一个封闭线框,根据投影关系确定其正面投影及侧面投影 f' 及 f''。

2. 根据线框投影,想象面的形状

利用线面分析法时应按投影关系在三面投影图中找出它们之间的一一对应关系:若"一线框的另两个投影为线段",则表示的面为投影面平行面,如图 10-17(a) 中的面 A、C、D、F;

若"一线段的另两个投影为线框",则表示的面为投影面垂直面,如图 10-17(a) 中的面 B、E;若"一线框另两个投影仍为线框",则表示的面为一般位置平面。按照分析出来的各组对应投影,对照各种位置平面和直线段的投影性质,可以确定正平面 A、侧垂面 B、正平面 C、侧平面 D、正垂面 E、水平面 F,如图 10-17(b)—(g) 所示。

3. 围合起来想象整体

将分析所得的各个表面,对照投影图中所给定的各面的相对位置,即可围合出形体的形状,如图 10-17(h) 所示。

4. 检查复核,确定整体

最后应根据想象出的组合体整体形状,想象其三面投影图或绘制其三面投影草图,若与所给投影图一致,说明所想象形体的空间整体形状正确,否则还需进行修改完善。

上面虽然分别讲述了两种不同的读图方法,但这只是为了说明两种读图方法的特点,实际上这两种方法并不是截然分开的,它们既相互联系,又相互补充,读图时往往要同时用到两种方法,通常以形体分析法为主,线面分析法为辅,线面分析法主要解决读图中的难点,如斜切面、凹槽等。

10.3.4　组合体读图练习

1. 根据组合体的两面投影图,补画第三面投影图

根据组合体的两面投影图补绘第三面投影图(常称"二补三"),是练习读图与画图的一种基本方法。做这种练习时,要根据已知的两个投影,想象出组合体的空间形状,再根据想象出来的空间形状按照投影规律正确画出第三面投影。这种练习包含了由投影图到空间形体,再由空间形体到投影图的思维过程,因此它是提高综合画图能力,培养空间想象能力的一种有效手段。

若所给的两面投影图不能完全地确定形体的形状,则第三面投影也不可能是唯一的,这时可以补绘出可能的几种投影。

【例 10-1】　已知组合体的 V、W 投影图如图 10-18(a) 所示,试求作其 H 投影图。

解　(1) 读图分析:从图 10-18(a) 可知,该组合体构成清晰、结构关系明确,可采用形体分析法来分析。从组合体的 V 面投影图中可以看出它由三部分叠加组成,因而首先将其划分为三个线框 $a'、b'、c'$,分别找出其 W 投影 $a''、b''、c''$,如图 10-18(b) 所示;再由各线框的 V、W 投影依次想象各组线框所代表的基本形体的空间形状、相对位置并分别作出各基本形体的 H 投影图,线框 $a、a'$ 表示底面平行于 V 面的九棱柱,线框 $b、b'$ 表示底面平行于 V 面的四棱柱,线框 $c、c'$ 表示底面平行于 V 面的三棱柱,如图 10-18(c)、(d)、(e) 所示;最后,要检查各部分连接处图线是否多余、遗漏或者是否应该改为虚线。通过上述分析,可以综合想象出该组合体的完整形状,如图 10-18(f) 所示。

(2) 作图步骤:具体作图如图 10-18(b)、(c)、(d)、(e)、(f) 所示。

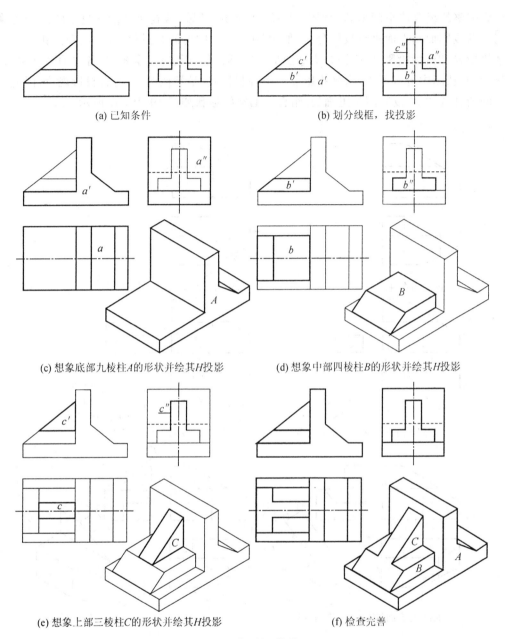

(a) 已知条件　　　　　　　　　(b) 划分线框，找投影

(c) 想象底部九棱柱A的形状并绘其H投影　　　(d) 想象中部四棱柱B的形状并绘其H投影

(e) 想象上部三棱柱C的形状并绘其H投影　　　(f) 检查完善

图 10-18　"二补三"练习一

【例 10-2】 已知组合体的 H、V 投影图如图 10-19(a) 所示，试求作其 W 投影图。

解　(1) 读图分析：从图 10-19(a) 中可以看出，该组合体是由一五棱柱经多次切割而成，下面用线面分析法分析其表面的构成情况。首先划分线框，找其余投影：V 投影图中有 a'、b'、c' 三个封闭线框，H 投影图中有 d、e、f 三个封闭线框，分别找出其对应的其余投影，另 g、g' 代表一侧平面的投影，也标示出来，如图 10-19(b) 所示。接着根据线框的两面投影，分别想象面的空间形状并绘制其 W 投影：面 G、A、D 分别为侧平面、铅垂面、正垂面，其在 W 面的投影为反映实形或相仿形的线框，因而先绘制其 W 面投影，如图 10-19(c)、(d)、(e) 所示；面 B、C、E、F 均为正平面或水平面，其在 W 面的投影积聚为直线段，想象出其空间形状即可得到完整的组合体空间形状,如图 10-19(f) 所示。最后,检查所补绘的投影图是否正确,可对一些投影面垂直面进行投影分析。如图 10-19(g) 中对面 D 进行分析,面 D 是正垂面,其水平投影 d 和侧面投影 d' 应该是类似图形,其边数、顶点数应完全相同,各边的平行关系也应该相同,从图中可以看出,水平投影 d 和侧面投影 d' 是类似图形,符合投影规律,因此,可以判断所补画的 H 投影图是正确的。组合体的空间形状如图 10-19(h) 所示。

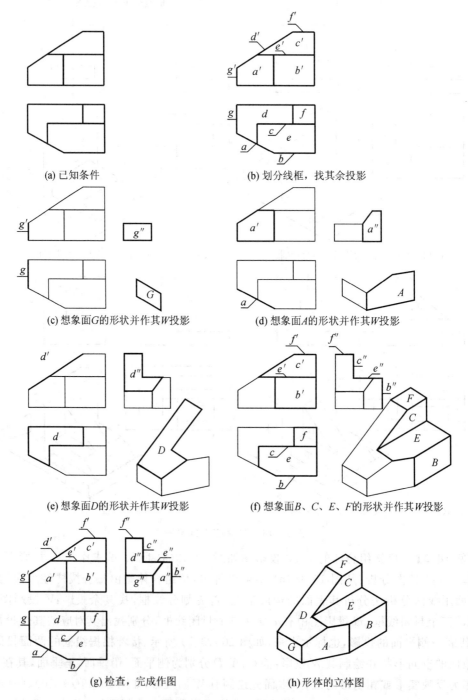

图 10-19 "二补三"练习二

(2) 作图步骤:具体作图如图 10-19(b)、(c)、(d)、(e)、(f)、(g) 所示。

前面已说明图 10-19 所示的组合体是由一五棱柱经多次切割而成,因而在绘制其 W 投影图时,还可以按切割的顺序,逐步画出其 W 投影图,如图 10-20 所示。

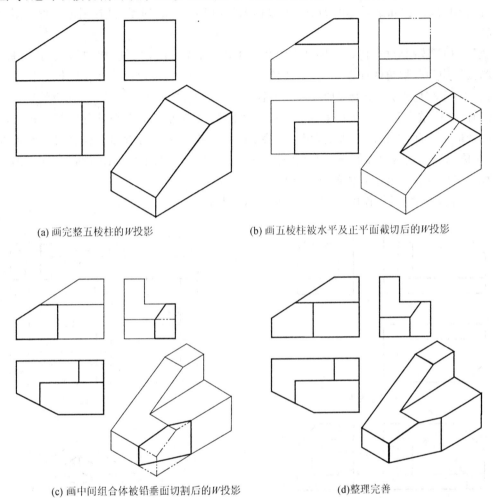

(a) 画完整五棱柱的 W 投影　　　　　　(b) 画五棱柱被水平及正平面截切后的 W 投影

(c) 画中间组合体被铅垂面切割后的 W 投影　　　(d) 整理完善

图 10-20　"二补三"练习二的另解

在采用逐步切割的方式补绘组合体第三面投影图时,应先绘出形体未被切割时的平面图,然后按照组合体的形成过程,逐一切割,逐一补绘出相应的第三面投影图,在每切割一部分补画出相应的投影后,都要检查图线是否有多余、遗漏或是应该改为虚线。待检查无误后,再切割下一部分补绘其相应图线。待切割完毕,画出的第三面投影图即为所求。最后,还应检查所补绘的投影图是否正确,同样可对一些异形面进行投影分析,异形面的各投影应该是类似图形,其边数、顶点数应完全相同,各边的平行关系也应该相同。

2. 补画三面投影图中所缺的图线

补画三面投影图中所缺的图线(常称"补漏线"或"补缺线")是练习读图与画图的另一种基本方法。虽然常常给出两面甚至三面已知投影,但各投影图中往往均有遗漏的图线,这就要从给定的不完整的投影图入手,抓住已知形状特征投影作设想,想象组合体的空间形状,然后把这种设想在其他投影图上作验证,如果验证不出现矛盾,则设想成立;否则再作另一设想,直到想象出来的组合体的形状与已知的投影图完全相符为止。最后根据想象出来的组合体的空间形状依照投影规律将其他投影补画完整。

【**例 10-3**】 已知组合体的 H、V、W 投影图如图 10-21(a) 所示,试补画出各投影图中的漏线。

解 (1)读图分析:该组合体是由四个基本体(四棱柱)经切割、叠加形成。其背板、底板、侧板等均为带切角的四棱柱(即五棱柱),且均为平齐叠加,背板叠加在底板上且与底板的后表面、左端面平齐;侧板叠加在底板上且与底板的右端面、前表面平齐;侧板的后表面与背板的前表面重合且与背板的右端面、上表面平齐。侧板左侧的五棱柱分别与侧板的左端面、底板的上表面,背板的前表面紧贴。由给出的三面投影图还可看出底板、背板、侧板以及侧板左侧的五棱柱的斜面的投影均只画出一个投影,在其余两个投影图中漏画,应根据投影规律画出这些漏线。该组合体的空间形状如图 10-21(d) 所示。

(2)作图步骤:具体作图如图 10-21(b)、(c) 所示。

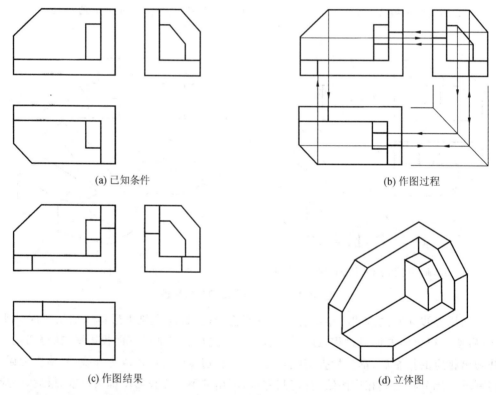

(a) 已知条件　　　　　　　　　(b) 作图过程

(c) 作图结果　　　　　　　　　(d) 立体图

图 10-21 "补漏线"练习一

① 补画出底板左前方切角(斜面)的 V、W 投影;
② 补画出背板左上方切角(斜面)的 H、W 投影;
③ 补画出侧板上前方切角(斜面)的 H、V 投影;
④ 补画出侧板左侧的五棱柱上前方切角(斜面)的 H、V 投影;
⑤ 依据想象出来的立体图检查,完成作图。

需要注意的是,无论是"二补三"还是"补缺线",对简单的组合体,可以在分析想象出其形状后,根据其形状直接补画出所缺的第三面投影或漏线;但对于复杂的组合体则需要逐步进行,每切割或叠加一部分,画出相应的图线后,都要检查是否有图线需要进行修改,待修改完毕后再画下一部分,这样逐步进行,直到得到最终正确的结果。

小　结

1. 实际工程中的各种形体,通常不是简单的平面立体或曲面立体,而是构成更为复杂的组合形体。由若干个基本形体经过叠加、切割或既有叠加又有切割而成的形体称为组合形体。根据组合体组成方式的不同可分为叠加型组合体、切割型组合体、综合型组合体。

2. 组合体的组成方式可以分为叠加、切割和综合三种形式。叠加是基本形体通过一个或几个表面的连接而形成组合体,叠加方式包括平齐叠加、不平齐叠加、相切叠加和相交叠加四种。切割是指基本形体被平面或曲面切割后而形成的组合体,在绘制投影图时,应绘出切割处的截交线或相贯线。综合是指基本形体以叠加和切割两种方式混合组合而成的组合体。但在许多情况下叠加与截割并无明显的界限,同一组合体既可以按叠加方式进行分析,也可以按切割方式去理解,此时应根据组合体的具体特征进行分析,以便于作图和读图。

3. 组合体投影图绘制及阅读时常用的方法有形体分析法及线面分析法。形体分析法是将组合体假想分解为若干基本形体的叠加和切割,然后一一弄清它们的形状、相对位置及连接方式,从而得出整个组合体的形状和结构,以便顺利地进行绘制和阅读组合体的投影图。线面分析法是把组合体分解为若干个面和线,根据面、线的投影特点逐个确定这些面与线的空间形状和相对位置,从而想象出组合体形状的方法。

4. 组合体投影图绘制步骤首先是进行形体分析,其次是选择投影,再确定比例画出投影图,最后进行复核。在选择投影时要注意使正面投影图反映形体的形状特征、通过变换摆放位置尽量避免投影图中出现虚线、用最少的投影图表达清楚形体等。

5. 组合体投影图阅读时要注意掌握读图的要领:一是将几个投影图联系起来读;二是抓住形状特征投影来构思形体的形状;三是明确投影图中线段和线框的含义;四是明确相邻线框的关系。读图时通常先用形体分析法进行分析,遇到困难时,再用线面分析法分析细部难点。必须注意的是,使用形体分析法和线面分析法时都要划分线框找其余投影,但形体分析法将投影图中的封闭线框理解为"体",而线面分析法将投影图中的封闭线框理解为形体的"面"。

思　考　题

1. 什么是组合形体?它是如何分类的?
2. 组合体的组成有哪几种方式?
3. 叠加的组成方式有几种不同的类型,各有何特征?
4. 何谓形体分析法,利用形体分析法画图与读图的步骤是怎样的?
5. 利用形体分析法画图时如何正确进行投影选择?
6. 如何确定组合体的摆放位置?
7. 如何确定组合体正面投影的投射方向?
8. 组合体读图时的基本要领有哪些?
9. 组合体投影图中的线段、封闭线框分别有哪些含义?相邻线框的关系是怎样的?

10. 组合体投影图中一封闭线框内包含另一封闭线框表示什么含义?

11. 何谓线面分析法,利用线面分析法读图的步骤是怎样的?

12. 利用形体分析法与线面分析法读图时,均要"划分线框找其余投影",如何理解两种方法中"线框"的含义?

13. 利用线面分析法读组合体形体投影图时,如何判定线框或线段所代表的面是投影面垂直面或是投影面平行面或是一般位置平面?

14. 组合体读图时的"二补三"练习和"补漏线"练习的解题步骤是怎样的?如何通过这种练习提高自己的空间思维能力?

习　题

1. 组合立体的组成方式有(　　)。
   A. 相交　　　　B. 切割　　　　C. 叠加　　　　D. 以上三种的任意组合

2. 关于组合体组合方式的说法,正确的是(　　)。
   A. 叠加的组成方式有平齐叠加及不平齐叠加
   B. 叠加的组成方式有平齐、相错、相切、相交
   C. 切割的组成方式又分为截交及挖孔
   D. 以上说法均正确

3. 把组合体假想分解为若干基本形体或组成部分,然后一一弄清它们的形状、相对位置及连接方式,以便顺利地进行绘制和阅读组合体的投影图,这种思考和分析的方法称为(　　)。
   A. 线面分析法　　B. 形体分析法　　C. 线面交点法　　D. 辅助平面法

4. 绘制组合体投影图时,下列对于确定组合体摆放位置的说法,正确的是(　　)。
   A. 将组合体放置在自然的稳定位置
   B. 将组合体放置在使用条件下的位置
   C. 应使组合体尽量多的表面平行于投影面,以便作出更多的实形投影
   D. 以上说法均正确

5. 绘制组合体投影图时,下列对于选择 V 投影的做法,不正确的是(　　)。
   A. 将组合体放置在正常状态或使用条件下的位置
   B. 应选择最能反映组合体形状特征和结构特征的方向作为画 V 投影图的方向
   C. 应尽量避免投影图中的虚线
   D. 为避免影响投影效果,投影图中的虚线不应画出

6. 绘制组合体投影图,确定投影图数量的原则是(　　)。
   A. 根据点的单面投影不可逆性,应至少绘制两面投影图
   B. 从组合体的唯一性角度考虑,应至少绘制三面正投影图
   C. 用最少的投影图把组合体表达得完整、清楚
   D. 投影图的数量越多越好

7. 组合体投影图读图时,通常要将几个投影图联系起来读,是因为(　　)。
   A. 组合体的一个投影图或两个投影图有着形状的不确定性
   B. 组合体的 H、V 投影相同,但表示不同的立体

C. 组合体的 H、W 投影相同，但表示不同的立体

D. 组合体的 H、V、W 投影相同，但表示不同的立体

8. 下列关于组合体读图时的基本形体形状特征的说法，不正确的是（　　）。

　　A. 半圆柱的形状特征是半圆　　　　B. 圆锥的形状特征是圆

　　C. 五棱柱的形状特征是五边形　　　D. 三棱柱的形状特征是三角形

9. 采用线面分析法阅读组合体投影图时，要分析"图线"的含义，下面不是投影图中"图线"的含义的是（　　）。

　　A. 它可能是形体表面上相邻两面的交线

　　B. 它可能是形体上某一个表面的积聚投影

　　C. 它可能是形体上某侧棱的实形或相仿投影

　　D. 它可能是曲面的投影转向轮廓线

10. 采用线面分析法阅读组合体投影图时，要分析"线框"的含义，下列是投影图中"线框"的正确含义的组合是（　　）。

　　① 它可能是某一平面的实形投影；② 它可能是某一平面的相仿投影；③ 它可能是某一曲面的投影；④ 它可能是平面与曲面相切所组成的面的投影；⑤ 它还可能是形体上某一个孔洞的投影。

　　A. ①②③⑤　　　　B. ①②④⑤　　　　C. ②③④⑤　　　　D. ①②③④⑤

11. 采用线面分析法阅读组合形体投影图时，要明确相邻线框的关系，下列说法正确的是（　　）。

　　A. 投影图中任何相邻的封闭线框，可能是两个平行或相交表面的投影

　　B. 投影图中两相邻线框的分界线可能是第三表面的积聚投影

　　C. 投影图中两相邻线框的分界线可能是两表面交线的投影

　　D. 以上均正确

12. 投影图中一封闭线框包含另外一个封闭线框，表示的含义是（　　）。

　　A. 可能是大小不同的两个面叠加的实形或相仿投影

　　B. 可能是凸起表面的投影

　　C. 可能是凹进去表面的投影

　　D. 可能是通孔的投影

13. 利用形体分析法和线面分析法读图时都要"划分线框，找其余投影"，下列说法错误的是（　　）。

　　A. 都是"线框"，其含义相同

　　B. "线框"含义不相同

　　C. 形体分析法的"线框"表示的是基本形体的轮廓投影

　　D. 线面分析法的"线框"表示的是形体上某个平面或曲面或孔洞的投影

14. 形体分析法中划分的"线框"的其余投影为（　　）。

　　A. 可能为线框，但与已知线框的边数、顶点数完全相同

　　B. 可能积聚为直线段

　　C. 仍然是线框，且各投影线框满足"长对正、高平齐、宽相等"的关系

　　D. 以上情况均有可能

15. 线面分析法中划分的"线框"的其余投影为（　　）。

A. 可能为线框，但与已知线框的边数、顶点数完全相同

B. 可能积聚为直线段

C. 仍然是线框，且各投影线框满足"长对正、高平齐、宽相等"的关系

D. 以上情况均有可能

16. 已知组合体的 H、V 投影图如图 10-22 所示，所对应的 W 投影图为（　　）。

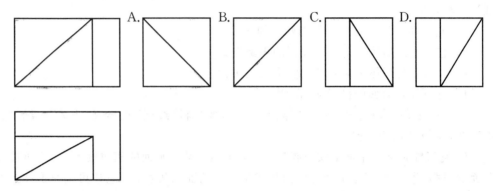

图 10-22　第 16 题图

17. 已知组合体的 H、V 投影图如图 10-23 所示，所对应的 W 投影图为（　　）。

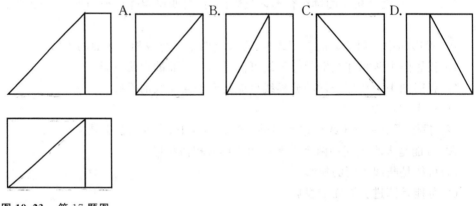

图 10-23　第 17 题图

18. 已知组合体的 H、V 投影图，如图 10-24 所示，所对应的 W 投影图为（　　）。

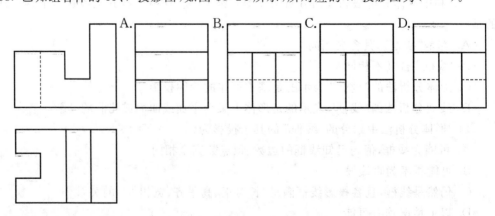

图 10-24　第 18 题图

19. 已知组合体的 H、V 投影图如图 10-25 所示,所对应的 W 投影图为(　　)。

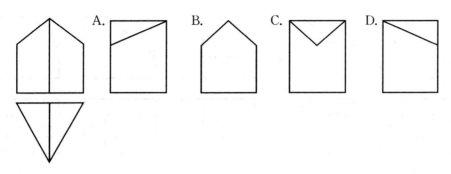

图 10-25　第 19 题图

20. 已知组合体的 H、V 投影图如图 10-26 所示,所对应的 W 投影图为(　　)。

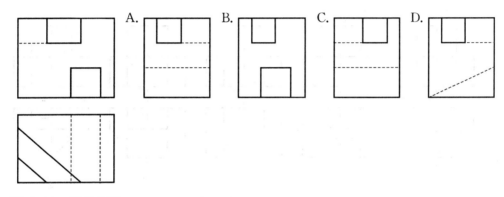

图 10-26　第 20 题图

21. 已知组合体的 H、V 投影图如图 10-27 所示,所对应的 W 投影图为(　　)。

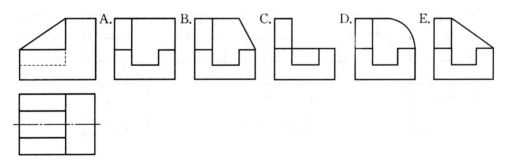

图 10-27　第 21 题图

22. 在下列四组投影图中,正确的一组是(　　)。

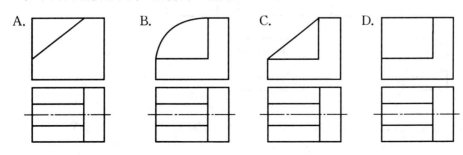

23. 在下列五组投影图中,正确的是( )。

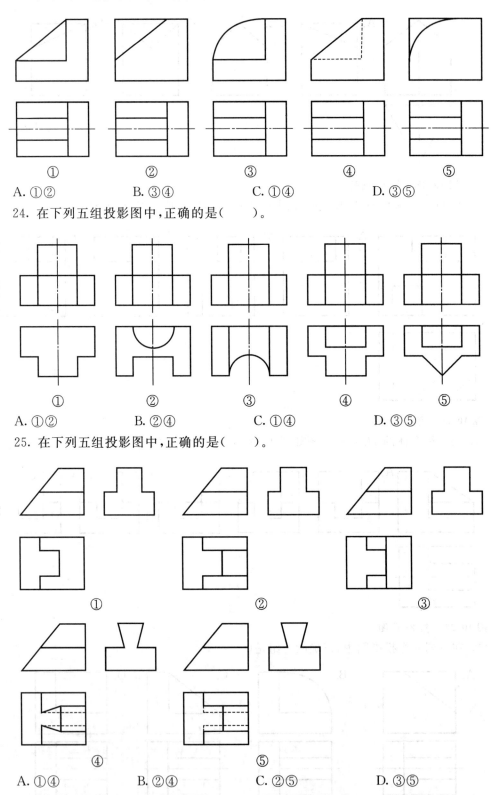

A. ①②   B. ③④   C. ①④   D. ③⑤

24. 在下列五组投影图中,正确的是( )。

A. ①②   B. ②④   C. ①④   D. ③⑤

25. 在下列五组投影图中,正确的是( )。

A. ①④   B. ②④   C. ②⑤   D. ③⑤

第 11 章 轴测投影

本章学习目标

1. 了解轴测投影的形成、分类；熟练掌握轴测投影的基本性质、作图原理；
2. 熟练掌握正等测和正面斜二测的形成特点及其作图方法；
3. 掌握具有平行于坐标面的圆及圆弧的曲面立体的正等测的画法；
4. 了解正二测、正面斜等测、水平斜二测的形成特点及其作图方法；
5. 掌握轴测投影方向的选择。

多面正投影图是在两个或两个以上投影面上所绘制的投影图，能够比较全面地反映出空间形体的形状和大小，具有表达准确、唯一、度量性好、作图简便的优点，所以在工程技术领域中得到了广泛的应用；但是多面正投影图的每个投影只能表达两个方向的尺度，因而直观性差、缺乏立体感，须经过专门培训、有一定的读图能力才能看得懂。如图 11-1(a) 所示基础的三面投影图，由于每个投影只反映形体长、宽、高三个方向尺度中的两个，不易想象出形体的形状。而轴测投影图是用平行投影法将形体投射在单一投影面上所得到的图形，具有立体感强、便于阅读的优点，可以同时表达三个方向的尺度，但不能直接表达形体各表面的实形、度量性差、作图复杂，所以轴测投影图常被用来作为多面正投影图的辅助图样。如图 11-1(b) 所示基础的轴测投影图，虽然是单面投影图，但由于形体的投射方向不与任一坐标轴或坐标平面平行，因而在一个投影图中能同时反映出形体的长、宽、高三个方向尺度和不

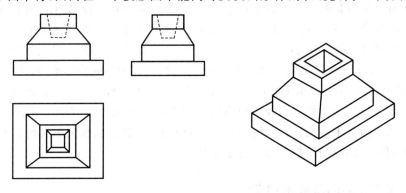

(a) 多面正投影图　　　　　　　　(b) 轴测投影图

图 11-1　多面正投影图与轴测投影图的比较

平行于投射方向的平面,立体感较强。但是轴测投影图无法表达清楚基础中央孔洞的深度及孔洞底面的尺寸,且无法反映形体各个表面的实形。正是由于轴测投影图的变形性,使轴测投影图的绘制比较复杂。因此,在生产实践的工程图纸中,轴测投影图只用作辅助图样。

11.1 轴测投影概述

11.1.1 轴测投影图的形成

要想在一个投影面上能够同时反映形体的三个方向的尺度,必须改变形体、投射方向和投影面三者之间的相对位置。如图11-2所示,在形体上设立空间直角坐标系 OX、OY、OZ,以确定它的长、宽、高三个方向的尺度,然后用平行投影法将形体连同其上的空间直角坐标系一起,沿不平行于任一坐标平面的投射方向 S 投射到单一投影平面 P 上,所得的具有立体感的图形称为轴测投影图,简称轴测图。

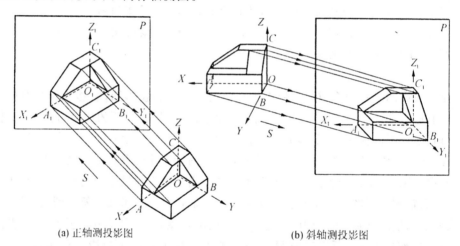

(a) 正轴测投影图　　　　　　　　　　　(b) 斜轴测投影图

图 11-2　轴测投影图的形成

图中的投影平面 P 称为轴测投影面;S 方向称为投射方向;空间直角坐标系中的坐标轴 OX、OY、OZ 在轴测投影面 P 上的投影 O_1X_1、O_1Y_1、O_1Z_1 称为轴测投影轴,简称轴测轴;两相邻轴测轴之间的夹角 $\angle X_1O_1Y_1$、$\angle X_1O_1Z_1$、$\angle Y_1O_1Z_1$ 称为轴间角。在轴测图中平行于轴测轴 O_1X_1、O_1Y_1、O_1Z_1 的线段,与对应的空间形体上平行于坐标轴 OX、OY、OZ 的线段的长度之比,即形体上沿轴向线段的轴测投影长度与其空间实长之比,称为轴向伸缩系数,OX、OY、OZ 轴三个方向上的轴向伸缩系数分别用 p、q、r 来表示,即 $p=O_1A_1/OA$、$q=O_1B_1/OB$、$r=O_1C_1/OC$。

随着空间直角坐标轴的方向及投射方向与轴测投影面相对位置的不同,轴间角和轴向伸缩系数也随之而发生变化,因而轴间角和轴向伸缩系数是绘制轴测图时的基本要素,不同种类的轴测图有不同的轴间角和轴向伸缩系数。

11.1.2 轴测投影的基本性质

由于轴测投影采用平行投影法作图,因此,轴测图具有平行投影的一切性质。其基本特性如下。

1. 平行性

空间互相平行的线段，其轴测投影仍然保持平行。因此，形体上与坐标轴相互平行的线段，其轴测投影仍与相应的轴测轴平行。

2. 定比性

形体上两平行线段或同一直线上的两线段长度之比，等于其轴测投影长度之比。因此，形体上平行坐标轴的线段，其轴测投影与线段实长之比，等于相应的轴向伸缩系数。

3. 度量性

形体上凡与坐标轴平行的线段尺寸，在轴测图中可沿轴测轴的方向直接测量，其轴测长度等于线段实长乘以相应的轴向伸缩系数。

4. 变形性

形体上凡与坐标轴不平行的线段，具有不同的轴线伸缩系数，不能在轴测图中直接量取，而要先定出线段两端点的位置，再画出该线段的轴测投影。

11.1.3　轴测投影的分类

1. 根据投射方向 S 相对于轴测投影面 P 相对位置的不同分类

(1) 正轴测投影：投射方向 S 与轴测投影面 P 垂直时所得的轴测投影；
(2) 斜轴测投影：投射方向 S 与轴测投影面 P 倾斜时所得的轴测投影。

2. 根据三个坐标轴的轴向伸缩系数的不同分类

对于正轴测图或斜轴测图，根据三个坐标轴的轴向伸缩系数的不同，每类轴测图又可分为三种：

(1) 若三个轴向伸缩系数都相等，即 $p=q=r$，称为正(斜)等轴测投影图，简称正(斜)等测图；
(2) 若其中两个轴向伸缩系数相等，即 $p=q\neq r$ 或 $p=r\neq q$ 或 $q=r\neq p$，称为正(斜)二测轴测投影图，简称正(斜)二测图；
(3) 若三个轴向伸缩系数都不相等，即 $p\neq q\neq r$，称为正(斜)三测轴测投影图，简称正(斜)三测图。

工程中，常用的轴测投影有正等测图、正二测图、正面斜二测图和水平斜二测图等，这些轴测投影绘制比较简便，应用较多。

11.1.4　轴测投影的作图步骤

根据形体的正投影图绘制轴测投影图时，其作图方法和步骤如下。

(1) 读懂正投影图，为形体选取一个合适的参考直角坐标系，并在正投影图中画出直角坐标轴的投影，从而将形体置于一个合适的参考直角坐标系中。对于平面立体通常将坐标原点设在形体的角点或其对称中心上；对于曲面立体通常将坐标原点设在形体的回转轴线与端面上。

(2) 选择合适的轴测图种类与投射方向，根据轴间角画出轴测轴，为画图简便，优先采用简化的轴向伸缩系数绘图。当形体上有多个坐标面或其平行面上有圆曲线时，宜选用正等测图；当形体上仅有一个坐标面或其平行面上有复杂图形时，宜选用斜轴测图。

(3) 根据形体的几何特征采用合适的作图方法，常用的作图方法有：坐标法、叠加法、切割法、装箱法、端面法等。

(4) 打底稿。作图时应首先确定形体在轴测轴上的点和线的位置，并充分利用轴测投影的平行特性作图。

(5) 检查正确无误后，擦去多余图线，加深加粗轮廓线，完成作图。为保证作图结果的清晰，轴测图中可不保留作图过程线，对于不可见的轮廓线一般也不予画出。

11.2 正轴测投影

投射方向 S 与轴测投影面 P 垂直，将形体放斜，使形体上的三个坐标面和轴测投影面 P 都斜交，这样所得的图称为正轴测投影图，如图 11-2(a) 所示。常用的正轴测投影图有正等测投影、正二测投影两种。

11.2.1 正等测投影

1. 轴间角及轴向伸缩系数

当投射方向与轴测投影面垂直，且形体的三条坐标轴与轴测投影面的三个倾角均相等时所得到的投影，称为正等轴测投影图，简称正等测图。

由于三个坐标轴与轴测投影面间的倾角相等，则正等测图三个轴测轴间的轴间角一定相等，即 $\angle X_1 O_1 Y_1 = \angle X_1 O_1 Z_1 = \angle Y_1 O_1 Z_1 = 120°$。正等测图各轴的轴向伸缩系数均相等，利用立体几何知识可证明出形成轴测图的必要条件是三个坐标轴的轴向伸缩系数的平方和等于 2，即 $p^2 + q^2 + r^2 = 2$，因而可解得 $p = q = r = 0.82$。在画轴测图时，常将 $O_1 Z_1$ 轴绘成竖直的，此时 $O_1 X_1$、$O_1 Y_1$ 轴分别与水平直线成 $30°$ 角，如图 11-3(a) 所示。

正等测图在工程上的应用，只是为了直观形象的表达形体，而图形的大小是次要的，其大小不作为度量的尺寸依据，为作图简便，通常将正等测图的轴向伸缩系数由 0.82 简化为 1，即 $p = q = r = 1$。采用简化的轴向伸缩系数绘制的正等测图，其平行于各轴测轴的线段长度与形体的实际长度相等，因而可直接量取形体上平行于 OX、OY、OZ 坐标轴方向的尺寸作图。

采用简化的轴向伸缩系数绘出的正等测图比采用实际的轴向伸缩系数绘出的正等测图放大了 $1/0.82 \approx 1.22$ 倍，但对描述物体的空间形状和结构并无影响，如图 11-3(c) 所示。本书后面的正等测图的作图除特别声明外，均采用简化的轴向伸缩系数。

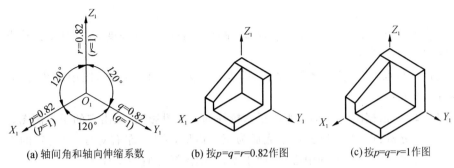

图 11-3　正等测图的轴间角和轴向伸缩系数

2. 作图方法

由多面正投影图画轴测图时,应先选好适当的坐标体系,画出对应的轴测轴,然后,按轴测投影的投影特性和一定的方法作图。下面介绍几种常用的轴测图的作图方法。

1) 坐标法

根据形体表面上各特征点的坐标,分别画出各特征点的轴测投影,然后依次连接成形体表面的轮廓线,这种作图方法称为坐标法。坐标法是绘制轴测图的基本方法,不但适用于平面立体,也适用于曲面立体,不但适用于正等测图,也适用于其他轴测图的绘制。

【**例 11-1**】　根据图 11-4(a)所示直四棱柱的三面投影图,画出它的正等测图。

解　(1)分析:直四棱柱的上、下底面为矩形,将选定的直角坐标体系的原点位于矩形的右、后角点,画图顺序宜自上而下。

(2)作图步骤:具体作图如图 10-4(b)、(c)、(d)、(e)所示。

① 在三面正投影图上定出原点和坐标轴的位置并画出其投影,如图 11-4(b)所示。

② 画出轴测轴 O_1X_1、O_1Y_1、O_1Z_1,在 O_1X_1 轴和 O_1Y_1 轴上分别量取 a 和 b,得出点 I_1 和 II_1,过 I_1、II_1 分别作 O_1Y_1 和 O_1X_1 的平行线,得直四棱柱上底面的正等测图,如图 11-4(c)

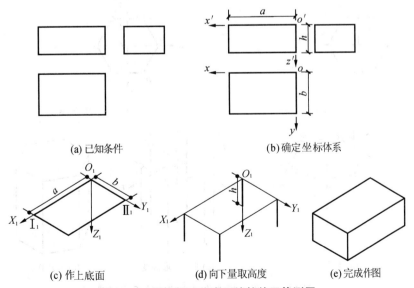

图 11-4　用坐标法作直四棱柱的正等测图

所示。

③过直四棱柱上底面的各角点作 O_1Z_1 轴的平行线,量取高度 h,得直四棱柱下底面各角点,如图 11-4(d) 所示。

④连接各角点,擦去多余图线、加深,即得直四棱柱的正等测图,图中虚线可不画出,如图 11-4(e) 所示。

【例 11-2】 根据图 11-5(a) 所示正六棱柱的三面投影图,画出它的正等测图。

解 (1) 分析:正六棱柱的上、下底面为正六边形,前后、左右对称,故选定的直角坐标体系的原点应位于正六边形的中心,以便于度量,画图顺序宜自上而下。

(2) 作图步骤:具体作图如图 10-5(b)、(c)、(d)、(e) 所示。

① 在三面正投影图上定出原点和坐标轴的位置并画出其投影,如图 11-5(b) 所示。

② 画出轴测轴 O_1X_1、O_1Y_1、O_1Z_1,在轴测坐标体系中画出正六棱柱上底边 $ABCDEF$ 的正等测图:首先在 O_1X_1 轴上以点 O_1 为中点对称量取 A、D 两点的轴测投影 A_1、D_1 点,使 $O_1A_1 = oa$、$O_1D_1 = od$;然后在 O_1Y_1 轴上以 O_1 点为中点对称量取 Ⅰ、Ⅱ 两点的轴测投影 $Ⅰ_1$、$Ⅱ_1$ 点,使 $O_1Ⅰ_1 = o1$、$O_1Ⅱ_1 = o2$;接着过点 $Ⅰ_1$、$Ⅱ_1$ 作 O_1X_1 轴的平行线 B_1C_1、E_1F_1,使 $B_1C_1 = bc$、$E_1F_1 = ef$;最后依次连接点 A_1、B_1、C_1、D_1、E_1、F_1 便得上底面的正等测图,如图 11-5(c) 所示。

③ 从各顶点向下引 O_1Z_1 的平行线,量取正六棱柱高度的实长,如图 11-5(d) 所示。

④ 连接各角点,擦去多余图线、加深,即得正六棱柱的正等测图,图中虚线可不画出,如图 11-5(e) 所示。

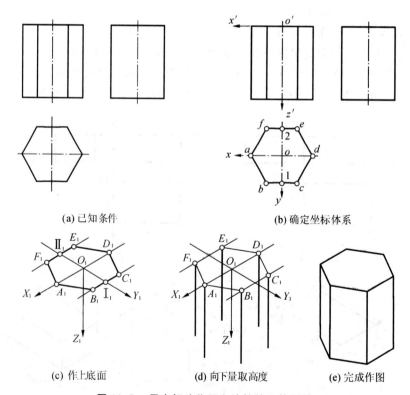

(a) 已知条件　　　　　　　　　(b) 确定坐标体系

(c) 作上底面　　　(d) 向下量取高度　　　(e) 完成作图

图 11-5　用坐标法作正六棱柱的正等测图

利用坐标法根据形体的多面正投影图绘制轴测投影图,从前述两例的作图过程中,可以总结出如下两点。

① 画平面立体的轴测图时,首先应选好坐标轴并画出轴测轴;然后根据坐标确定各顶点的位置;最后依次连线,完成整体的轴测图。具体画图时,应分析平面立体的形体特征,一般总是先画出形体上一个主要可见表面的轴测图。通常是先画顶面,再画底面;但有时需要先画前面,再画后面;或者先画左面,再画右面。

② 为使图形清晰,轴测图中一般只画可见的轮廓线,虚线经常省略不画。

2) 切割法

当组合形体是由基本形体经切割而成时,可先画出基本形体的轴测图,再按照切割顺序逐步完成形体的轴测图,这种作图方法称为切割法。切割法适用于绘制以切割方式构成的组合体的轴测图。

【例 11-3】 如图 11-6(a) 所示,试用切割法绘制组合形体的正等测图。

解 (1) 分析:通过对图 11-6(a) 所示的组合形体进行形体分析,可知该组合形体是由一长方体斜切左上角,再在上前方切去一个底面为梯形的四棱柱而成。画图时可先画出完整的长方体,然后再按照切割的顺序逐步切割斜角三棱柱和四棱柱。

(2) 作图步骤:具体作图如图 10-6(a)、(b)、(c)、(d)、(e) 所示。

① 确定坐标原点及坐标轴,如图 11-6(a) 所示。

② 画轴测轴,根据尺寸 36、20、25 作出长方体的轴测图,如图 11-6(b) 所示。

③ 然后再根据尺寸 8 和 18 作出斜面的投影,如图 11-6(c) 所示。

④ 沿 Y 轴量取尺寸 10 作平行于 $X_1O_1Z_1$ 面的平面,并由上往下切;沿 Z 轴量取尺寸 16

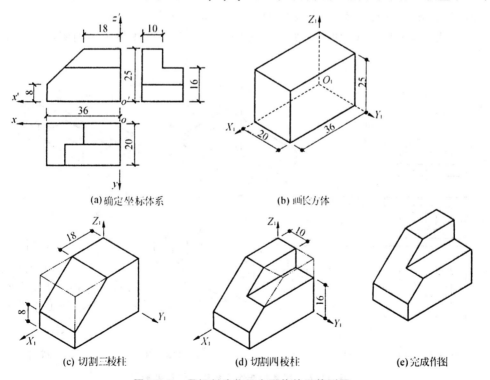

图 11-6 用切割法作组合形体的正等测图

作 $X_1O_1Y_1$ 面的平行面,并由前往后切,两平面相交切去一四棱柱,如图 11-6(d) 所示。

⑤ 擦去多余的图线,并加深图线,即得组合立体的正等轴测图,如图 11-6(e) 所示。

3) 叠加法

当组合形体由几部分叠加而成时,可按叠加的顺序将各组成部分逐个画出,从而完成形体的轴测图,这种作图方法称为叠加法。叠加法适用于绘制以叠加方式构成的组合体的轴测图。

【例 11-4】 如图 11-7(a) 所示,试根据组合形体的正投影图画出其正等测图。

解 (1) 分析:通过对图 11-7(a) 所示的组合体形体进行形体分析,可知该组合形体是由三个四棱柱与一个四棱台叠加而成。画图时可由下而上(或者由上而下),也可以取两基本形体的结合面作为坐标面,然后按照叠加的顺序逐个画出每一个基本形体。

(2) 作图步骤:具体作图如图 10-7(a)、(b)、(c)、(d)、(e)、(f) 所示。

① 在多面正投影图上选择、确定坐标系,坐标原点选在组合形体底面的中心,如图 11-7(a) 所示。

② 画出轴测轴,根据 x_1、y_1、z_1 作出底部四棱柱的轴测图,如图 11-7(b) 所示。

③ 将坐标原点移至底部四棱柱上表面的中心位置,根据 x_2、y_2 作出中间四棱柱底面的四个顶点,并根据 z_2 向上作出中间四棱柱的轴测图,如图 11-7(c) 所示。

④ 将坐标原点移至中部四棱柱上表面的中心位置,根据 x_3、y_3 作出中间四棱台上底面的四个顶点在下底面上的投影,并根据 z_3 向上作出四棱台上底面的四个顶点,连接上、下底面对应顶点,可作出中间四棱台的轴测图,如图 11-7(d) 所示。

⑤ 将坐标原点再移至中间四棱台上表面的中心位置,以四棱台的上底面为该四棱柱的下底面,并根据 z_4 向上作出上部四棱柱的轴测图,如图 11-7(e) 所示。

⑥ 擦去多余的作图线,加深可见图线即完成该组合体形体的正等测图,如图 11-7(f) 所示。

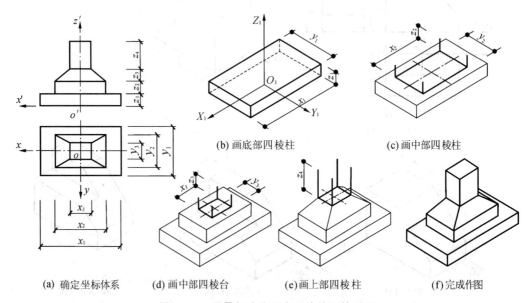

图 11-7 用叠加法作组合形体的正等测图

4) 装箱法

对于某些由基本形体构成的组合形体,好似放在一个长方体的箱子里,作轴测图时可先画出长方体,再按各基本形体在箱子中的相对位置逐个画出,这种作图方法称为装箱法。装箱法的应用见例题 11-5。

5) 端面法

当形体的某一表面反映该形体的主要形状特征时,通常先画出该端面(或特征面)的轴测投影,然后"由面到体"——从端面(或特征面)的相应角点作轴测轴的平行线,根据轴向伸缩系数量取尺寸后连接,从而完成形体轴测图的方法称为端面法,又称特征面法。端面法适用于画柱状类物体,其应用见例题 11-7。

以上几种方法都需要定坐标原点,然后按各线、面端点的坐标在轴测坐标系中确定其位置,故坐标法是画图的最基本方法。当绘制复杂物体的轴测图时,上述三种方法往往综合使用。

11.2.2 正二测投影

当正轴测投影图的三个轴向伸缩系数有两个相等,且为第三个两倍(即 $p = r = 2q$ 或 $p = q = 2r$ 或 $q = r = 2p$)时,所得的轴测投影称为正二等轴测投影图,简称正二测图。实际应用时,常使 OY 轴的轴向伸缩系数为其余的 $1/2$,即常采用 $p = r = 2q$。根据形成轴测图的必要条件 $p^2 + q^2 + r^2 = 2$,可解得 $p = r = 0.94, q = 0.47$。当轴向伸缩系数确定后,空间形体相对于轴测投影面的倾斜位置也唯一确定了,轴间角 $\angle X_1 O_1 Z_1 = 97°10'$,$\angle Y_1 O_1 Z_1 = \angle X_1 O_1 Y_1 = 131°25'$,即 $O_1 X_1$ 轴与水平线的夹角为 $7°10'$,$O_1 Y_1$ 轴与水平线的夹角为 $41°25'$,如图 11-8(a) 所示。

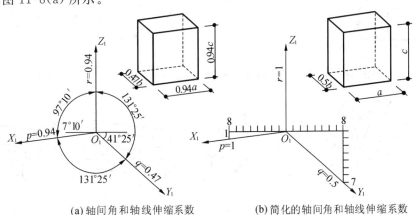

(a) 轴间角和轴线伸缩系数　　(b) 简化的轴间角和轴线伸缩系数

图 11-8　正二测图

同正等测图一样,正二测图也采用简化的轴向伸缩系数作图,即取 $p = r = 1$、$q = 0.5$。采用简化的轴向伸缩系数的正二测图比原始的正二测图放大了 $1/0.94 = 0.5/0.47 \approx 1.06$ 倍。由于正二测的轴间角非特殊角,绘图时需用量角器绘出,而 $\tan 7°10' \approx 1/8$、$\tan 41°25' \approx 7/8$,故正二测的轴测轴可采用如图 11-8(b) 的方法绘制。正二轴测图的画图方法与正等轴测图完全相同,只是轴间角、轴向伸缩系数不同。

【例 11-5】 如图 11-9(a) 所示,已知台阶的正投影,求作其正二等测图。

解 (1) 分析:从图 11-9(a) 可知,台阶由左右两块挡板和中间三级踏步构成,挡板与踏步这些基本形体,好似放在一个长方体的箱子里,因而可采用装箱法绘图,作轴测图时先画好长方体,再按各基本形体在箱子中的相对位置逐个画出。

(2) 作图步骤:具体作图如图 10-9(b)、(c)、(d)、(e)、(f)、(g) 所示。

① 在多面正投影图上选择、确定坐标系,坐标原点选在台阶右侧挡板的下、后、右角点。画图时要注意正二测图的整个作图过程中,所有平行 O_1Y_1 轴的线段长度,均变为实长的 0.5 倍,即乘以简化的轴向伸缩系数 0.5,如图 11-9(b) 所示。

② 画长方体箱子。按照组合形体的总长、总宽、总高画出长方体的正二测图,如图 11-9(c) 所示。

③ 画两侧挡板。在箱子的左右端面根据挡板的长、宽、高画出左右挡板的两个长方体,然后在其上前方各切割一个四棱柱,得左右挡板的正二测图,如图 11-9(d) 所示。切割时斜面上斜边的轴测投影方向和伸缩系数均未知,故要先定出斜边的端点再连接。

④ 画踏步。三级踏步为三个长方体叠加而成,画图时先在右挡板的左侧面上按踏步的侧面投影形状画出踏步端面的正二测图,如图 11-9(e) 所示;然后过踏步端面的可见顶点引 O_1X_1 轴的平行线,得踏步的正二测图,如图 11-9(f) 所示。

⑤ 擦去多余的图线,加深可见图线即完成该组合体的正二测图,如图 11-9(g) 所示。

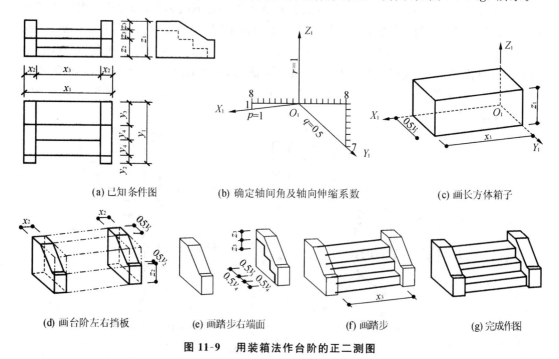

图 11-9 用装箱法作台阶的正二测图

11.2.3 圆及曲面立体的正等测投影

1. 平行坐标面的圆或圆角的正等测投影

1) 圆的正等测投影

在正等测轴测投影图中,平行于空间坐标平面的圆是与轴测投影面倾斜的,因而其轴测投影为椭圆。为了简化作图,轴测投影中的椭圆常采用近似画法,用四段圆弧代替四段椭圆弧拟合成近似椭圆。这四段圆弧的圆心是用椭圆的外切菱形求得的,因此也称这个方法为"四心近似法"或"菱形四心法"。下面以水平面内的圆的正等测图为例说明这种画法的应用,如图 11-10 所示。

① 在圆的水平投影图中作圆的外切正方形 $abcd$,切点为 1、2、3、4,并选定坐标轴和原点,如图 11-10(a) 所示。

② 画出轴测轴 O_1X_1、O_1Y_1 轴,并作圆的外切正方形的正等测图——菱形 $A_1B_1C_1D_1$,如图 11-10(b) 所示。

③ 连接 $O_2 I_1$、$O_3 II_1$ 及 $O_2 IV_1$、$O_3 III_1$,它们分别垂直于菱形的相应边,并交菱形的长对角线于 O_4、O_5,其中 O_2、O_3 为菱形短对角线的端点,如图 11-10(c) 所示。

④ 分别以 O_2、O_3 为圆心,$O_2 I_1$、$O_3 III_1$ 为半径画圆弧 $I_1 IV_1$、$III_1 II_1$,如图 11-10(d) 所示。

⑤ 再分别以 O_4、O_5 为圆心,$O_4 II_1$、$O_5 IV_1$ 为半径画圆弧 $II_1 I_1$、$IV_1 III_1$,完成作图,如图 11-10(e) 所示。此时,四段光滑圆弧连接所得近似椭圆即为所求。

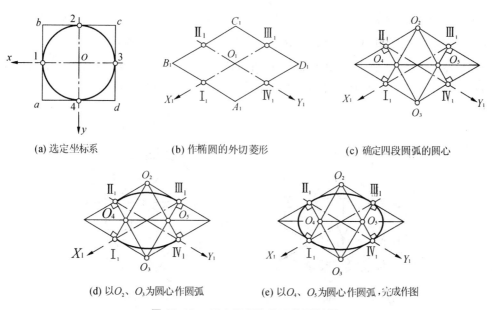

图 11-10 四心近似法作正等测椭圆

由于正等测图的各个坐标面对轴测投影面的倾斜角度相等,因而位于或平行各坐标面上的相同直径的圆的正等测图为形状和大小完全相同的椭圆,只是椭圆的长、短轴方向不相同。通常把在坐标面 XOY 上或平行于坐标面 XOY 的圆叫做水平圆,把在坐标面 XOZ 上或平行于坐标面 XOZ 的圆叫做正平圆,把在坐标面 YOZ 上或平行于坐标面 YOZ 的圆叫做侧平圆。各坐标面上的相同直径的圆的正等测椭圆的画法如图 11-11 所示。

从图 11-11 中可以看出,各椭圆的长轴与垂直于该坐标面的轴测轴垂直,即与其所在的菱形的长对角线重合,而短轴与垂直于该坐标面的轴测轴平行,即与其所在的菱形的短对角线重合。

在正等测图中,若采用实际的轴向伸缩系数,三个椭圆的长、短轴长度分别为 D、

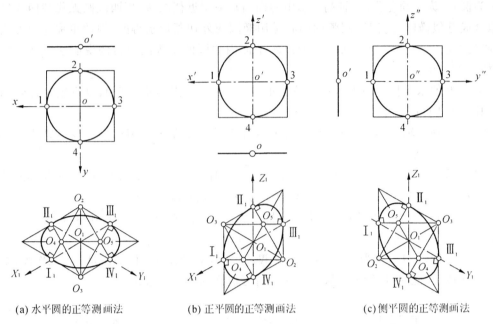

图 11-11　坐标面上圆的正等测画法 —— 四心近似法

$0.58D$，如图 11-12(a) 所示；若采用简化的轴向伸缩系数，三个椭圆的长、短轴长度分别是 $1.22D$、$0.7D$，其中 D 是平行于坐标面的空间圆的直径，如图 11-12(b) 所示。

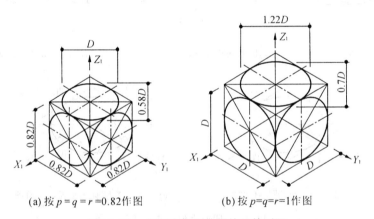

(a) 按 $p=q=r=0.82$ 作图　　(b) 按 $p=q=r=1$ 作图

图 11-12　平行坐标面的圆的正等测图

2) 圆角的正等测投影

构件上常会遇到由四分之一圆弧构成的圆角，如图 11-13(a) 所示。这些圆角的轴测图分别对应于椭圆的四段圆弧，画圆角时不用作出整个椭圆，只须直接画出该段圆弧即可，如图 11-13(e) 所示。下面以水平面内圆角的正等测图为例说明其绘图步骤，如图 11-13 所示。

作图过程如下：

① 首先应画出平面图形的正等轴测图，如图 11-13(c) 所示；

② 然后用已知圆弧半径 R，在相应边上定出切点，如图 11-13(c) 所示；

③ 过切点分别作切点所在边的垂线，此垂线两两相交的交点即为圆弧的圆心，如图 11-13(d) 所示；

④ 再分别以 O_2、O_3、O_4、O_5 为圆心,以相应的长度为半径,在各切点间作圆弧即可,如图 11-13(e) 所示。

为了图面清晰,如果轴测投影轴 O_1X_1、O_1Y_1、O_1Z_1 轴的方向已十分明确,图中可不画出,如图 11-13(b) ~ (e) 所示。

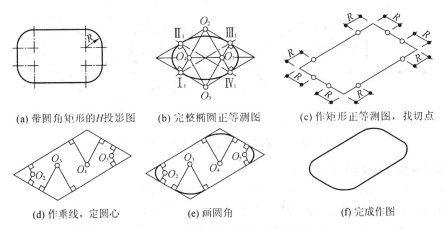

图 11-13 带圆角矩形的正等测画法

2. 曲面立体的正等测投影

1) 圆柱的正等测投影

图 11-14 所示为轴线铅垂的圆柱体的正等测画法,其绘图步骤如下:

① 首先作出下底面的正等测投影椭圆,如图 11-14(b) 所示;

② 接着根据圆柱的高度平移各段圆弧的圆心,作出上底面的正等测投影椭圆,如图 11-14(c) 所示;

③ 再作两椭圆的最左、最右切线,其切点为椭圆长轴的端点,即为圆柱的正等测投影,如图 11-14(d) 所示。

当圆柱轴线为正垂及侧垂时,其正等测画法如图 11-15(a)、(b) 所示。

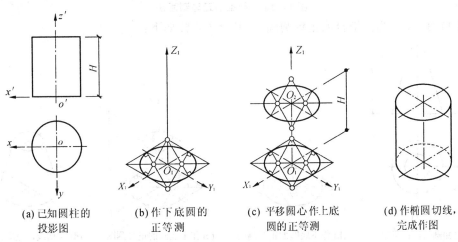

图 11-14 铅垂放置圆柱的正等测画法

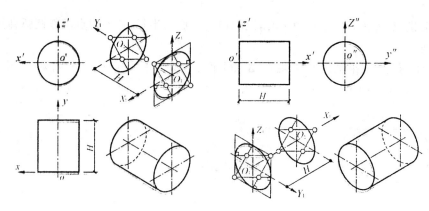

(a) 正垂放置圆柱的正等测画法　　(b) 侧垂放置圆柱的正等测画法

图 11-15　正垂及侧垂放置圆柱的正等测画法

2) 圆锥及圆锥台的正等测投影

如图 11-16 所示为圆锥的正等测画法,其绘图步骤如下:

① 首先作出下底面的正等测椭圆,如图 11-16(b) 所示;
② 接着过椭圆的中心向上取圆锥高度,得圆锥顶 S_1,如图 11-16(c) 所示;
③ 再过锥顶 S_1 作椭圆切线即可,如图 11-16(d) 所示。

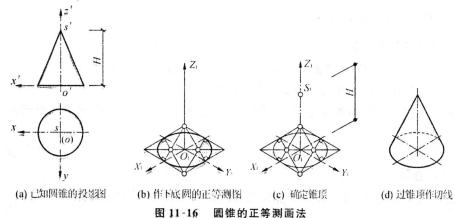

(a) 已知圆锥的投影图　(b) 作下底圆的正等测图　(c) 确定锥顶　(d) 过锥顶作切线

图 11-16　圆锥的正等测画法

图 11-17 所示为圆锥台的正等测画法,其绘图步骤如下:

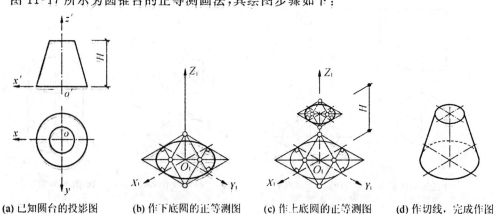

(a) 已知圆台的投影图　(b) 作下底圆的正等测图　(c) 作上底圆的正等测图　(d) 作切线,完成作图

图 11-17　圆锥台的正等测画法

① 首先作出下底面的正等测投影椭圆,如图 11-17(b) 所示;
② 接着根据圆锥台的高度平移轴测投影原点,作出上底面的正等测投影椭圆,如图 11-17(c) 所示;
③ 再作两椭圆的最左、最右切线,即为圆锥台的正等测投影,如图 11-17(d) 所示。

3) 圆球体的正等测投影

圆球体从任何一个方向观看都是圆,且圆的直径等于圆球体的直径 D。图 11-18 所示为圆球体的正等测画法,其绘图步骤如下:

① 首先过球心 O_1 分别作出平行于三个坐标平面(H、V、W 面)的赤道圆的正等测投影椭圆,如图 11-18(b)、(c)、(d)、(e) 所示;
② 接着作出上述三个椭圆的外包络线圆,该圆即为圆球体的正等测轮廓线圆,当采用简化的轴向伸缩系数绘图时,其直径为 $1.22D$,如图 11-18(f) 所示;
③ 然后将三个椭圆可见的前半部分、上半部分、左半部分绘制成实线,而将不可见的后半部分、下半部分、右半部分绘制成虚线,如图 11-18(g) 所示。

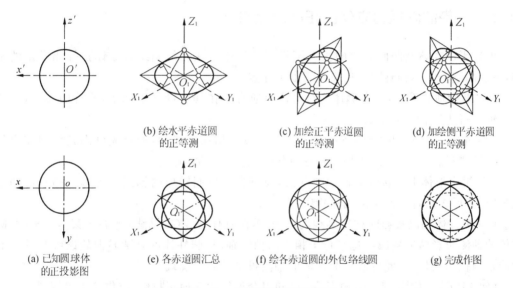

图 11-18　圆球体的正等测画法

4) 带圆角长方体的正等测投影

图 11-19 所示为带圆角长方体的正等测画法,其绘图步骤如下:
① 首先作出长方体及上底面圆角切点的正等测图,如图 11-19(b)、(c) 所示;
② 接着过切点分别作切点所在边的垂线,此垂线两两相交的交点即为圆弧的圆心 O_2、O_3、O_4、O_5,如图 11-19(d) 所示;
③ 然后分别以 O_2、O_3、O_4、O_5 为圆心,以相应的长度为半径,在各切点间作圆弧,即为上底面的四段椭圆弧,如图 11-19(e) 所示;
④ 再将圆心 O_2、O_3、O_4 往下平移长方体的高度 H,作出下底面的三段圆弧(另一段圆弧不可见,不用画出),如图 11-19(f) 所示;
⑤ 最后再作出上、下底面圆弧的切线,将作图过程线去掉,完成全图,如图 11-19(g) 所示。

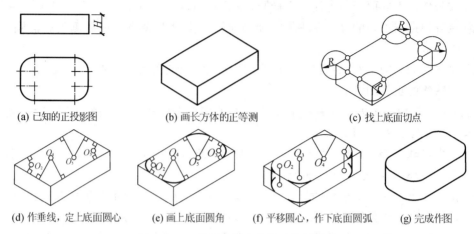

图 11-19 带圆角长方体的正等测画法

11.2.4 带曲面组合立体的正等测投影

前述平面立体及曲面立体的正等测投影的绘制方法是绘制组合立体正等测投影的基础,在绘制组合立体轴测图时还应注意如下几点。

(1) 坐标轴的设立:组合形体若有对称面通常要在其上设立坐标系,若有回转体,应选坐标轴平行于回转体的轴线。

(2) 先完整画出,再挖切:若组合形体是经过挖切而形成的,应首先画出其挖切前完整形状的轴测投影,然后再画挖切后所形成的孔、洞、槽的轴测投影。

(3) 组合形体上回转体端面圆的画法:应首先画出回转体的轴线和各端面圆圆心的轴测投影,然后画出各端面圆的轴测投影。

(4) 圆柱体轴测投影转向轮廓线的画法:若圆柱体素线(或轴线)平行于某坐标轴时,圆柱体的轴测投影转向轮廓线也平行于相应的轴测轴,且圆柱体的轴测转向轮廓线与其端面圆的轴测投影相切,由此可画出圆柱体的轴测投影转向轮廓线。

【例 11-6】 如图 11-20(a) 所示,已知组合形体的三面正投影,求作其正等测图。

解 (1) 分析:从图 11-20(a) 可知,该组合形体是由底板(长方体左前、右前部被对称切割出两个圆角,并被挖切了对称的两个圆柱通孔)、竖板(长方体顶部被切割成半圆柱,其上部被挖切了一个圆柱通孔)和肋板(底面为梯形的四棱柱)叠加而成。因此,绘图时采用叠加法和切割法绘图。具体绘图时,应先画出组合形体的组成单元——基本形体,再逐一画出圆角、圆孔等细部。

(2) 作图步骤:具体作图如图 10-20(a)、(b)、(c)、(d)、(e)、(f) 所示。

① 在多面正投影图上选择、确定坐标系,坐标原点选在形体的对称面上且位于底板的上、后棱线的中点,如图 11-20(a) 所示。

② 画出轴测轴,并依次画出底板、竖板、肋板等基本形体的正等测,如图 11-20(b)、(c) 所示。

③ 分别在底板和竖板上切割出圆角和半圆柱的正等测,如图 11-20(d) 所示。

④ 依次画出底板和竖板上的圆柱形通孔的正等测,绘图时应注意这些圆柱通孔在轴测

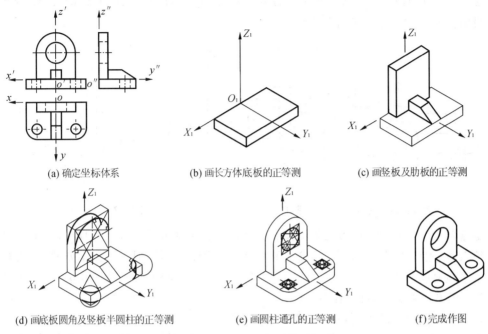

图 11-20　组合形体的正等测画法

图中能否反映是通孔,如果反映还应画出圆柱通孔后表面的可见部分,如图 11-20(e) 所示。

⑤ 擦去多余的作图线,加深可见图线即完成该组合形体的正等测图,如图 11-20(f) 所示。

11.3　斜轴测投影

投射方向 S 与轴测投影面 P 倾斜(但不与原坐标面或坐标轴平行),为便于作图,通常取平行于 XOZ 或 XOY 坐标面为轴测投影面 P,这样所得的投影称为斜轴测投影,如图 11-2(b) 所示。常用的斜轴测投影有正面斜轴测投影、水平面斜轴测投影两种。

11.3.1　正面斜轴测投影

1. 正面斜轴测投影的形成

当空间形体处于作正投影图时的位置(坐标平面 XOZ 平行于正平的轴测投影面 P,坐标轴 OY 垂直于轴测投影面 P),投射方向 S 倾斜于轴测投影面 P($/\!/V$面),将形体向轴测投影面 P 投影,所得的斜轴测投影称为正面斜轴测投影,如图 11-21 所示。

2. 轴间角及轴向伸缩系数

从图 11-21 中可知,由于轴测投影面 $P /\!/ XOZ$ 面(V 面),则不论投射方向 S 如何变化,位于形体上平行于 XOZ 坐标面的平面图形的正面斜轴测投影反映实形,轴测轴 $O_1X_1 /\!/$ 坐标轴 OX、轴测轴 $O_1Z_1 /\!/$ 坐标轴 OZ、轴间角 $\angle X_1O_1Z_1 = 90°$,且沿 O_1X_1、O_1Z_1 的轴向伸缩

系数 $p=r=1$。而 O_1Y_1 的轴向伸缩系数 q 与方向（O_1Y_1 与 O_1X_1 或 O_1Z_1 的夹角），会随着轴测投射方向 S 的变化而各自独立地变化。

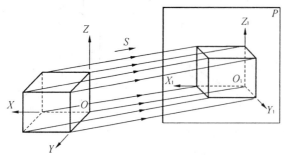

图 11-21　正面斜轴测投影的形成

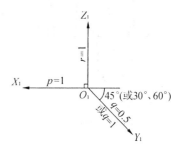

图 11-22　轴测轴画法

由于斜投影的投射方向 S 与轴测投影面 P 的倾斜角度可任意选定，因而沿 O_1Y_1 轴的轴向伸缩系数 q 及轴间角 $\angle X_1O_1Y_1$ 或 $\angle Y_1O_1Z_1$ 也有无穷多种。但为了作图方便，常使 O_1Y_1 轴与水平线之间的夹角 θ 等于 45°（或 30°、60°），而沿 O_1Y_1 的轴向伸缩系数 q 取 0.5 或 1，其中 θ 与 q 没有因果关系，可以任意组合。

正面斜轴测投影的轴测轴画法如图 11-22 所示。

当沿 O_1Y_1 的轴向伸缩系数 q 取 1（即 $p=q=r=1$）时，所得的正面斜轴测投影称为正面斜等轴测投影，简称正面斜等测；当沿 O_1Y_1 的轴向伸缩系数 q 取 0.5（即 $p=r=1$、$q=0.5$）时，所得的正面斜轴测投影称为正面斜二等轴测投影，简称正面斜二测。

3. 作图方法

正轴测投影的作图方法如坐标法、叠加法、切割法、装箱法、端面法等均适用于绘制正面斜轴测投影，只是轴间角及轴线伸缩系数不同。

在绘制正面斜轴测投影时，可根据形体的具体形状特征，灵活地选择轴向伸缩系数 q 与轴间角 $\angle X_1O_1Y_1$、$\angle Y_1O_1Z_1$，使所绘出的正面斜轴测投影立体感更强。

画图时，由于形体的正面平行于轴测投影面，因而可先绘形体正面的投影，再由相应角点作 O_1Y_1 轴的平行线，根据轴向伸缩系数 p 量取尺寸后相连即可得所求的正面斜轴测投影图。

【例 11-7】　如图 11-23(a) 所示，已知台阶的正投影图，试求作其正面斜轴测。

解　(1) 分析：从图 11-23(a) 可知，台阶的正面较能反映其形状特征，因而选择这个面作为斜轴测图的正面，并将其绘制成正面斜等测图。若选用轴间角 $\angle X_1O_1Y_1=135°$，此时台阶的踏面被踢面遮挡而表达不清，因而选用 $\angle X_1O_1Y_1=45°$。

(2) 作图步骤：具体作图如图 11-23(a)、(b)、(c)、(d) 所示。

① 在多面正投影图上选择、确定坐标系，坐标原点选在形体的右、前、下角点，如图 11-23(a) 所示。

② 画出轴测轴 O_1X_1、O_1Y_1、O_1Z_1，如图 11-23(b) 所示。

③ 在 $X_1O_1Z_1$ 面上画出台阶前端面的斜等测图，其形状和大小与台阶的正面投影相同，如图 11-23(b) 所示。

④ 过台阶前端面斜等测图的各顶点沿着 O_1Y_1 轴方向画一系列平行线，并按 $q=1$ 截取

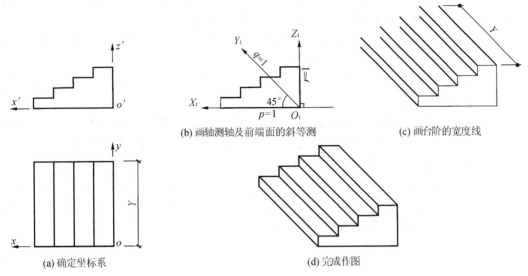

(a) 确定坐标系　　　　　　　(d) 完成作图

图 11-23　台阶的正面斜等测画法

台阶的实际宽度 Y，如图 11-23(c) 所示。

⑤ 画出台阶后表面的可见轮廓，加深可见图线即完成台阶的斜等测图，如图 11-23(d) 所示。

从图 11-23(d) 可感觉到，台阶的正面斜等测图的宽度给人的视觉印象要比由三面投影图所确定的宽度要大得多，从而有失真的感觉。因此，在工程上常采用正面斜二测图，即取沿 O_1Y_1 轴方向的轴向伸缩系数 $q=0.5$，将使平行于 O_1Y_1 轴的线段的长度缩短为空间实长的 $1/2$。图 11-24 为该台阶的正面斜二测图，其作图步骤与正面斜等测图的作图步骤一样，只是在量取平行 O_1Y_1 轴线段长度时，按 $q=0.5$ 进行，将平行于 O_1Y_1 轴的线段的长度按空间实长的 $1/2$ 量取，但其视觉效果要好很多。

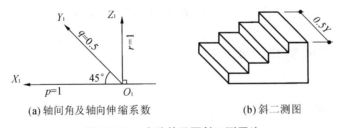

(a) 轴间角及轴向伸缩系数　　　　(b) 斜二测图

图 11-24　台阶的正面斜二测画法

【例 11-8】　如图 11-25(a) 所示，已知组合形体的三面正投影图，试求作其正面斜二测。

解　(1) 分析：由图 11-25(a) 可知，该组合形体是由底板(长方体中部被切割出一小长方体)、竖板(长方体顶部被切割成半圆柱，其上部被挖切了一个圆柱通孔)叠加而成。形体只在正面具有较复杂的形状，绘图时可采用端面法绘图。具体绘图时，应先画出组合形体各组成单元的前端面或后端面，再沿 O_1Y_1 按轴向伸缩系数 $q=0.5$ 量取宽度。

(2) 作图步骤：具体作图如图 11-25(a)、(b)、(c)、(d)、(e)、(f) 所示。

① 在多面正投影图上选择、确定坐标系，坐标原点选在形体的对称面上且位于底板的上、后棱线的中点，如图 11-25(a) 所示。

② 画出轴测轴 O_1X_1、O_1Y_1、O_1Z_1，并在 $X_1O_1Z_1$ 面上画出长方体后端面的斜二测图，其形状与大小与长方体的正面投影相同，如图 11-25(b) 所示。

③ 过长方体后端面的各顶点画 O_1Y_1 轴的平行线，并按 $q=0.5$ 截取长方体的实际宽度 Y_1 的 0.5 倍($0.5Y_1$)，如图 11-25(c) 所示。

④ 再在 $X_1O_1Z_1$ 面上画出背板后端面的斜二测图，其形状与大小与背板的正面投影相同，如图 11-25(c) 所示。

⑤ 画出长方体前端面的轮廓线，擦除不可见轮廓线，并在该长方体前端面上画出底板被切割长方体前端面的斜二测图；再过背板后端面的各顶点画 O_1Y_1 轴的平行线，并按 $0.5Y_2$ 截取背板的宽度。如图 11-25(d) 所示。

⑥ 画出背板前端面的轮廓线，擦除不可见轮廓线；并过切割长方体的前端面的各顶点画 O_1Y_1 轴的平行线，并按 $0.5Y_3$ 截取宽度。如图 11-25(e) 所示。

⑦ 画出切割四棱柱后端面的可见轮廓线，完成作图，如图 11-25(f) 所示。

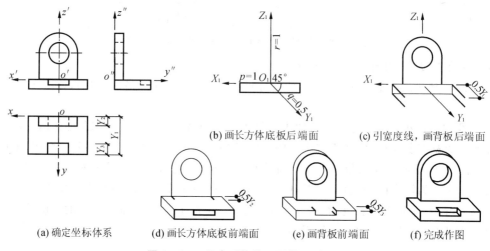

图 11-25　组合形体的正面斜二测画法

11.3.2　水平面斜轴测投影

1. 水平面斜轴测投影的形成

当空间形体处于作正投影图时的位置(坐标平面 XOY 平行于水平的轴测投影面 P，坐标轴 OZ 垂直于轴测投影面 P)，投射方向 S 倾斜于轴测投影面 P($/\!/H$ 面)，将形体向轴测投影面 P 投影，所得的斜轴测投影称为水平面斜轴测投影，如图 11-26(a) 所示。

2. 轴间角及轴向伸缩系数

由图 11-26(a) 可知，由于轴测投影面 P $/\!/$ XOY 面(H 面)，则不论投射方向 S 如何变化，位于形体上平行于 XOY 坐标面的平面图形的水平面斜轴测投影反映实形，且轴间角 $\angle X_1O_1Y_1 = 90°$、沿 O_1X_1、O_1Y_1 的轴向伸缩系数 $p=q=1$。而 O_1Z_1 的轴向伸缩系数 r 与方向(O_1Z_1 与 O_1X_1 或 O_1Y_1 的夹角)，会随着轴测投射方向 S 的变化而各自独立地变化。通常，

常取轴间角 $\angle X_1O_1Z_1 = 120°$,伸缩系数取 0.5 或 1,如图 11-26(b) 所示。但画图时,习惯把 O_1Z_1 轴画成竖直方向,则 O_1X_1 轴和 O_1Y_1 轴与水平线之间的夹角 θ 等于 30° 和 60°,如图 11-26(c) 所示。

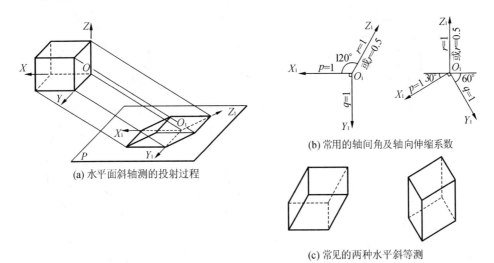

图 11-26 水平面斜轴测图的形成

当沿 O_1Z_1 的轴向伸缩系数 r 取 1(即 $p = q = r = 1$)时,所得的水平面斜轴测投影称为水平面斜等轴测投影,简称水平斜等测;当沿 O_1Z_1 的轴向伸缩系数 r 取 0.5(即 $p = q = 1$、$r = 0.5$)时,所得的水平面斜轴测投影称为水平面斜二等轴测投影,简称水平斜二测。

3. 作图方法

在绘制水平面斜轴测投影时,可根据形体的具体形状特征,灵活地选择轴向伸缩系数 r 与轴间角 $\angle X_1O_1Z_1$、$\angle Y_1O_1Z_1$,使所绘出的水平面斜轴测投影立体感更强。

画图时,由于形体的水平面平行于轴测投影面,因而可先将形体的水平投影图旋转后再由相应角点作 O_1Z_1 轴的平行线,根据轴向伸缩系数 r 量取尺寸后相连即可得所求的水平面斜轴测投影图。

【例 11-9】 如图 11-27(a) 所示,已知组合形体的两面正投影图,试求作其水平斜等测。

解 (1) 分析:从图 11-27(a) 可知,该组合形体是由一六棱柱及一四棱柱叠加组合而成的,绘图时可采用叠加法及端面法。

(2) 作图步骤:具体作图如图 10-25(a)、(b)、(c)、(d)、(e)、(f) 所示。

① 在多面正投影图上选择、确定坐标系,坐标原点选在形体的右、后、下角点,如图 11-27(a) 所示。

② 画出轴测轴 O_1X_1、O_1Y_1、O_1Z_1,并将形体的 H 投影图逆时针选转 30°,即为下底面的水平斜等测图,如图 11-27(b) 所示。

③ 过六棱柱水平斜等测图的各顶点沿着 O_1Z_1 轴方向画一系列平行线,并按 $r = 1$ 截取六棱柱的实际高度 M,如图 11-27(c) 所示。

④ 连接六棱柱上底面的顶点,擦除六棱柱不可见轮廓线,如图 11-27(d) 所示。

⑤ 过四棱柱水平斜等测图的各顶点沿着 O_1Z_1 轴方向画一系列平行线,并按 $r = 1$ 截取

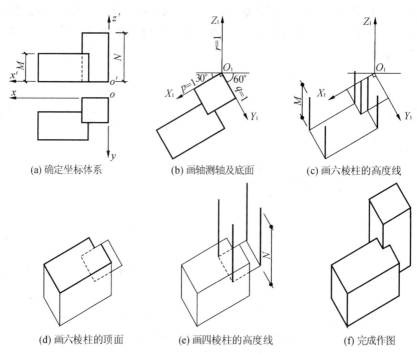

(a) 确定坐标体系　　(b) 画轴测轴及底面　　(c) 画六棱柱的高度线

(d) 画六棱柱的顶面　　(e) 画四棱柱的高度线　　(f) 完成作图

图 11-27　组合形体的水平斜等测画法

四棱柱的实际高度 N，如图 11-27(e) 所示。

⑥ 连接四棱柱上底面的顶点，擦除四棱柱不可见轮廓线，完成作图，如图 11-27(f) 所示。

水平斜轴测投影，由于水平面上的平面图形能反映实形，因而适用于绘制水平面上有复杂图案的形体，如工程上用来绘制复杂形体的水平剖面或一个区域的总平面图，它可反映房屋内部布置，或一个区域各建筑物、道路、设施等的平面位置及相互关系，以及建筑物和设施等的实际高度。

图 11-28 所示为某城市道路十字路口的水平斜等测图及其绘制过程，由于这类图形具有特殊的俯瞰效果，能清晰表达各建筑物、道路、绿化等的平面位置及相互关系以及建筑物等的高度，因而也称之为鸟瞰轴测图，简称鸟瞰图。

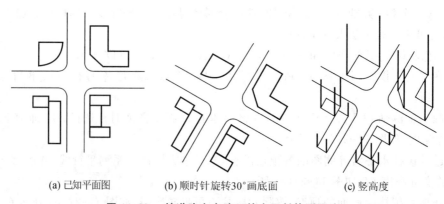

(a) 已知平面图　　(b) 顺时针旋转30°画底面　　(c) 竖高度

图 11-28　某道路十字路口的水平斜等测画法

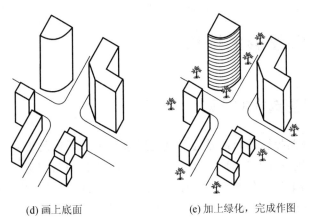

(d) 画上底面　　　　　　　　(e) 加上绿化，完成作图

续图 11-28

图 11-29 所示是房屋被水平剖切后下半部分的水平斜等轴测图及其绘制过程，该图清晰地表达了房屋的内部布置，其作图一般是在建筑平面图的基础上完成的。

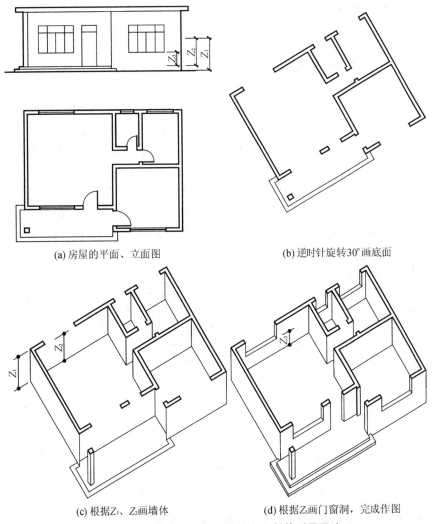

(a) 房屋的平面、立面图　　　　　(b) 逆时针旋转30°画底面

(c) 根据Z_1、Z_2画墙体　　　　　(d) 根据Z_3画门窗洞，完成作图

图 11-29　带水平断面房屋的水平斜等测图画法

11.4 轴测投影的选择

11.4.1 轴测投影选择的原则

在工程中选用轴测投影的目的是为了直观形象地表示形体的形状和构造。但轴测图在形成的过程中,由于轴测轴及投射方向的不同,使轴间角和轴向伸缩系数存在差异,产生了多种不同的轴测图。因此在绘制轴测图时,首先要解决的问题是选用哪种轴测图来表达形体。通过前面对各种轴测投影知识的介绍,已经了解到同一形体选用不同种类的轴测图来表达,则会得到不同的效果。所以,在选择时应该遵循如下原则:

(1) 画出的轴测图应能最充分地表现形体的线与面,立体感鲜明、强烈,不要有过大地变形,以至于与日常的视觉形象不符;

(2) 同时还要考虑从哪个方向去观察物体,才能使最复杂的部分显示出来;

(3) 选择的轴测图的作图方法应简便。

11.4.2 轴测投影种类的选择

对于一般形体而言,作正等测图要比正二测图简便。当形体在某两个或三个坐标面及其平行面上均有圆或圆弧时,选择正等测图比其他任何轴测图都要简便。但当形体仅在某一个坐标面及其平行面上有较多圆或圆弧等复杂图案时,选择斜轴测图要比正等测图简便。同时为使作出形体的轴测图的直观性好、表达清楚,还应注意如下几点。

(1) 要避免形体内部结构被遮挡。在轴测图上,应尽可能地将形体的孔、洞、槽等内部结构表达清晰。如图 11-30 所示形体的正等测图,由于被左前侧面遮挡而看不到孔洞的深度,因而直观性较差;而正二测图和正面斜二测图中能看到孔洞的深度,故直观性较好。

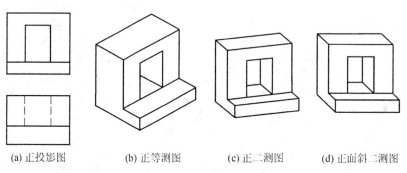

(a) 正投影图　　(b) 正等测图　　(c) 正二测图　　(d) 正面斜二测图

图 11-30　轴测投影的选择(一)

(2) 要避免转角处交线投射成一直线段。正投影图中,如果转角处的交线有与水平方向成 45°的,就不应采用正等测图。因为这种方向的直线在正等测图上投射为一竖直线,削弱了图形的立体感,故宜采用正二测或斜二测较好。如图 11-31 所示的形体,用正二测图和正面斜二测图能避免转角处交线投射成一直线段,因而立体感较强。

(3) 要避免平面立体投影成左右对称的图形。图 11-31 所示的形体,由于形体的对角线

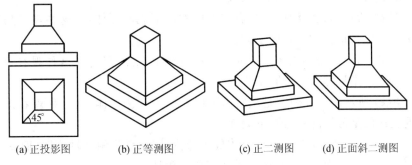

(a) 正投影图　　　(b) 正等测图　　　(c) 正二测图　　　(d) 正面斜二测图

图 11-31　轴测投影的选择(二)

平面(对称平面)恰好与正等测图的轴测投影方向平行,因而该形体的正等测图是左右对称的,显得比较呆板,直观性较差;而该形体的正二测图和正面斜二测图避免了这个缺点,直观性较好。但这一要求不针对圆柱、圆锥、圆球等回转体,因为这些回转体的正等轴测图总是左右对称的图形。

(4) 要避免某些侧面积聚为直线段。轴测投影方向应尽量不与形体的表面平行,如图 11-32 中所示的形体,由于上部四棱柱有两个铅垂的侧面与 V 面成 45°,与正等测图的轴测投影方向平行,因此,这两个铅垂面的正等轴测投影分别积聚为两条直线段。而该形体的正二测图和正面斜二测图避免了这个缺点,直观性较好。

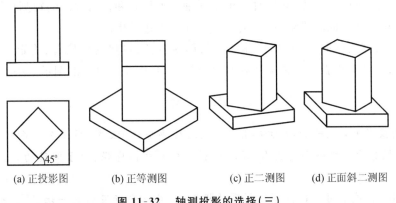

(a) 正投影图　　　(b) 正等测图　　　(c) 正二测图　　　(d) 正面斜二测图

图 11-32　轴测投影的选择(三)

11.4.3　轴测投射方向的选择

在轴测投影种类确定了之后,还需确定其投射方向。因为同一种类的轴测图,用不同的投射方向,所画出轴测图的直观性有很明显的差别。因此,在选定了轴测图的种类之后,还需根据形体的形状特征选择适当的投射方向,使根据该投射方向所绘制的轴测图,能清晰地反映出形体所需表达的部位。

常用的轴测投影方向有如图 11-33 所示的四种。具体绘图时,只要保持轴间角不变,可根据形体的具体特点及表达要求来合理选择轴测轴的位置和方向,但 O_1Z_1 轴的位置不变化,始终处于竖直的位置。

图 11-33(b) 所示的正等测图是从左前上向右后下观测形体,在这种观看角度下,各类

轴测图侧重表达的是形体的左、前、上表面。

图 11-33(c) 所示的正等测图是从右前上向左后下观测形体,在这种观看角度下,各类轴测图侧重表达的是形体的右、前、上表面。

图 11-33(d) 所示的正等测图是从左前下向右后上观测形体,在这种观看角度下,各类轴测图侧重表达的是形体的左、前、下表面。

图 11-33(e) 所示的正等测图是从右前下向左后上观测形体,在这种观看角度下,各类轴测图侧重表达的是形体的右、前、下表面。

图 11-33(b)、(c) 所示的轴测图,形体处于低位,因而称为俯视轴测图;而图 11-33(d)、(e) 所示的轴测图,形体处于高位,因而称为仰视轴测图。

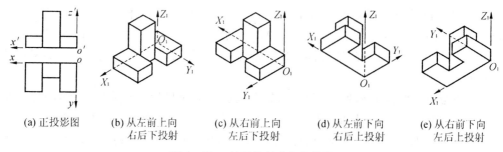

(a) 正投影图　(b) 从左前上向右后下投射　(c) 从右前上向左后下投射　(d) 从左前下向右后上投射　(e) 从右前下向左后上投射

图 11-33　轴测投射方向的选择

由图 11-33 中同一形体、相同种类但不同轴测轴位置和投射方向的轴测投影图可见,不同的轴测轴位置和不同的投射方向,会产生不同的表达效果。

总之,在具体绘图时,应根据形体的几何形状特征、自然安放位置、稳定状态及表达重点,合理地选用轴测投影图的种类及轴测投影的方向,以获得最佳的图示效果。

小　结

1. 轴测投影图是用平行投影法将形体连同反映形体长、宽、高三个方向的坐标轴一起投射在单一投影面上所得到的图形。轴测投影图具有立体感强、便于阅读的优点,可以同时表达三个方向的尺度。

2. 轴测投影是采用平行投影法得到的投影图,具有平行投影的一切性质,如平行性、定比性、度量性、变形性。

3. 改变形体、轴测投影面和投射方向三者之间的位置关系,可以得到不同的轴测投影图。不同的轴测图,它们的三个轴测轴的方向、轴间角和轴向伸缩系数有所不同。

4. 轴测图常用的作图方法有坐标法、叠加法、切割法、装箱法、端面法。

5. 当投射方向与轴测投影面垂直,将形体放斜,使形体上的三个坐标面和轴测投影面都斜交,且形体的三条坐标轴与轴测投影面的三个倾角均相等时所得到的投影,称为正等轴测投影图,简称正等测图。正等测图的三个轴间角均为 120°,轴向伸缩系数均为 0.82,但常采用简化的轴向伸缩系数 ($p = q = r = 1$) 绘图,这样绘出的正等测图比原来的正等测图增大了 1.22 倍,但形体的空间形状和结构并无变化。

6. 当投射方向与轴测投影面垂直,将形体斜放,使形体上的三个坐标面和轴测投影面都斜交,且使三个轴向伸缩系数有两个相等,并为第三个两倍时,所得的轴测投影称为正二等轴测投影图,简称正二测图。正二测图的轴间角为非特殊角,因而常利用 $\tan 7°10' \approx 1/8$、$\tan 41°25' \approx 7/8$ 来绘制;而其轴向伸缩系数为 $p = r = 0.94$,$q = 0.47$,实际应用时,也采用简化的轴向伸缩系数作图,即取 $p = r = 1$、$q = 0.5$。采用简化的轴向伸缩系数绘制的正二测图比原来的正二测图放大了 1.06 倍。

7. 平行坐标面的圆或圆角的正等测投影的绘制常采用"四心近似法"绘制,即用四段圆弧代替四段椭圆弧拟合成近似椭圆。由于正等测图的各个坐标面对轴测投影面的倾斜角度相等,因而位于或平行各坐标面上的相同直径的圆的正等测图为形状和大小完全相同的椭圆,只是椭圆的长、短轴方向不相同。若采用实际的轴向伸缩系数,平行三个坐标面的正等测椭圆的长、短轴长度分别为 D、$0.58D$;若采用简化的轴向伸缩系数,三个正等测椭圆的长、短轴长度分别为 $1.22D$、$0.7D$,其中 D 是平行于坐标面的空间圆的直径。带有曲面的组合形体的正等测图绘制时应先将构成组合形体的基本形体逐个绘出,再按组合形体的组成方式进行挖切或叠加。

8. 当空间形体处于作正投影图时的位置(坐标平面 XOZ 平行于正平的轴测投影面,坐标轴 OY 垂直于轴测投影面),投射方向倾斜于轴测投影面(平行于 V 面),将形体向轴测投影面投影,所得的斜轴测投影称为正面斜轴测投影,工程上常用的正面斜轴测投影是正面斜二测图,其轴间角 $\angle X_1 O_1 Z_1 = 90°$、$O_1 Y_1$ 轴与水平线之间的夹角等于 $45°$(或 $30°$、$60°$);其轴向伸缩系数为 $p = r = 1$,$q = 0.5$。由于正面斜二测图中位于正平面上的图形能反映实形,因而适用于绘制正面上有复杂图案的形体。

9. 当空间形体处于作正投影图时的位置(坐标平面 XOY 平行于水平的轴测投影面,坐标轴 OZ 垂直于轴测投影面),投射方向倾斜于轴测投影面(平行于 H 面),将形体向轴测投影面投影,所得的斜轴测投影称为水平面斜轴测投影,工程上常用的水平面斜轴测投影是水平斜等测图,其轴间角 $\angle X_1 O_1 Y_1 = 90°$、$\angle X_1 O_1 Z_1 = 120°$,其轴向伸缩系数为 $p = q = r = 1$。由于水平斜等测图中位于水平面上的图形能反映实形,因而适用于绘制水平面上有复杂图案的形体。

10. 轴测投影的选择包括轴测投影方法和投射方向的选择。其选择的原则是画出的轴测图应能最充分地表现形体的线与面,立体感鲜明、强烈;要能将形体最复杂的部分显示出来;作图方法应简便。轴测投影选择时应避免内部被遮挡、应避免转角处的交线投影为一直线段、应避免投射成左右对称的图形、应避免某些侧面积聚为直线段,此外还应考虑作轴测图时的投射方向。

思 考 题

1. 什么是轴测投影,有哪些特点,它与多面正投影的区别是什么?
2. 轴测投影的形成及其投影特性如何?
3. 试简述轴测投影的分类。
4. 什么是轴向伸缩系数,什么是轴间角?
5. 试述轴测投影的作图步骤和常用作图方法。
6. 正等测图、正二测图中的轴向伸缩系数和轴间角的关系怎样?
7. 正面斜二测图、水平斜等测图中的轴向伸缩系数和轴间角的关系怎样?
8. 什么是简化的轴向伸缩系数?采用简化的轴向伸缩系数后,形体的大小、形状会发生怎样的变化?坐标面上圆的正等测投影椭圆的长、短轴又有如何变化?

9. 试分别简述正轴测图(正等测、正二测)、斜轴测图(正面斜二测、水平斜等测)中形体、轴测投影面、投射方向三者之间的相对位置关系。

10. 试简述利用"四心近似法"用四段圆弧代替四段椭圆弧拟合成近似椭圆的作图步骤,并说明曲面立体以及带曲面组合形体的正等测图的绘制步骤。

11. 试简述轴测投影选择的原则是什么。

12. 如何进行轴测投影种类的选择?如何进行轴测投射方向的选择?

习　题

1. 轴测投影图的优点是(　　)。
   A. 绘制简单　　　B. 度量性好　　　C. 立体感强　　　D. 以上均是

2. 轴测投影图的缺点是(　　)。
   A. 绘制复杂　　　B. 度量性差　　　C. 实形性差　　　D. 以上均是

3. 轴测投影图在工程上常作为(　　)。
   A. 主要图样　　　B. 辅助图样　　　C. 次要图样　　　D. 以上均不正确

4. 轴测投影图采用的投影方法是(　　)。
   A. 正投影法　　　B. 斜投影法　　　C. 中心投影法　　　D. 平行投影法

5. 下列对于轴测投影图的分类,正确的是(　　)。
   A. 正轴测图及斜轴测图　　　　　　　B. 正等测、正二测、正三测
   C. 斜等测、斜二测、斜三测　　　　　D. 以上均正确

6. 下列关于轴向伸缩系数的说法,正确的是(　　)。
   A. 轴向伸缩系数是指空间线段在轴测投影图中被放大的倍数
   B. 轴向伸缩系数是线段在轴测投影图中的长度与空间的长度之比
   C. 轴向伸缩系数是线段在空间的长度与轴测投影图中的长度之比
   D. 一线段可能有多个轴向伸缩系数

7. 轴测投影图中轴向伸缩系数的数量是(　　)。
   A. 1个　　　　　B. 2个　　　　　C. 3个　　　　　D. 无数个

8. 下列关于轴间角的说法,错误的是(　　)。
   A. 轴间角是指轴测投影图中投影轴间的夹角
   B. 轴间角是指空间直角坐标轴间的夹角
   C. 轴间角是指空间直角坐标轴在轴测投影面上的投影间的夹角
   D. 不同的轴测投影图,其轴间角一般不相等

9. 下列哪个不是工程上常用的轴测投影图(　　)。
   A. 正等轴测图　　　　　　　　　　B. 正二等轴测图
   C. 正面斜二等轴测图　　　　　　　D. 水平斜轴测图

10. 下列轴测投影图中,立体感最强的是(　　)。
    A. 正等轴测图　　　　　　　　　　B. 正二等轴测图
    C. 正面斜二等轴测图　　　　　　　D. 水平斜轴测图

11. 下列关于轴测投影图基本性质的说法,正确的是(　　)。

A. 直线的轴测投影一般仍为直线,曲线的轴测投影一般仍为曲线

B. 空间互相平行的直线,其轴测投影仍互相平行

C. 空间形体上平行于坐标轴的直线段,其轴测长度等于空间实长与相应轴向伸缩系数的乘积

D. 以上都正确

12. 下列关于正轴测投影图的说法,错误的是( )。

A. 正等测图沿三坐标轴方向的轴向伸缩系数相等

B. 正二测图沿三坐标轴方向的轴向伸缩系数有两个相等

C. 正二测图沿三坐标轴方向的轴向伸缩系数有一个为另外两个的 2 倍

D. 正三测图沿三坐标轴方向的轴向伸缩系数均不相等

13. 关于正等轴测投影图的轴间角,下面说法错误的是( )。

A. 轴间角均为 120° B. OX 轴与水平线成 60°

C. OX 轴与水平线成 30° D. OX 轴与水平线成 120°

14. 正等轴测投影图的轴向伸缩系数为( )。

A. $p_1 = q_1 = r_1 = 1.0$ B. $p_1 = q_1 = r_1 = 0.94$

C. $p_1 = q_1 = r_1 = 0.82$ D. $p_1 = q_1 = r_1 = 0.50$

15. 正等轴测图采用简化的轴向伸缩系数之后,下列说法错误的是( )。

A. 整个图形的形状没有任何改变

B. 轴测图将比原来的放大 1.22 倍

C. 轴测图将比原来的缩小 1.22 倍

D. 实际工程中多采用简化的轴向伸缩系数

16. 绘制正等轴测投影图最基本的方法是( )。

A. 坐标法 B. 叠加法 C. 切割法 D. 特征面法

17. 下列关于正二等轴测图的轴向伸缩系数,正确的是( )。

A. $p_1 = q_1 = 0.5r_1$ B. $p_1 = r_1 = 0.5q_1$

C. $r_1 = q_1 = 0.5p_1$ D. $p_1 = q_1 = 2r_1$

18. 下列关于正二等轴测图的说法,错误的是( )。

A. 有两根轴的轴向伸缩系数为 0.94

B. 有一根轴的轴向伸缩系数为 0.47

C. 实际工程中常采用简化的伸缩系数,分别为 1.0、1.0、0.5

D. 采用简化的轴向伸缩系数绘制的轴测图比不采用简化的轴向伸缩系数绘制的轴测图缩小了 1.06 倍

19. 下列关于正二等轴测图轴间角的说法,正确的是( )。

A. 有轴间角为 7°10′

B. 有轴间角为 41°25′

C. 有轴间角为 131°25′

D. 可采用简化的轴间角,分别为 45°、90°、135°

20. 平行于坐标面圆的正等轴测画法,常用的方法是( )。

A. 坐标法 B. 四心近似法 C. 八点法 D. 同心圆法

21. 某圆的正等测投影为椭圆,其平行于 YOZ 面,其长、短轴的方向为(　　)。
   A. 长轴 $\perp OZ$,短轴 $// OZ$
   B. 长轴 $\perp OY$,短轴 $// OY$
   C. 长轴 $\perp OX$,短轴 $// OX$
   D. 长轴 $\perp OX$,短轴 $// OY$

22. 关于斜轴测投影图的分类,正确的是(　　)。
   A. 正面斜轴测图、侧面斜轴测图、水平斜轴测图
   B. 正面斜等测、正面斜二测、正面斜三测
   C. 侧面斜等测、侧面斜二测、侧面斜三测
   D. 水平斜等测、水平斜二测、水平斜三测

23. 斜等测图的轴向伸缩系数为(　　)。
   A. $p_1 = q_1 = r_1 = 1.0$
   B. $p_1 = q_1 = r_1 = 0.5$
   C. $p_1 = q_1 = r_1 = 0.94$
   D. $p_1 = q_1 = r_1 = 0.47$

24. 斜等测图的 OY 轴与水平线的夹角为(　　)。
   A. 30°　　　B. 45°　　　C. 60°　　　D. 以上均正确

25. 正面斜二测轴测图中,三个沿轴向的伸缩系数 p、q、r 分别为(　　)。
   A. 1、1、1　　B. 0.5、1、1　　C. 1、0.5、1　　D. 1、1、0.5

26. 水平斜等测图,反映实形的面是(　　)。
   A. 正面　　　B. 侧面　　　C. 水平面　　　D. 以上均可以

27. 水平斜等测图,其轴间角有多种情况,下列选项中不正确的是(　　)。
   A. 60°　　　B. 90°　　　C. 120°　　　D. 150°

28. 水平斜等测图,其轴向伸缩系数为(　　)。
   A. $p_1 = q_1 = r_1 = 1.0$
   B. $p_1 = q_1 = r_1 = 0.5$
   C. $p_1 = q_1 = 1.0, r_1 = 0.5$
   D. $p_1 = q_1 = r_1 = 0.47$

29. 在建筑规划图中用作鸟瞰图的轴测投影为(　　)。
   A. 正等测　　B. 正二测　　C. 正面斜二测　　D. 水平斜等测

30. 下列关于轴测投影选择的说法,正确的是(　　)。
   A. 对于一般形体来说,采用正等测图最为简便
   B. 当形体仅在某一个坐标面及其平行面上有复杂图案或较多圆及圆弧时,用斜轴测图比正等测图简便
   C. 若形体转角处的交线与水平方向成 45°时,不应采用正二测图及斜二测图
   D. 若形体在多个坐标面及其平行面上有圆及圆弧时,采用正等测图较方便

参 考 文 献

[1] 乐荷卿,陈美华.土木建筑制图(第三版)[M].武汉:武汉理工大学出版社,2005.
[2] 何斌,陈锦昌,陈炽坤.建筑制图(第五版)[M].北京:高等教育出版社,2005.
[3] 大连理工大学工程画教研室.画法几何学(第六版)[M].北京:高等教育出版社,2003.
[4] 同济大学建筑制图教研室.画法几何(第三版)[M].上海:同济大学出版社,2004.
[5] 黄水生,李国生.画法几何(第二版)[M].广州:华南理工大学出版社,2008.
[6] 罗康贤,左宗义,冯开平.土木建筑工程制图[M].广州:华南理工大学出版社,2003.
[7] 卢传贤.土木工程制图(第二版)[M].北京:中国建筑工业出版社,2003.
[8] 黄水生,李国生.画法几何及土建工程制图[M].广州:华南理工大学出版社,2008.
[9] 丁宇明,黄水生.土建工程制图(第二版)[M].北京:高等教育出版社,2007.
[10] 范存礼等.画法几何学[M].北京:中国建筑工业出版社,2002.
[11] 程久平.画法几何学[M].北京:中国科学技术大学出版社,2006.